# SPSSによる
# アンケート調査のための
# 統計処理

## 第2版

石村光資郎著・石村貞夫監修

東京図書

# まえがき

どのような研究分野においても，「根拠のない主張」は，重要視されません．

根拠がない場合，テレビの通信販売の宣伝文句のように，画面の隅の方に小さく，「これはあくまでも，使用者個人の感想です」と，なってしまいます．

では，どのようにすれば，「**根拠に基づく主張**」ができるのでしょうか？

その根拠となるものは，適切な研究計画によるデータです．

そして，そのデータを適切な統計手法で分析することにより，根拠に基づく結論を導くことができます．

つまり，

「根拠」　＝　「適切な研究計画によるデータ」

であり，

「根拠に基づく主張」　＝　「データの適切な統計処理による結論」

となります．

研究分野のデータを集め，

**「根拠に基づく主張」**

をしてみましょう‼

ところで……

数値が中心となる実験データと違って，アンケート調査では，質問項目によって，名義データ，順序データ，数値データなど，いろいろなタイプのデータを取り扱います．

たとえば……

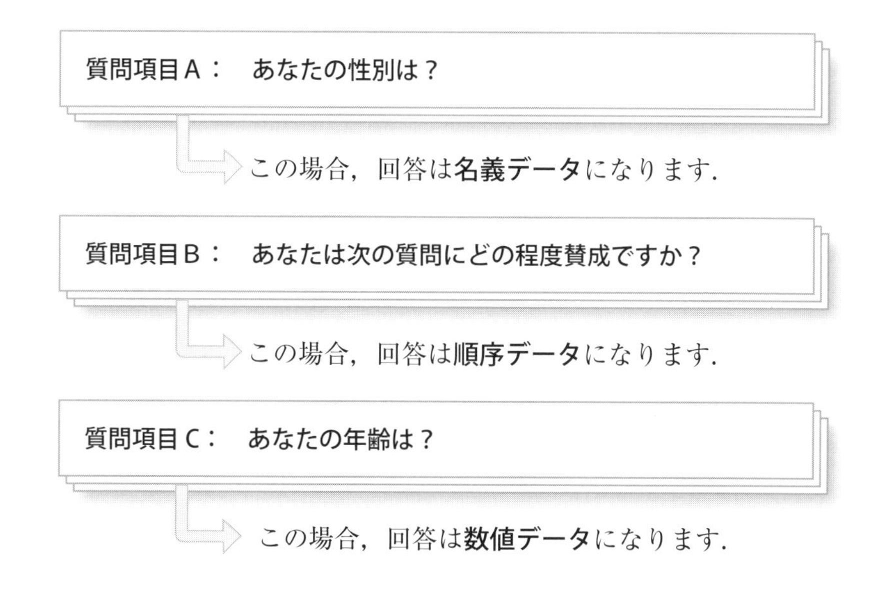


したがって，アンケート調査の統計処理は，いろいろなタイプの統計手法が必要となります．

この本では，そのようないろいろな統計処理を，SPSS を使って分析します．

この本のモットーは，次の３つ！

さあ，SPSS の画面をマウスでカチッ‼

最後に，東京図書編集部の河原典子さんに深く感謝いたします．

2025 年 2 月 26 日

著　者

◆本書で使われているデータは，

東京図書のホームページ http://www.tokyo-tosho.co.jp

よりダウンロードすることができます．

また，使用しているオプションモジュールは以下のとおりです．

第 2 章　IBM SPSS Decision Trees
第 3 章　IBM SPSS Categories
第 4 章　IBM SPSS Categories
第 5 章　IBM SPSS Categories
第 7 章　IBM SPSS Categories
第 8 章　IBM SPSS Regression
第 9 章　IBM SPSS Regression
第 10 章　IBM SPSS Categories
第 14 章　IBM SPSS Conjoint
第 15 章　IBM SPSS Advanced Statistics

正確確率検定をする場合には，

オプションモジュール IBM SPSS Exact Tests が必要です．

◆本書では IBM SPSS Statistics 30 を使用しています．
SPSS 製品に関する問い合わせ先：
〒 103-8510 東京都中央区日本橋箱崎町 19-21
日本アイ・ビー・エム株式会社 クラウド事業本部 SPSS 営業部
URL https://www.ibm.com/contact/jp/ja/

# もくじ

まえがき …… iii

第1章 独立性の検定によるアンケート処理 2

1.1 はじめに …… 2
データ入力 —— 7
1.2 クロス集計表と独立性の検定の手順 …… 8
SPSSによる出力 —— 12, 14
出力結果の読み取り方 —— 13, 15

第2章 決定木によるアンケート処理 16

2.1 はじめに …… 16
データ入力 —— 21
2.2 決定木の作図の手順 …… 22
SPSSによる出力 —— 28
出力結果の読み取り方 —— 29

## 第3章 コレスポンデンス分析によるアンケート処理 30

3.1 はじめに ………… 30
データ入力 —— 35
3.2 コレスポンデンス分析のための手順 ………… 36
SPSSによる出力 —— 42, 44, 46
出力結果の読み取り方 —— 43, 45, 47

## 第4章 多重応答分析によるアンケート処理 48

4.1 はじめに ………… 48
データ入力 —— 53
4.2 多重応答分析のための手順 ………… 54
SPSSによる出力 —— 60, 62, 64
出力結果の読み取り方 —— 61, 63, 65

## 第5章 名義回帰分析によるアンケート処理 66

5.1 はじめに ………… 66
データ入力 —— 71
5.2 名義回帰分析のための手順 ………… 72
SPSSによる出力 —— 80, 82, 84, 86, 88
出力結果の読み取り方 —— 81, 83, 85, 87, 89

## 第6章 順序回帰分析によるアンケート処理 90

6.1 はじめに …… 90
データ入力 —— 95
6.2 順序回帰分析のための手順 …… 96
SPSS による出力 —— 100, 102, 104, 106
出力結果の読み取り方 —— 101, 103, 105, 107

## 第7章 カテゴリカル回帰分析によるアンケート処理 108

7.1 はじめに …… 108
データ入力 —— 113
7.2 カテゴリカル回帰分析のための手順 …… 114
SPSS による出力 —— 124, 126, 128, 130
出力結果の読み取り方 —— 125, 127, 129, 131

## 第8章 2項ロジスティック回帰分析によるアンケート処理 132

8.1 はじめに …… 132
データ入力 —— 137
8.2 2項ロジスティック回帰分析のための手順 …… 138
SPSS による出力 —— 144, 146, 150
出力結果の読み取り方 —— 145, 147, 151
●限界効果の求め方 148, 149

## 第9章 プロビット分析によるアンケート処理 152

9.1 はじめに …… 152
データ入力 —— 157
9.2 プロビット分析のための手順 …… 158
SPSS による出力 —— 160
出力結果の読み取り方 —— 161
●限界効果の求め方 162, 163

## 第10章 カテゴリカル主成分分析によるアンケート処理 164

10.1 はじめに …… 164
データ入力 —— 169
10.2 カテゴリカル主成分分析のための手順 …… 170
SPSS による出力 —— 180, 182, 184, 186
出力結果の読み取り方 —— 181, 183, 185, 187

## 第11章 ウィルコクスンの順位和検定によるアンケート処理 188

11.1 はじめに …… 188
データ入力 —— 193
11.2 ウィルコクスンの順位和検定のための手順 …… 194
SPSS による出力 —— 198
出力結果の読み取り方 —— 199

第12章 クラスカル・ウォリスの検定によるアンケート処理 200

12.1 はじめに …… 200
データ入力 —— 205
12.2 クラスカル・ウォリスの検定のための手順 …… 206
SPSSによる出力 —— 210
出力結果の読み取り方 —— 211

第13章 クラスター分析によるアンケート処理 212

13.1 はじめに …… 212
データ入力 —— 217
13.2 大規模ファイルのクラスター分析の手順 …… 218
SPSSによる出力 —— 222，223
13.3 階層クラスター分析の手順 …… 228
SPSSによる出力 —— 232
出力結果の読み取り方 —— 233

## 第14章 コンジョイント分析によるアンケート処理 234

14.1 はじめに …… 234
データ入力 —— 243
14.2 コンジョイント分析のための手順 …… 244
SPSSによる出力 —— 248, 250
出力結果の読み取り方 —— 249, 251
14.3 コンジョイントカードの作り方と保存 …… 252
SPSSによる出力 —— 256

## 第15章 選択型コンジョイント分析によるアンケート処理 258

15.1 はじめに …… 258
データ入力 —— 265
15.2 選択型コンジョイント分析の手順 …… 268
SPSSによる出力 —— 274
出力結果の読み取り方 —— 275
15.3 選択型コンジョイント分析の調査票の作り方 …… 276

第16章 アンケート調査票のための信頼性分析 280
16.1 はじめに …… 280
データ入力 —— 285
16.2 信頼性分析のための手順 …… 286
SPSSによる出力 —— 288, 290
出力結果の読み取り方 —— 289, 291

参考文献 293
索　引 296

◆装幀　今垣知沙子（戸田事務所）

# SPSSによるアンケート調査のための統計処理

第 2 版

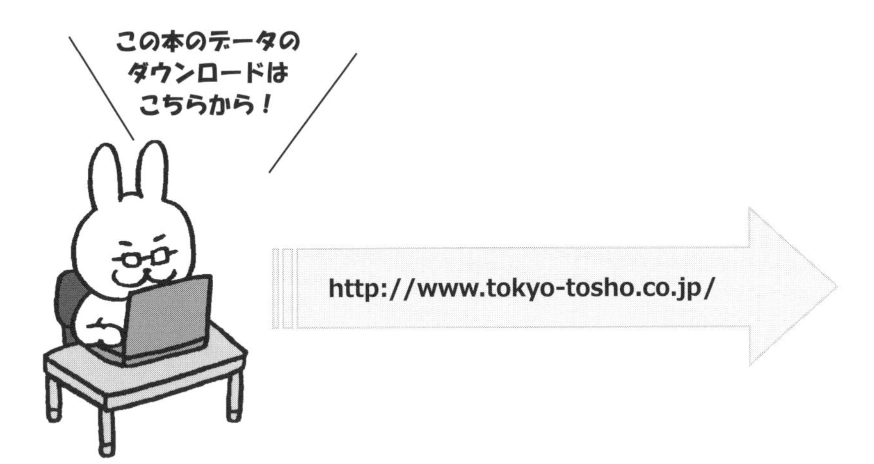

# 第1章 独立性の検定によるアンケート処理

## 1.1 はじめに

SPSSの独立性の検定を使うと，アンケート調査の質問項目Aと質問項目Bの間の **関連性** を調べることができます．

表1.1　クロス集計表

| 項目A ＼ 項目B | カテゴリ $B_1$ | カテゴリ $B_2$ | カテゴリ $B_3$ |
|---|---|---|---|
| カテゴリ $A_1$ | 16人 | 8人 | 4人 |
| カテゴリ $A_2$ | 6人 | 9人 | 11人 |

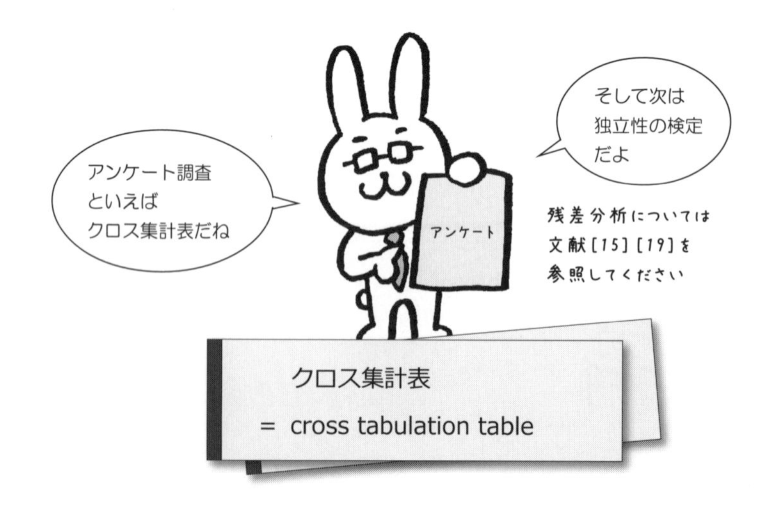

次のアンケート調査票の

［**満足度**］と［**スタッフ数**］の間に **関連性** があるかどうか？

を，独立性の検定を使って調べてみましょう．

スタッフ数が 10 人，50 人，100 人の 3 つのタイプの医療施設において，次のアンケートを実施します．

**表 1.2　アンケート調査票**

**項目１　あなたは看護サービスに満足していますか？**　　［満足度］

　１．満足している　　２．満足していない

**項目２　あなたの利用している医療施設のスタッフ数は？**　　［スタッフ数］

　１．10 人　　２．50 人　　３．100 人

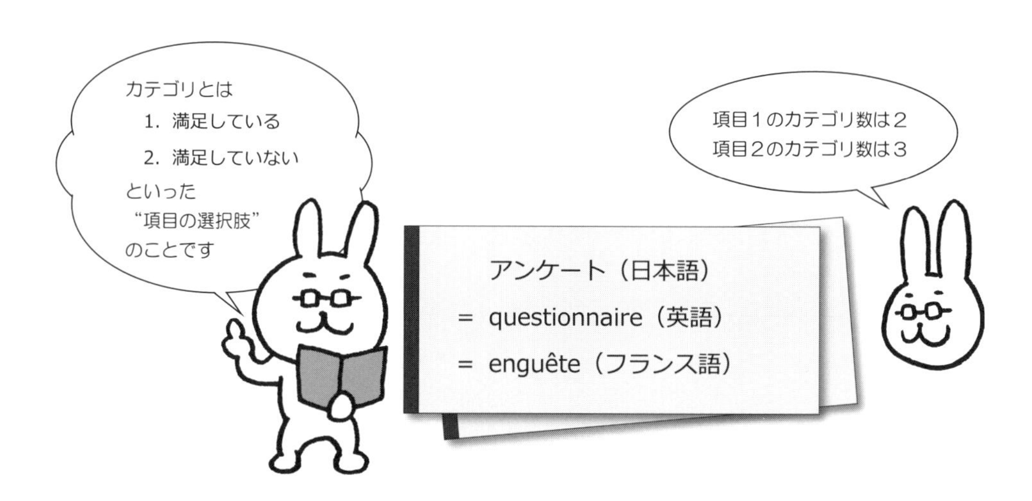

## ■独立性の検定の流れ

SPSS の独立性の検定の手順は，次のようになります．

**Step 1**

アンケート調査票を作成し，調査回答者に配布する

**Step 2**

アンケート調査票の回収後，回答結果を SPSS のデータファイルに入力する

**Step 3**

SPSS の分析メニューから，**クロス集計表(C)** を選択する

**Step 4**

**統計量** の設定で，**カイ 2 乗(H)** を選択する

**Step 5**

**セル** の設定で，**期待(E)** を選択したら，最後に分析を実行 *!!*

## ■ SPSS の出力が出たら……

SPSS の出力が出たら，次の点を確認しましょう !!

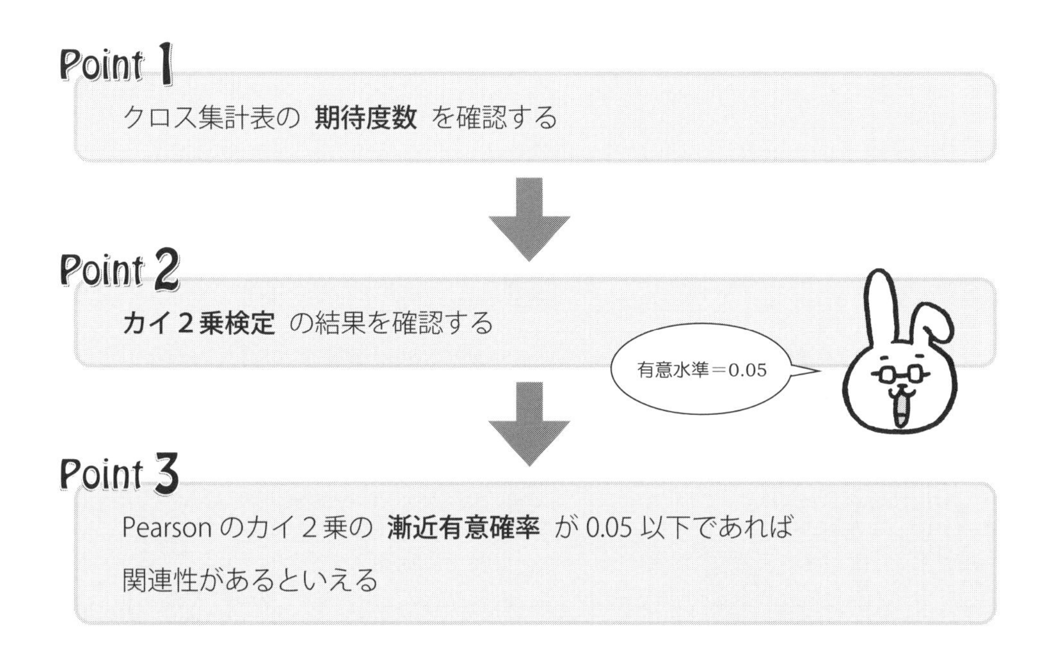


最後に，これらの結果をレポートや論文にまとめれば，分析の完了です.

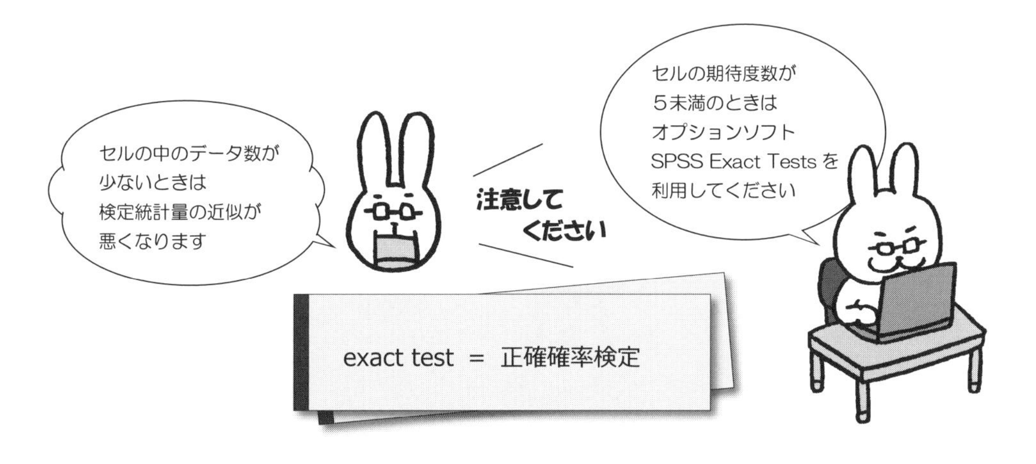

## ■独立性の検定をまとめるときは……

レポートにまとめてみましょう．まとめ方にはいろいろな表現があります．

たとえば……

………………………………………………………………………………………………

……………………………………………………．

そこで，SPSSの出力を見ると，Pearsonのカイ２乗の漸近有意確率0.020が0.05より小さいので，仮説は棄却される．したがって，施設のスタッフ数と看護サービスの満足度の間には関連があるといえる．

このことから，……………………………………………………………………

………………………………………………………………………………………………

……………………………………………………

クロス集計表と
独立性の検定です

## ■アンケート調査の結果と SPSS のデータ入力

アンケート調査の結果を SPSS のデータビューに入力します．

独立性の検定を使って，［**満足度**］と［**スタッフ数**］の間に

**関連性** があるかどうか調べます．

**【データ入力】**

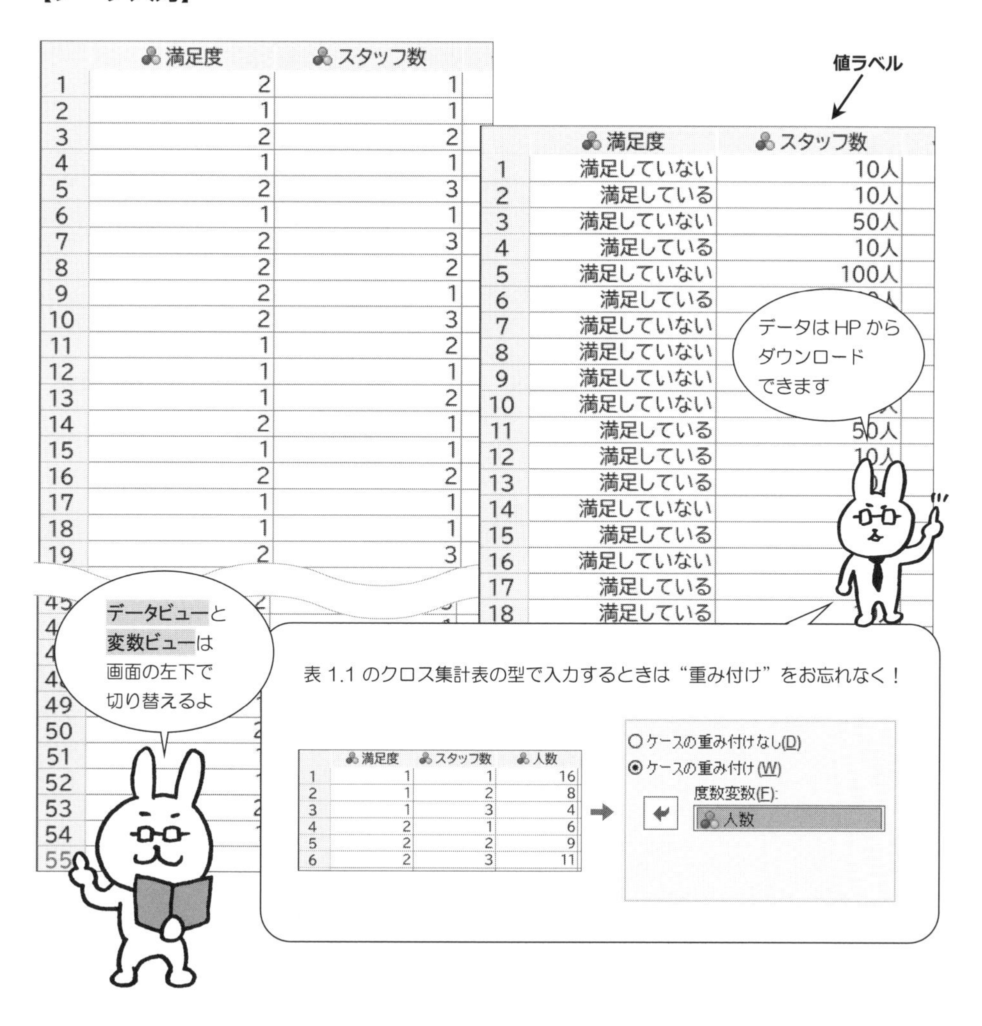

## 1.2 クロス集計表と独立性の検定の手順

**手順 1** データを入力したら，分析(A) のメニューから，記述統計(E) を選択．続けて，クロス集計表(C) を選択します．

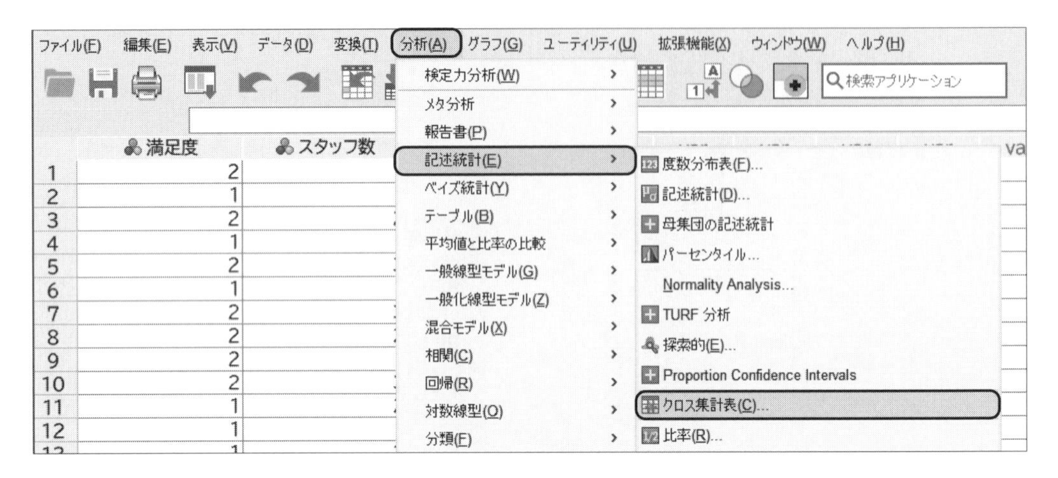


**手順 2** クロス集計表の画面になったら，満足度を 行(O) の中へ移動します．

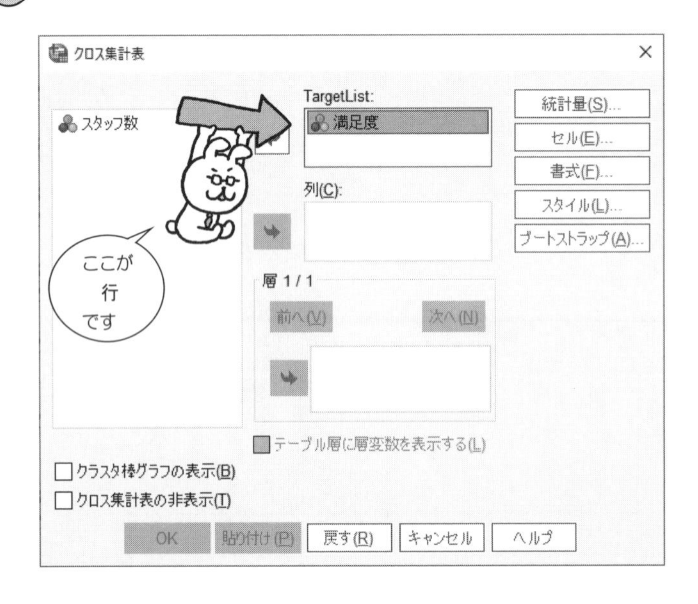

**手順 3** 続いて，スタッフ数 を 列(C) の中に移動し，統計量(S) をクリック．

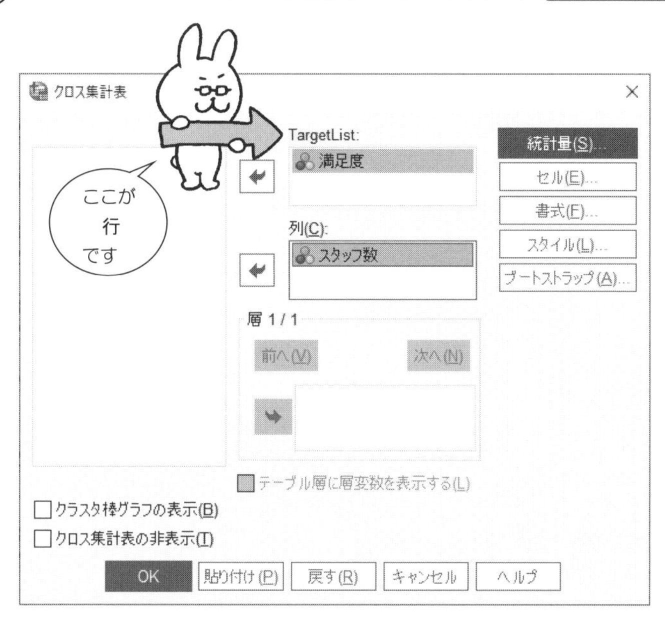


**手順 4** 次の統計量の指定の画面になったら

□ カイ 2 乗(H)

をチェックして，続行 します．

クロス集計表: 統計量の指定

☑カイ 2 乗(H) □相関(R)

名義 / 順序

□分割係数(O) □ガンマ(G)

□Phi および Cramer V(P) □Somers の d(S)

□ラムダ(L) □Kendall のタウ b(B)

□不確定性係数(U) □Kendall のタウ c(C)

間隔と名義

□イータ(E) □カッパ(K)

□相対リスク(I)

□McNemar(M)

□Cochran と Mantel-Haenszel の統計量(A)

共通オッズ比の検定値(T): 1

続行 キャンセル ヘルプ

☑ カイ 2 乗 が
独立性の検定です

カイ 2 乗検定 ＝ chi-square test

手順 5 次の画面に戻ったら，セル(E) をクリックします．

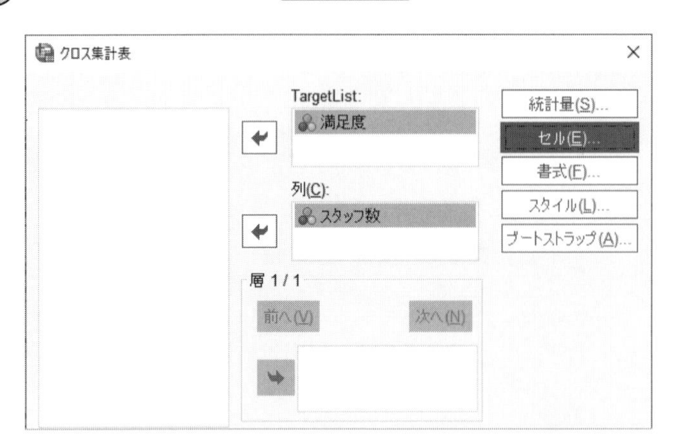


手順 6 次のセル表示の設定の画面になったら，

□ 期待(E)

をチェックして，続行 します．

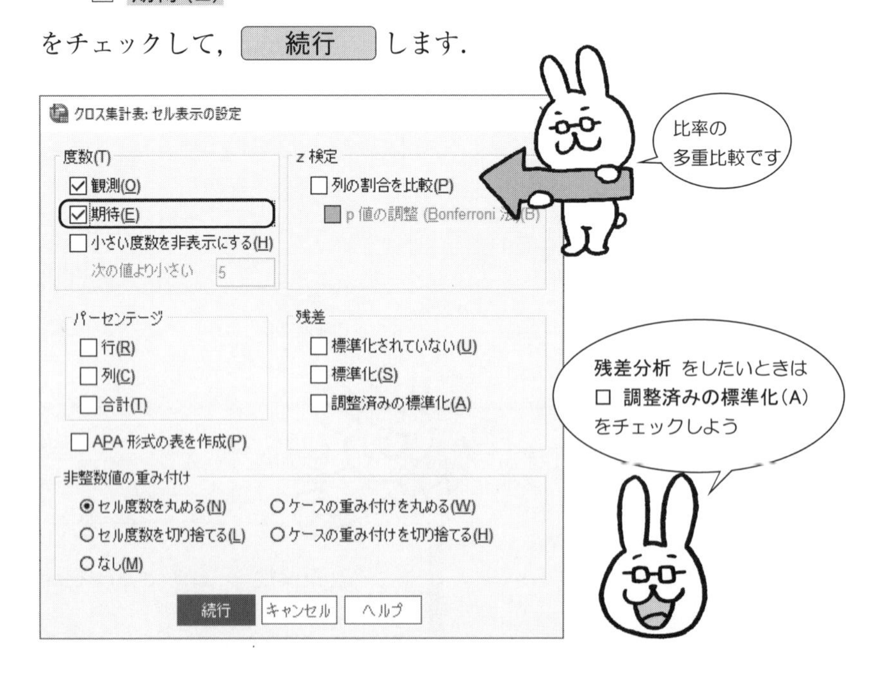

手順 7 手順3の画面に戻ったら， OK をクリックします.

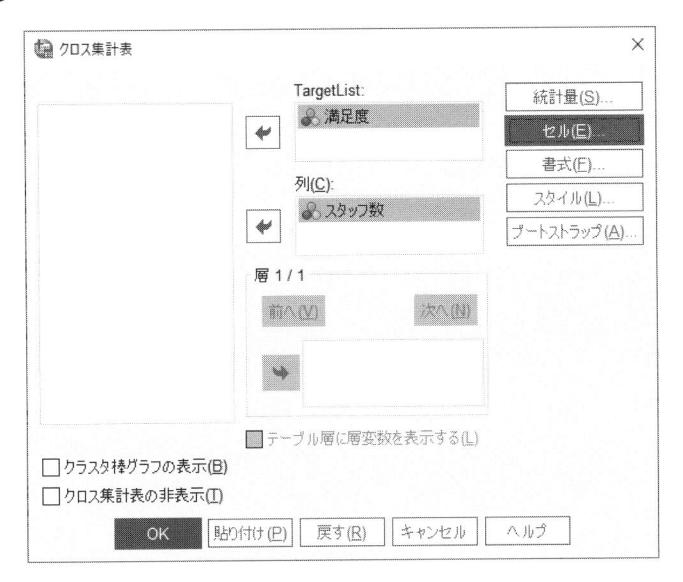


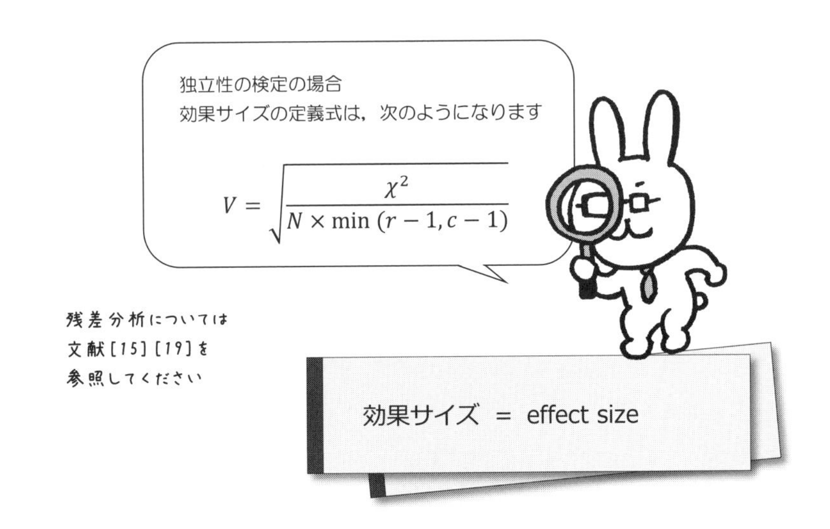

【SPSS による出力・その 1】——クロス集計表

## クロス集計表

**満足度 と スタッフ数 のクロス表**

| | | | スタッフ数 | | | |
|---|---|---|---|---|---|---|
| | | | 10人 | 50人 | 100人 | 合計 |
| 満足度 | 満足している | 度数 | 16 | 8 | 4 | 28 |
| | | 期待度数 | 11.4 | 8.8 | 7.8 | 28.0 |
| | 満足していない | 度数 | 6 | 9 | 11 | 26 |
| | | 期待度数 | 10.6 | 8.2 | 7.2 | 26.0 |
| 合計 | | 度数 | 22 | 17 | 15 | 54 |
| | | 期待度数 | 22.0 | 17.0 | 15.0 | 54.0 |

← ①

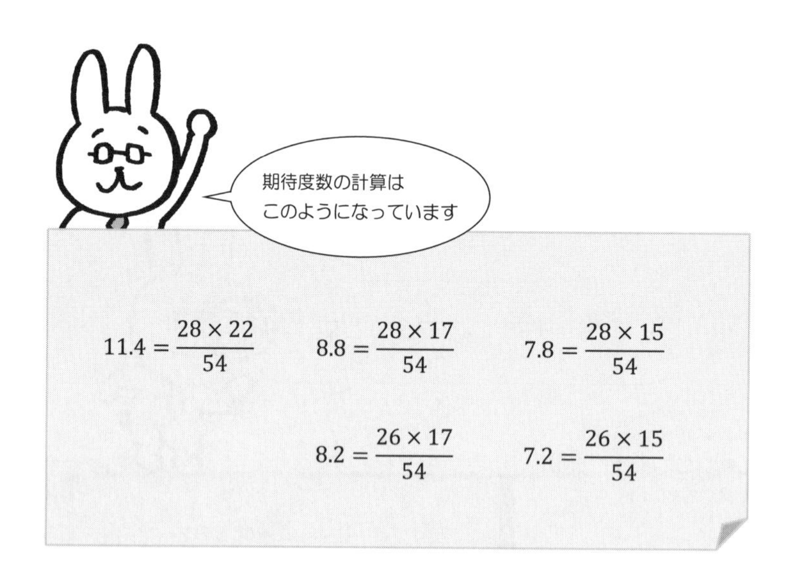


$$11.4 = \frac{28 \times 22}{54} \qquad 8.8 = \frac{28 \times 17}{54} \qquad 7.8 = \frac{28 \times 15}{54}$$

$$8.2 = \frac{26 \times 17}{54} \qquad 7.2 = \frac{26 \times 15}{54}$$

**【出力結果の読み取り方・その1】**——クロス集計表

⬅① クロス集計表です.

クロス集計表のグラフ表現は，次のようになります.

このグラフ表現を**ステレオグラム**といいます.

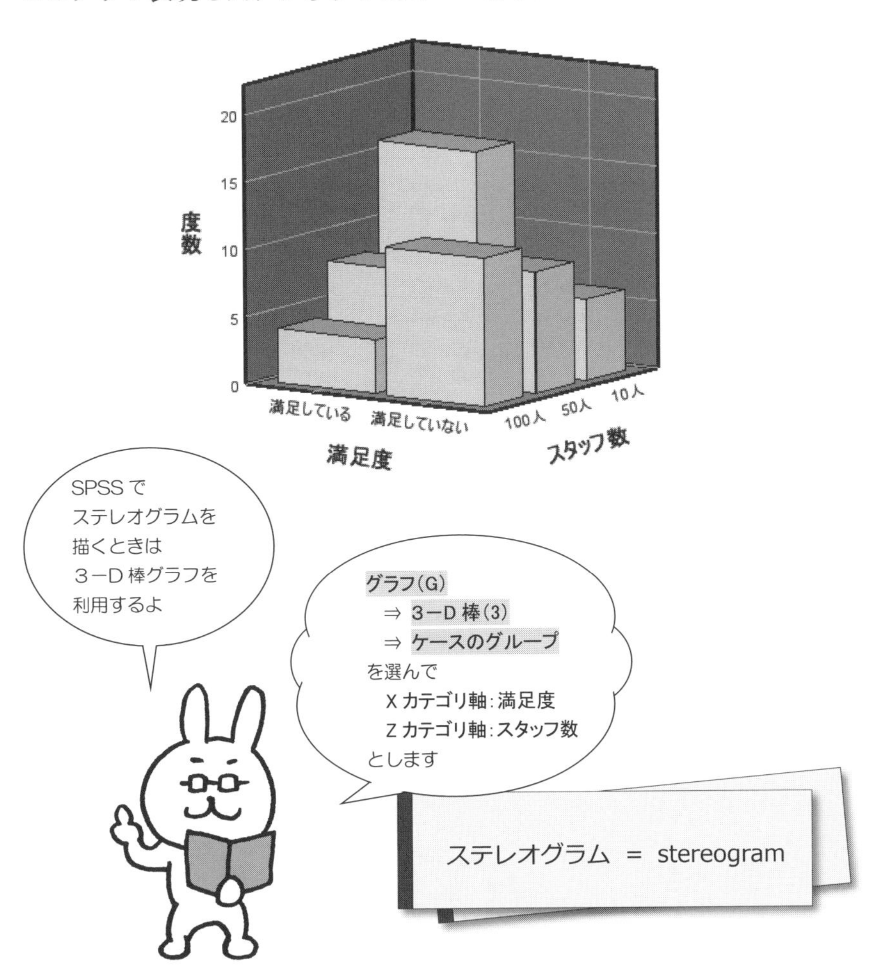

## 【SPSS による出力・その 2】——クロス集計表

**カイ 2 乗検定**

| | 値 | 自由度 | 漸近有意確率 (両側) |
|---|---|---|---|
| Pearson のカイ 2 乗 | 7.808[a] | 2 | .020 |
| 尤度比 | 8.098 | 2 | .017 |
| 線型と線型による連関 | 7.631 | 1 | .006 |
| 有効なケースの数 | 54 | | |

a. 0 セル (0.0%) は期待度数が 5 未満です。最小期待度数は 7.22 です。

← ②

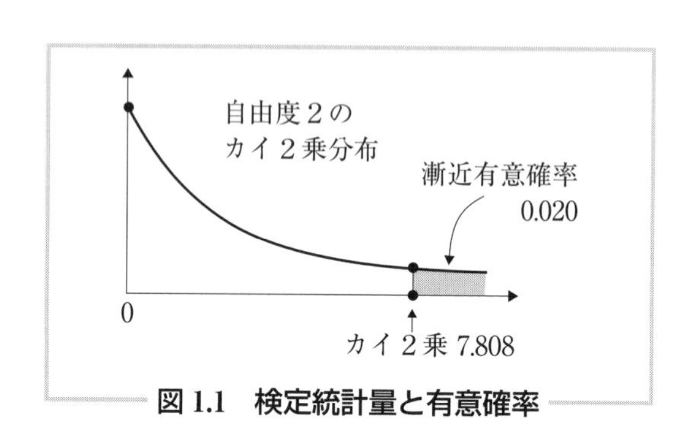


図 1.1　検定統計量と有意確率

### 【出力結果の読み取り方・その2】——クロス集計表

⬅② 独立性の検定

独立性の検定とは，次のような仮説の検定のことです．

仮説 $H_0$：医療施設の［**スタッフ数**］と看護サービスの［**満足度**］の間に関連がない

このとき，

漸近有意確率 0.020 ≦ 有意水準 0.05

なので，仮説 $H_0$ は棄却されます．

したがって，

“医療施設の［**スタッフ数**］と看護サービスの［**満足度**］の間に関連がある”

と結論付けることができます．

# 第2章 決定木によるアンケート処理

## 2.1 はじめに

SPSSの決定木を使うと，アンケート調査のいくつかの質問項目の間で，質問項目と質問項目の **関連の強さの順位** を調べることができます．

決定木とは，次のような図のことです．

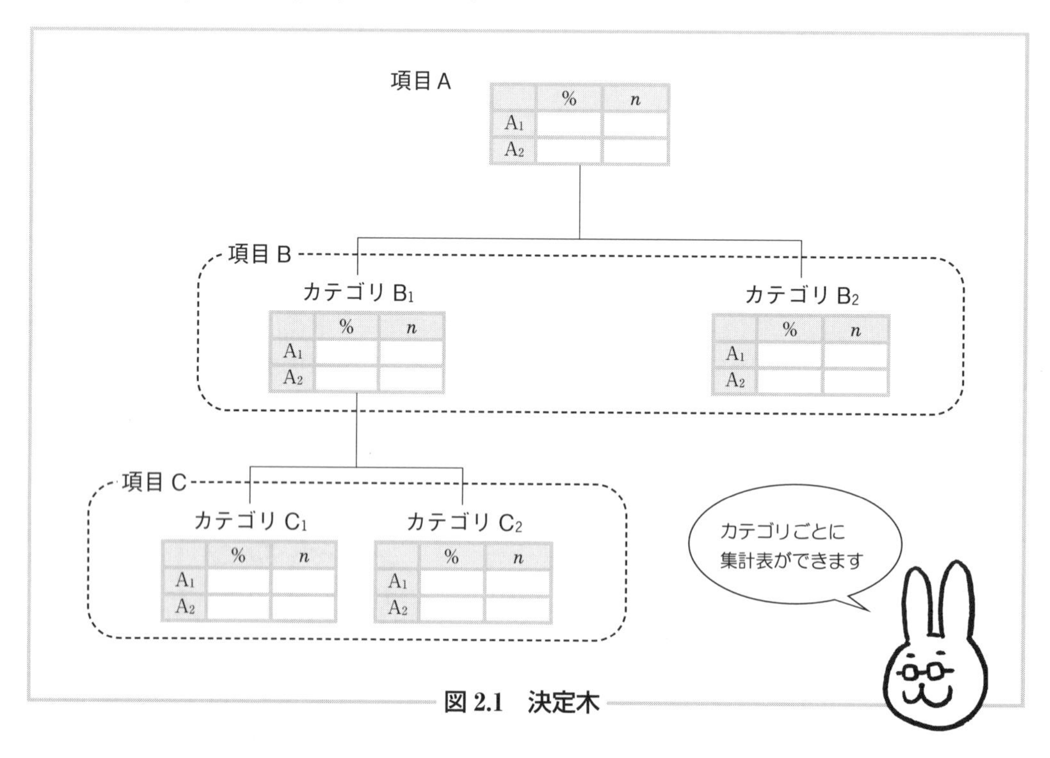


図 2.1　決定木

次のアンケート調査票の

［小説］［食事］［性別］［犬猫］［文理］

の間で，

［小説］と **最も関連の強い項目** はどれか？

を，決定木を使って調べてみましょう．

**表 2.1　アンケート調査票**

| | | |
|---|---|---|
| **項目1** | **あなたの小説の好みはどちらですか？**<br>1．SF小説　　2．推理小説 | ［小説］ |
| **項目2** | **あなたの食事のタイプはどちらですか？**<br>1．肉食系　　2．草食系 | ［食事］ |
| **項目3** | **あなたの性別はどちらですか？**<br>1．女性　　2．男性 | ［性別］ |
| **項目4** | **あなたは猫派ですか，犬派ですか？**<br>1．猫派　　2．犬派 | ［犬猫］ |
| **項目5** | **あなたは理系ですか，文系ですか？**<br>1．理系　　2．文系 | ［文理］ |

## ■決定木を使った分析の流れ

SPSS の決定木を使った分析の手順は，次のようになります．

**Step 1**

関連を調べたい項目を取り上げ，アンケート調査票の項目にする

**Step 2**

アンケート調査票を調査回答者に配布する

**Step 3**

アンケート調査票の回収後，回答結果を SPSS のデータファイルに入力する

**Step 4**

SPSS の分析メニューから，**ツリー(R)** を選び，分析を実行 !!

### ■ SPSS の出力が出たら……

SPSS の出力が出たら，次の点を確認しましょう !!

最後に，これらの結果をレポートや論文にまとめれば，分析の完了です．

## ■決定木の結果をまとめるときは……

レポートにまとめてみましょう．まとめ方にはいろいろな表現があります．

たとえば……

> ……………………………………………………………………………………
>
> ………………………………………………．
>
> そこで，SPSSの出力を見ると，決定木の上位にあるのは犬猫になっているので，４つの項目，食事，性別，犬猫，文理の中で小説に最も関連が強いのは犬猫であることがわかる．
>
> このことから，………………………………………………………………
>
> ……………………………………………………………………………………
>
> ……………………………………………………………………………………

SF 系なら猫派
推理系なら犬派
かな…

## ■予測したいケース

たとえば，

| | | | |
|---|---|---|---|
| **［食事］** | 1．肉食系 | **［性別］** | 2．男性 |
| **［犬猫］** | 1．猫派 | **［文理］** | 1．理系 |

を選択した人の［**小説**］の好みは，

SF 小説？　　推理小説？

を予測したい……

このようなときは，予測したいケースの数値をデータビューに追加しておきます．

## ■アンケート調査の結果と SPSS のデータ入力

アンケート調査の結果を SPSS のデータビューに入力します．

決定木を使って，5つの項目間の **関連の強さの順位** を調べます．

### 【データ入力】

| | No | 小説 | 食事 | 性別 | 犬猫 | 文理 | va |
|---|---|---|---|---|---|---|---|
| 1 | 1 | 1 | 2 | 1 | 1 | 1 | |
| 2 | 2 | 1 | 1 | 1 | 1 | 1 | |
| 3 | 3 | 2 | 2 | 2 | 2 | 2 | |
| 4 | 4 | 2 | 2 | 1 | 2 | 2 | |
| 5 | 5 | 2 | 1 | 2 | 2 | 2 | |
| 6 | 6 | 1 | 2 | 2 | 1 | 1 | |
| 7 | 7 | 2 | 1 | 2 | 2 | 2 | |
| 8 | 8 | 2 | 2 | 1 | 2 | 2 | |
| 9 | 9 | 2 | 1 | 2 | 2 | 2 | |
| 10 | 10 | 2 | 2 | 2 | 2 | 1 | |
| 11 | 11 | 2 | | | | | |
| 12 | 12 | 2 | | | | | |
| 13 | 13 | 2 | | | | | |
| 14 | 14 | 2 | | | | | |
| 15 | 15 | 1 | | | | | |
| 16 | 16 | 2 | | | | | |
| 17 | 17 | 2 | | | | | |
| 18 | 18 | 2 | | | | | |
| 19 | 19 | 2 | | | | | |
| 20 | 20 | 2 | | | | | |
| 21 | 21 | 1 | | | | | |
| 22 | 22 | 1 | | | | | |
| 23 | 23 | 1 | | | | | |
| 24 | 24 | 1 | | | | | |
| 25 | 25 | 1 | | | | | |
| 26 | 26 | 2 | | | | | |
| 27 | 27 | 1 | | | | | |
| 28 | | | | | | | |
| 50 | | | | | | | |
| 51 | | | | | | | |
| 52 | | | | | | | |
| 53 | 53 | 2 | | | | | |
| 54 | 54 | 1 | | | | | |
| 55 | 55 | 2 | | | | | |
| 56 | 56 | 2 | | | | | |
| 57 | 57 | 2 | | | | | |
| 58 | 5 | 1 | | | | | |
| 59 | 5 | 1 | | | | | |
| 60 | | | | | | | |

データビューと
変数ビューは
画面の左下で
切り替えるよ

値ラベル

| | No | 小説 | 食事 | 性別 | 犬猫 | 文理 | va |
|---|---|---|---|---|---|---|---|
| 1 | 1 | SF小説 | 草食 | 女性 | 猫 | 理系 | |
| 2 | 2 | SF小説 | 肉食 | 女性 | 猫 | 理系 | |
| 3 | 3 | 推理小説 | 草食 | 男性 | 犬 | 文系 | |
| 4 | 4 | 推理小説 | 草食 | 女性 | 犬 | 文系 | |
| 5 | 5 | 推理小説 | 肉食 | 男性 | 犬 | 文系 | |
| 6 | 6 | SF小説 | 草食 | 男性 | 猫 | 理系 | |
| 7 | 7 | 推理小説 | 肉食 | 男性 | 犬 | 文系 | |
| 8 | 8 | 推理小説 | 草食 | 女性 | 犬 | 文系 | |
| 9 | 9 | 推理小説 | 肉食 | 男性 | 犬 | 文系 | |
| 10 | 10 | 推理小説 | 草食 | 男性 | 犬 | 理系 | |
| 11 | 11 | 推理小説 | 草食 | 男性 | 犬 | 文系 | |
| 12 | 12 | 推理小説 | 草食 | 男性 | 犬 | 理系 | |
| 13 | 13 | 推理小説 | 草食 | 男性 | 猫 | 文系 | |
| 14 | 14 | 推理小説 | 肉食 | 男性 | 猫 | 文系 | |
| 15 | 15 | SF小説 | 草食 | 女性 | 猫 | 理系 | |
| 16 | 16 | 推理小説 | 草食 | 男性 | 犬 | 文系 | |
| 17 | 17 | 推理小説 | 肉食 | 男性 | 犬 | 理系 | |
| 18 | 18 | 推理小説 | 肉食 | 男性 | 犬 | 文系 | |
| 19 | 19 | 推理小説 | 草食 | 女性 | 犬 | 文系 | |
| 20 | 20 | 推理小説 | 草食 | 女性 | 犬 | 文系 | |
| 21 | 21 | SF小説 | 肉食 | 男性 | 猫 | 理系 | |
| 22 | 22 | SF小説 | 肉食 | 男性 | 犬 | 文系 | |
| 23 | 23 | SF小説 | 草食 | 女性 | 猫 | 理系 | |
| | 24 | | | | | 理系 | |
| 51 | | SF小説 | | 女性 | 猫 | | |
| 52 | 52 | SF小説 | 肉食 | 女性 | 猫 | 理系 | |
| 53 | 53 | 推理小説 | 草食 | 男性 | 犬 | 文系 | |
| 54 | 54 | SF小説 | 肉食 | 女性 | 犬 | 文系 | |
| 55 | 55 | 推理小説 | 肉食 | 男性 | 犬 | 文系 | |
| 56 | 56 | 推理小説 | 草食 | 女性 | 犬 | 文系 | |
| 57 | 57 | 推理小説 | 肉食 | 女性 | 猫 | 文系 | |
| 58 | 58 | SF小説 | 肉食 | 女性 | 猫 | 理系 | |
| 59 | 59 | SF小説 | 肉食 | 女性 | 犬 | 文系 | |
| 60 | 60 | SF小説 | 肉食 | 女性 | 猫 | 理系 | |

データは HP から
ダウンロード
できます

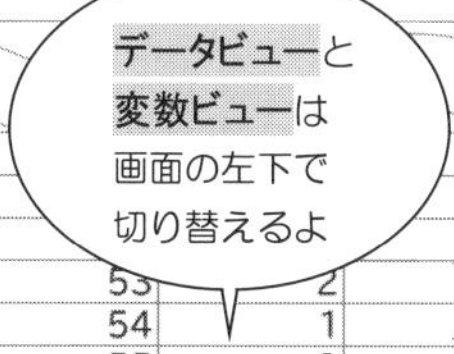

## 2.2 決定木の作図の手順

**手順 1** データを入力したら，次のように，予測したいケースのデータを最後に追加しておきます．

| | No | 小説 | 食事 | 性別 | 犬猫 | 文理 | var | var |
|---|---|---|---|---|---|---|---|---|
| 1 | 1 | 1 | 2 | 1 | 1 | 1 | | |
| 2 | 2 | 1 | 1 | 1 | 1 | 1 | | |
| 3 | 3 | 2 | 2 | 2 | 2 | 2 | | |
| 4 | 4 | 2 | 2 | 1 | 2 | 2 | | |
| 5 | 5 | 2 | 1 | 2 | 2 | 2 | | |
| 6 | 6 | 1 | 2 | 2 | 1 | 1 | | |
| 7 | 7 | 2 | 1 | 2 | 2 | 2 | | |
| 8 | 8 | 2 | 2 | 1 | 2 | 2 | | |
| 9 | 9 | 2 | 1 | 2 | 2 | 2 | | |
| 10 | 10 | 2 | 2 | 2 | 2 | 1 | | |
| 11 | 11 | 2 | 2 | 2 | 2 | 2 | | |
| 12 | 12 | 2 | 2 | 2 | 2 | 1 | | |
| 13 | 13 | 2 | 2 | 2 | 1 | 2 | | |
| 14 | 14 | 2 | 1 | 2 | 1 | 2 | | |
| 15 | 15 | 1 | 2 | 1 | 1 | 1 | | |
| 16 | 16 | 2 | 2 | 2 | 2 | 2 | | |
| 17 | 17 | 2 | 1 | 2 | 2 | 1 | | |
| 18 | 18 | 2 | 1 | 2 | 2 | 2 | | |
| 19 | 19 | 2 | 2 | 1 | 2 | 2 | | |
| 20 | 20 | 2 | 2 | 1 | 2 | | | |
| 21 | 21 | 1 | 1 | 2 | 1 | | | |
| 22 | 22 | | 1 | | 2 | | | |
| 54 | | 1 | | 1 | | | | |
| 55 | 55 | 2 | 1 | 2 | 2 | | | |
| 56 | 56 | 2 | 2 | 1 | 2 | | | |
| 57 | 57 | 2 | 1 | 1 | 1 | | | |
| 58 | 58 | 1 | 1 | 1 | 1 | | | |
| 59 | 59 | 1 | 1 | 1 | 2 | 2 | | |
| 60 | 60 | 1 | 1 | 1 | 1 | 1 | | |
| 61 | . | . | 1 | 2 | 1 | 1 | | |
| 62 | | | | | | | | |
| 63 | | | | | | | | |

概要　データ ビ…

**手順 2** 分析(A) ⇒ 分類(F) ⇒ ツリー(R) を選択します.

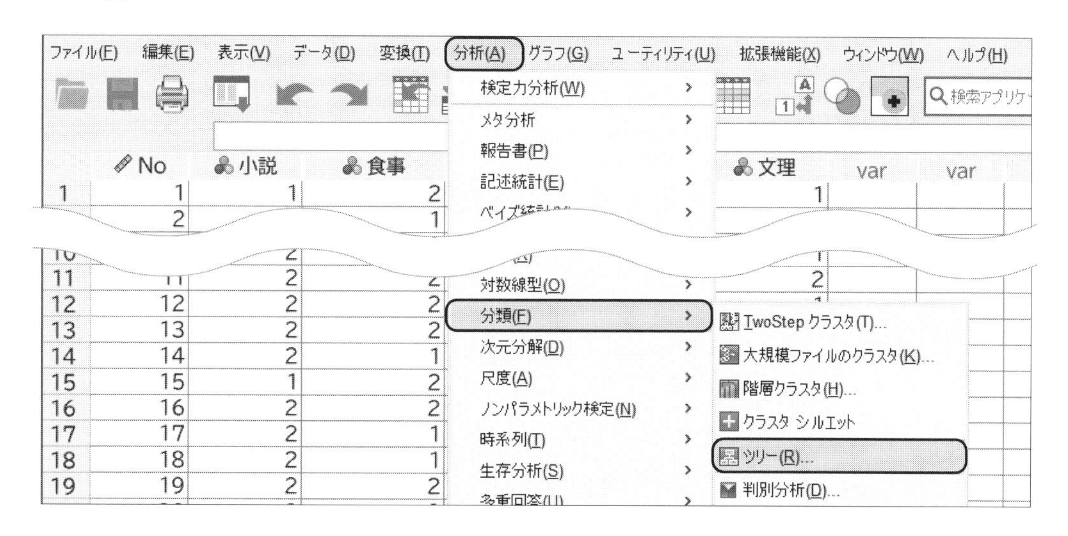

**手順 3** ディシジョンツリーの画面になったら，各変数の上で右クリック.

メニューの中の，名義 を選択します.

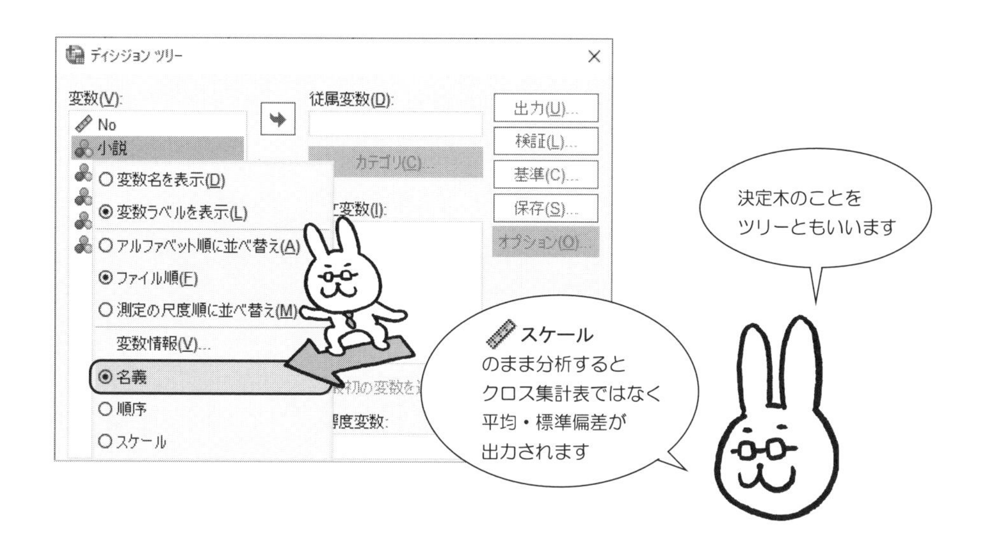

**手順 4** 小説 を 従属変数(D) の中に移動します．続けて，

食事，性別，犬猫，文理 を 独立変数(I) の中へ移動したら，

出力(U) をクリックします．

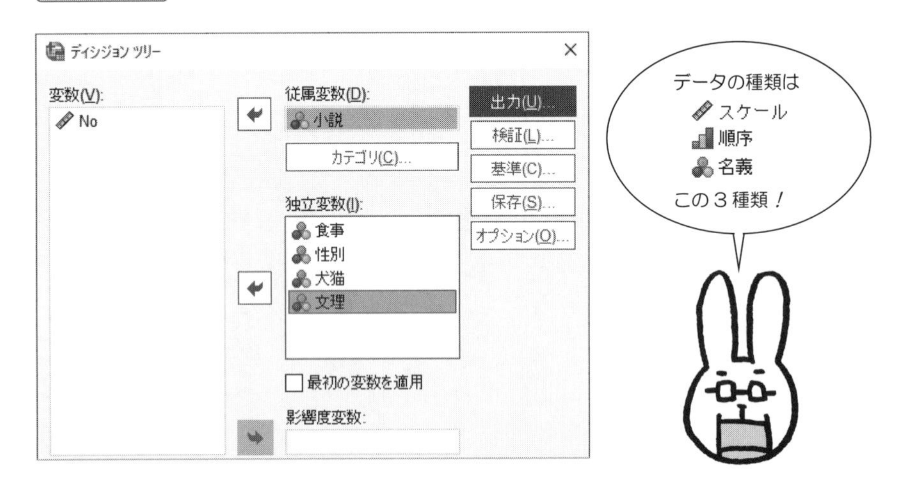


**手順 5** 出力の画面は，次のようになっています．

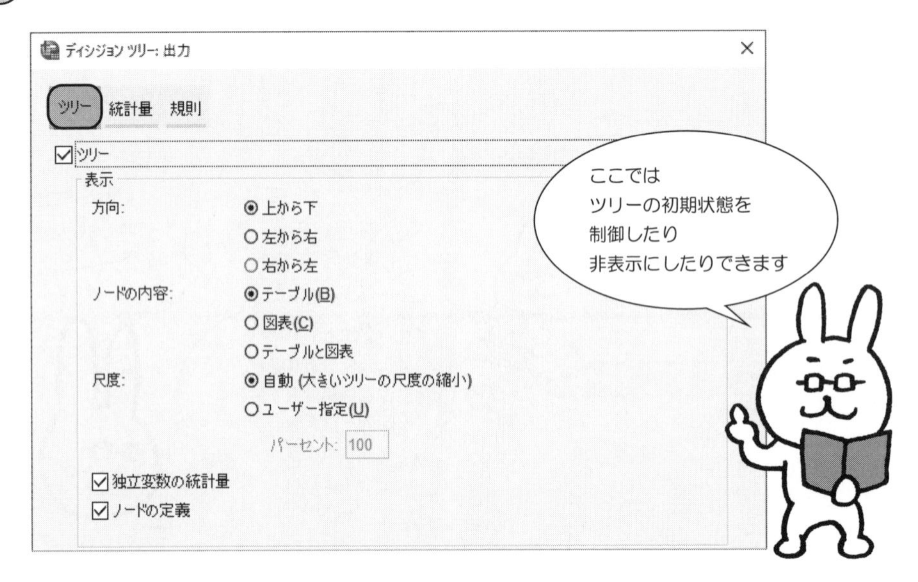

**手順 6** 統計量 タブをクリックすると，次の画面になります．

ここでは，このまま 続行 します．

**手順 7** 手順 4 の画面に戻ったら， 検証(L) をクリックします．

ここでは，このまま 続行 します．

ディシジョン ツリー: 検証

なし(N)

交差検証

サンプルの分割数(U): 10

剪定が選択されている場合、CRT 方法および Quest 方法では交差検証を使用

分割サンプル検証

ケース割り当て

無作為割り当ての使用

学習サンプル (%): 50.00

変数の使用

変数(B):

No

ここでは

ツリー構造がどの程度

一般性をもっているのか

調べるのかぁ

**手順 8** 手順4の画面に戻ったら，基準(C) をクリックして，
親ノード に 10 を，子ノード に 2 を入力します．

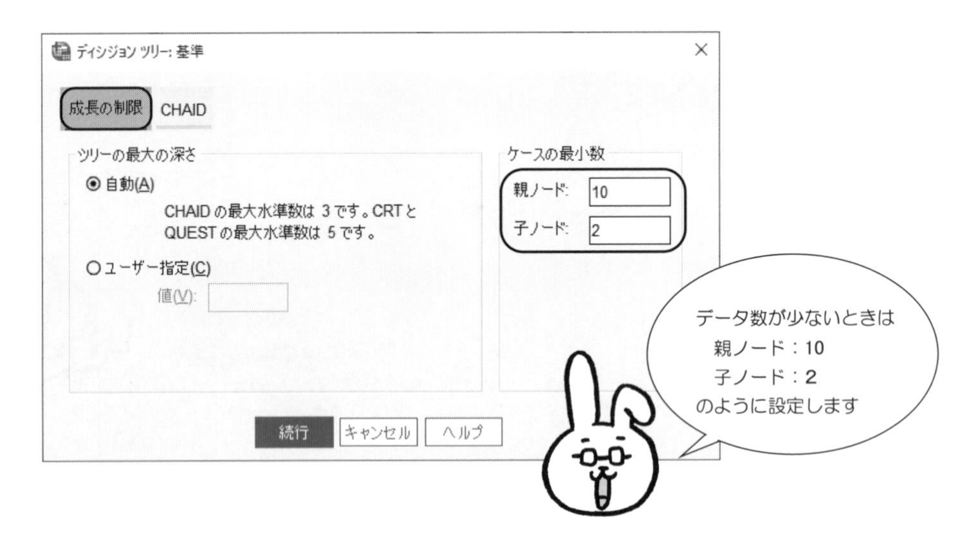


**手順 9** CHAID タブをクリックします．
ここでは，このまま 続行 します．

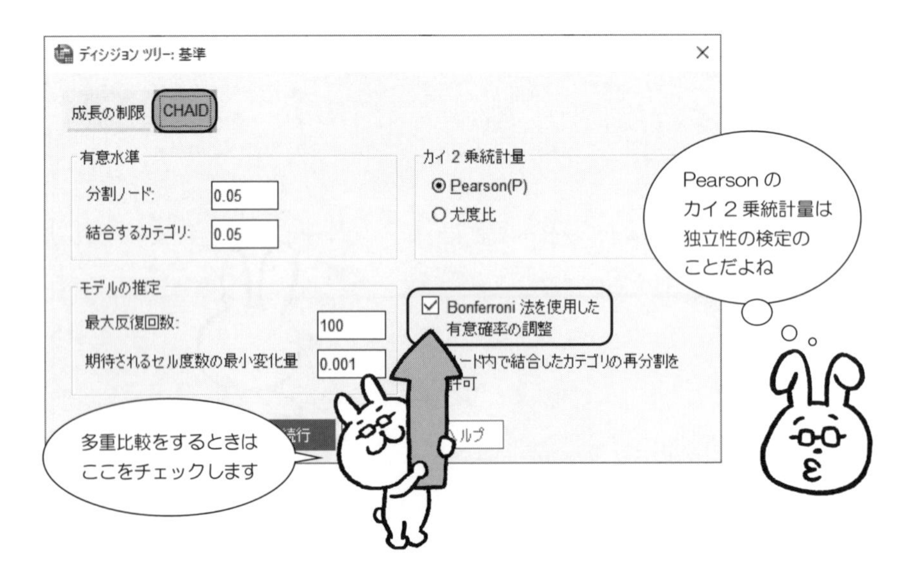

**手順 10** 手順 4 の画面に戻ったら，［保存(S)］をクリックします．

ここでは，このまま［続行］します．

ディシジョン ツリー: 保存

保存変数
□ターミナル ノード番号
□予測値
□予測確率
■サンプルの割り当て (学習/検証)

XML としてツリー モデルをエクスポート
□学習サンプル(A)
ファイル(F): 参照(B)...
■検証サンプル
ファイル(I): 参照(O)...

続行 キャンセル ヘルプ

予測をしたいときは
**予測値** に
チェックを！

**手順 11** 手順 4 の［オプション(O)］をクリックすると，次の画面になります．

［続行］して，手順 4 の画面に戻ったら，［OK］をクリック．

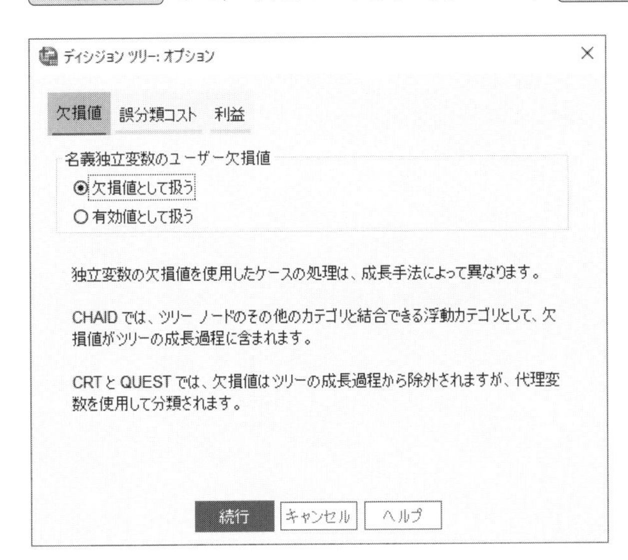

【SPSS による出力】

## 分類ツリー

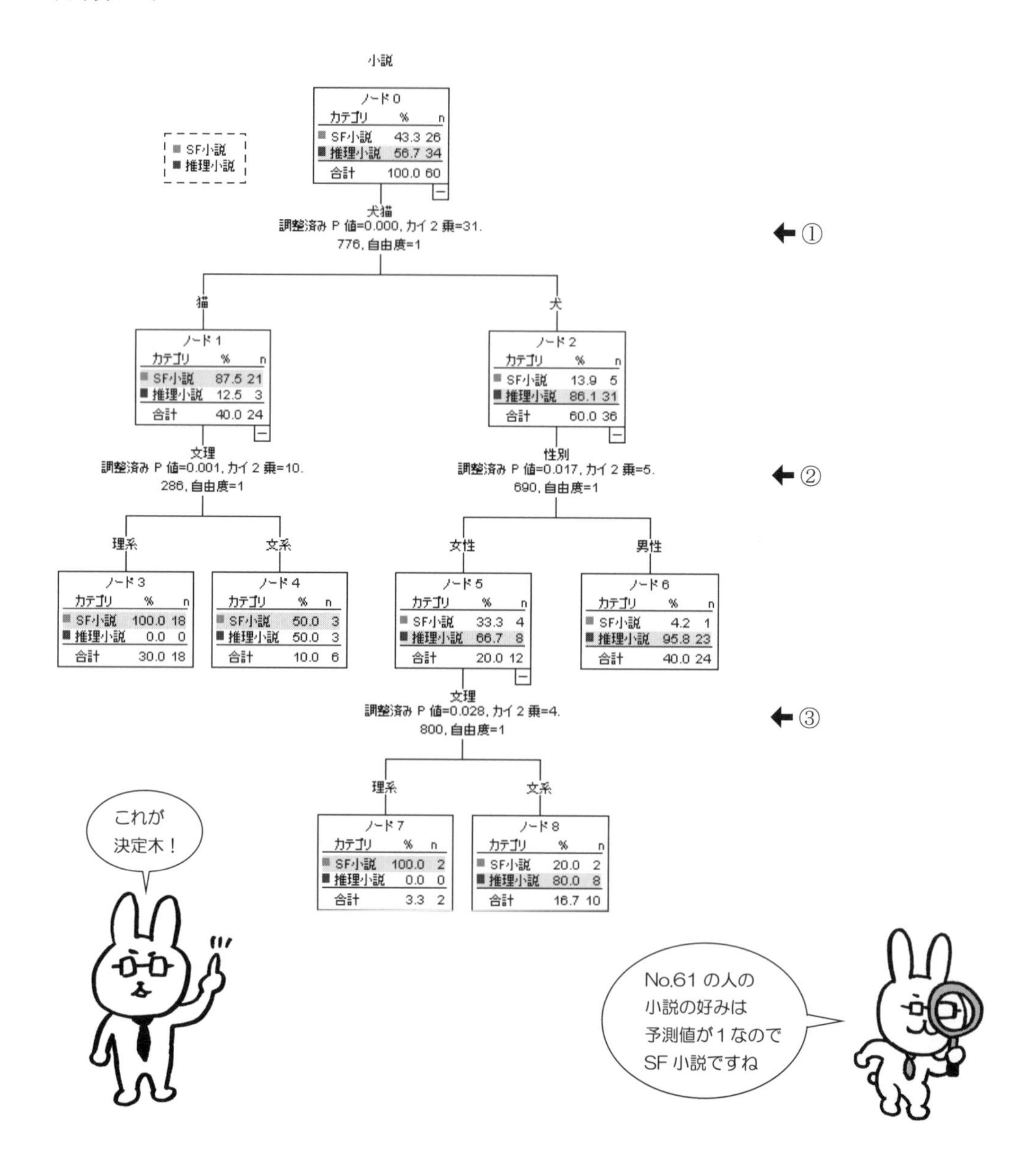

## 【出力結果の読み取り方】

⬅① 次の 4 つのカイ 2 乗検定をおこない，
調整 p 値（＝有意確率）の最も小さい組合せを表示しています．

[小説] と [食事]　検定統計量 2.443　有意確率 0.118
[小説] と [性別]　検定統計量 10.884　有意確率 0.001
[小説] と [犬猫]　検定統計量 31.776　有意確率 0.000 ⬅ここ
[小説] と [文理]　検定統計量 23.465　有意確率 0.000

⬅② 犬派のグループ 36 人について，次の 3 つのカイ 2 乗検定をおこない，
調整 p 値（＝有意確率）の最も小さい組合せを表示しています．

[小説] と [食事]　検定統計量 2.973　有意確率 0.085
[小説] と [性別]　検定統計量 5.690　有意確率 0.017 ⬅ここ
[小説] と [文理]　検定統計量 1.566　有意確率 0.211

⬅③ 犬派で女性のグループ 12 人について，次の 2 つのカイ 2 乗検定をおこない，
調整 p 値（＝有意確率）の最も小さい組合せを表示しています．

[小説] と [食事]　検定統計量 4.688　有意確率 0.030
[小説] と [文理]　検定統計量 4.800　有意確率 0.028 ⬅ここ

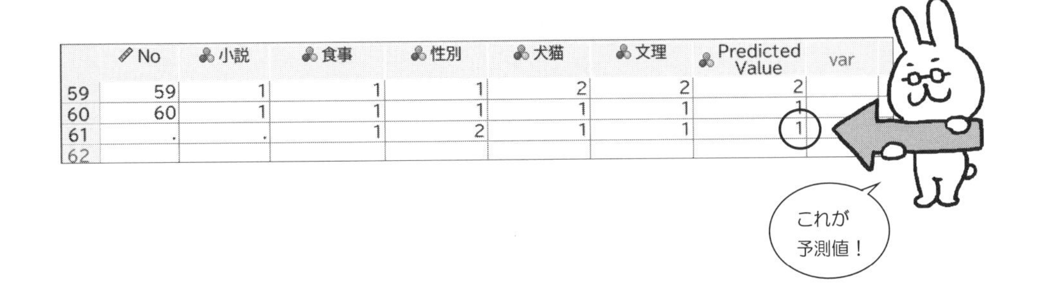

| | No | 小説 | 食事 | 性別 | 犬猫 | 文理 | Predicted Value | var |
|---|---|---|---|---|---|---|---|---|
| 59 | 59 | 1 | 1 | 1 | 2 | 2 | 2 | |
| 60 | 60 | 1 | 1 | 1 | 1 | 1 | 1 | |
| 61 | . | . | 1 | 2 | 1 | 1 | 1 | |
| 62 | | | | | | | | |

# 第3章 コレスポンデンス分析によるアンケート処理

## 3.1 はじめに

SPSS のコレスポンデンス分析を使うと，アンケート調査の 2 つの質問項目のカテゴリとカテゴリの間の **関係** を，次の図のように調べることができます.

カテゴリとは質問項目の選択肢のことです.

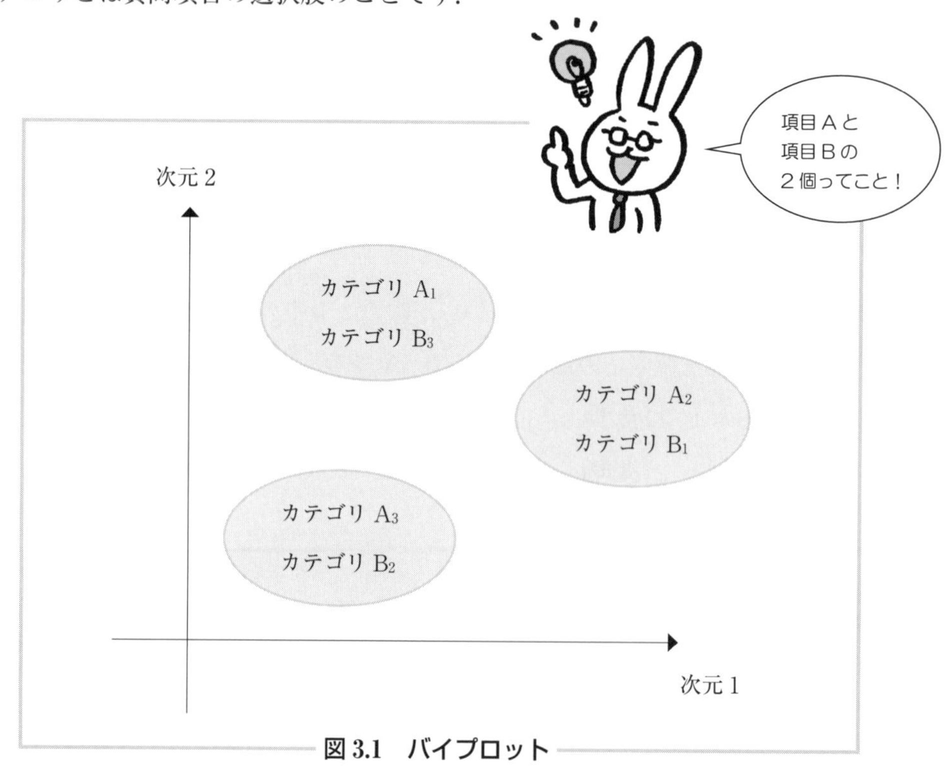


図 3.1　バイプロット

次のアンケート調査票の

［**アルコール**］の４つのカテゴリと［**おつまみ**］の４つのカテゴリの **関係**

を，コレスポンデンス分析で調べてみましょう．

**表 3.1 アンケート調査票**

**項目１ あなたは次のアルコール飲料のうち，**
**主にどれを飲みますか？** ［アルコール］

１．日本酒　　２．ビール
３．ワイン　　４．ウィスキー

**項目２ あなたは次のおつまみのうち，**
**主にどれを食べますか？** ［おつまみ］

１．お刺身　　２．唐揚げ
３．チーズ　　４．なし

## ■コレスポンデンス分析の流れ

SPSS のコレスポンデンス分析の手順は，次のようになります．

**Step 1**

アンケート調査票を調査回答者に配布し，
回収後，その回答結果を SPSS のデータファイルに入力する

**Step 2**

SPSS の分析メニューから **次元分解(D)** を選択し
サブメニューから **コレスポンデンス分析(C)** を選択する

**Step 3**

行と列の項目を設定し，変数の範囲を定義する

**Step 4**

**統計量** の設定をする

**Step 5**

**作図** の設定をしたら，分析を実行!!

■ **SPSS の出力が出たら……**

SPSS の出力が出たら，次の点を確認しましょう !!

最後に，これらの結果をレポートや論文にまとめれば分析が完了します．

■コレスポンデンス分析をまとめるときは……

レポートにまとめてみましょう．まとめ方にはいろいろな表現があります．

たとえば……

………………………………………………………………………………………………………

…………………………………………………．

SPSSの出力を見ると，アルコール飲料の日本酒というカテゴリと，おつまみのお刺身というカテゴリの位置関係が近いところにあるので，日本酒を飲む人はお刺身を好むことがわかる．

また，アルコール飲料のウィスキーやビールは，おつまみの「なし」のカテゴリと近い位置関係にあるので，ウィスキーやビールはおつまみなしで飲んでいることがわかる．

このことから，……………………………………………………………………

………………………………………………………………………………………………………

……………………………………………………………

私が好きなのは
ワインとチーズの組み合わせ！

## ■アンケート調査の結果と SPSS のデータ入力

アンケート調査の結果を SPSS のデータビューに入力します．

コレスポンデンス分析を使って，［**アルコール**］のカテゴリと［**おつまみ**］のカテゴリ間の **関係** を調べます．

### 【データ入力】

データは HP から
ダウンロード
できます

| | 調査回答者 | アルコール | おつまみ |
|---|---|---|---|
| 1 | 1 | 2 | 4 |
| 2 | 2 | 4 | 4 |
| 3 | 3 | 1 | 1 |
| 4 | 4 | 1 | 2 |
| 5 | 5 | 3 | 3 |
| 6 | 6 | 2 | |
| 7 | 7 | 4 | |
| 8 | 8 | 1 | |
| 9 | 9 | 4 | |
| 10 | 10 | 3 | |
| 11 | 11 | 2 | |
| 12 | 12 | 3 | |
| 13 | 13 | 2 | |
| 14 | 14 | 4 | |
| 15 | 15 | 4 | |
| 16 | 16 | 3 | |
| 17 | 17 | 4 | |
| 18 | 18 | 2 | |
| 19 | 19 | 3 | |
| 20 | 20 | 1 | |
| 21 | 21 | 2 | |
| 22 | 22 | 1 | |
| 23 | 23 | 2 | |
| 24 | 24 | 2 | |
| 25 | 25 | 4 | |
| 26 | | | |

値ラベル

| | 調査回答者 | アルコール | おつまみ |
|---|---|---|---|
| 1 | No.1 | ビール | なし |
| 2 | No.2 | ウィスキー | なし |
| 3 | No.3 | 日本酒 | お刺身 |
| 4 | No.4 | 日本酒 | 唐揚げ |
| 5 | No.5 | ワイン | チーズ |
| 6 | No.6 | ビール | なし |
| 7 | No.7 | ウィスキー | なし |
| 8 | No.8 | 日本酒 | お刺身 |
| 9 | No.9 | ウィスキー | なし |
| 10 | No.10 | ワイン | 唐揚げ |
| 11 | No.11 | ビール | なし |
| 12 | No.12 | ワイン | チーズ |
| 13 | No.13 | ビール | なし |
| 14 | No.14 | ウィスキー | なし |
| 15 | No.15 | ウィスキー | なし |
| 16 | No.16 | ワイン | 唐揚げ |
| 17 | No.17 | ウィスキー | なし |
| 18 | No.18 | ビール | なし |
| 19 | No.19 | ワイン | チーズ |
| 20 | No.20 | 日本酒 | お刺身 |
| 21 | No.21 | ビール | なし |
| 22 | No.22 | 日本酒 | なし |
| 23 | No.23 | ビール | チーズ |
| 24 | No.24 | ビール | なし |
| 25 | No.25 | ウィスキー | お刺身 |
| 26 | | | |

データビューと
変数ビューは
画面の左下で
切り替えるよ

## 3.2 コレスポンデンス分析のための手順

**手順 1** データを入力したら，分析(A) のメニューから 次元分解(D) を選択し，

サブメニューから コレスポンデンス分析(C) を選択します．

**手順 2** 次の画面になったら，アルコール を 行 の中へ移動し

範囲の定義(D) をクリックします．

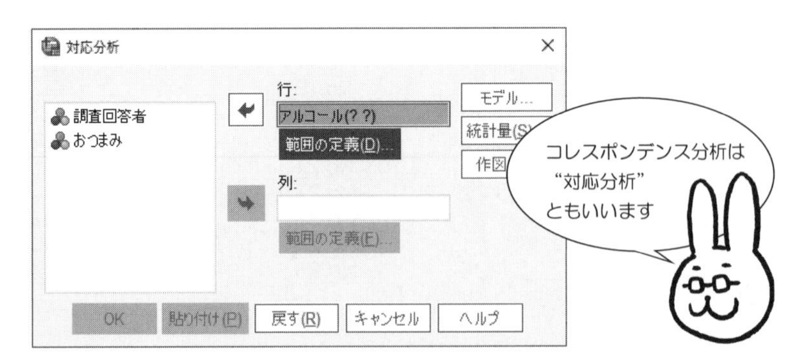

**手順 3** アルコールは 4 つの水準に分かれているので

最小値(M) に 1 を，最大値(A) に 4 を入力します．

更新 をクリックして，続行 をクリック．

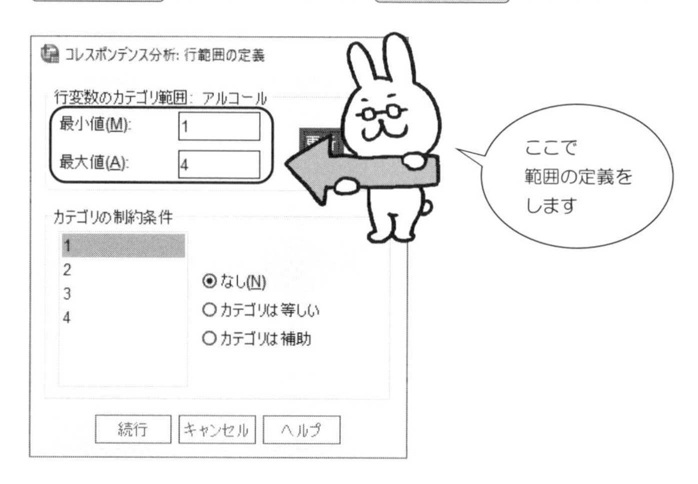


**手順 4** 行 の中が，次のようになります．

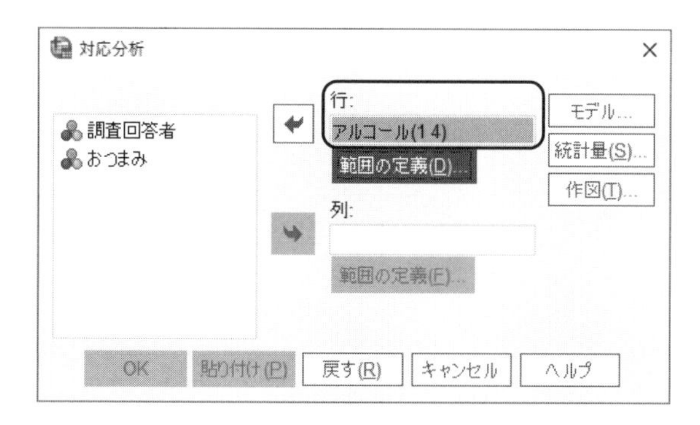

**手順 5** おつまみ を 列 の中へ移動して，範囲の定義(F) をクリック．

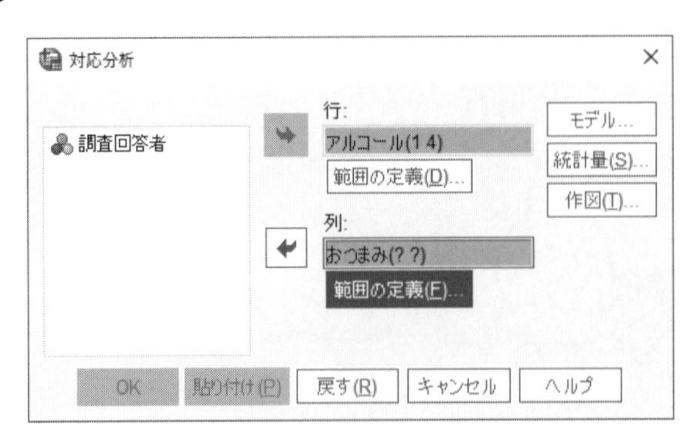


**手順 6** おつまみは4つの水準に分かれているので

最小値(M) に 1 を，最大値(A) に 4 を入力します．

更新 をクリックして，続行 します．

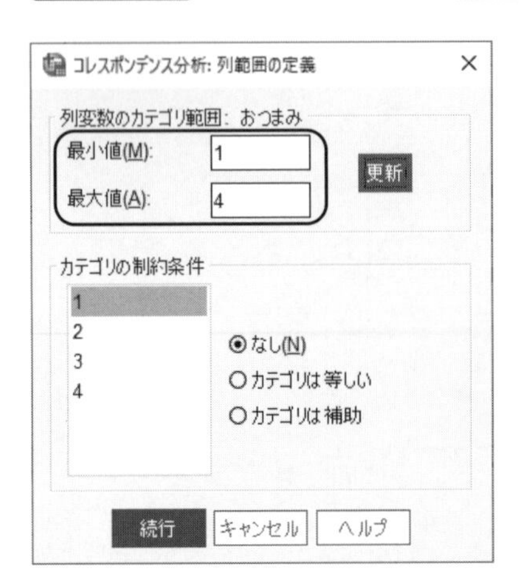

**手順 7** 列 の中が，次のようになったら，統計量(S) をクリック．

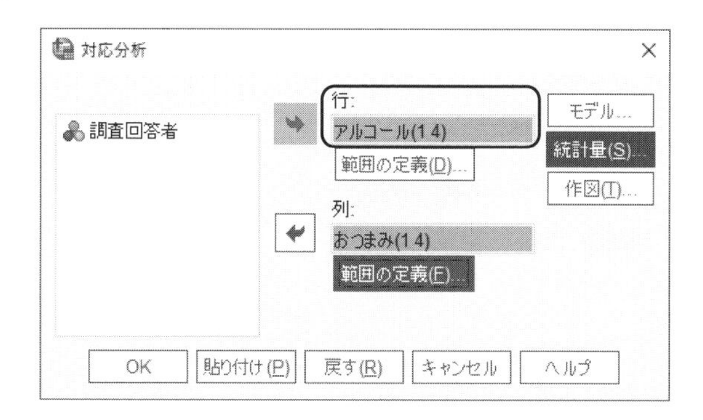


**手順 8** 次の統計の画面になったら

□ コレスポンデンス テーブル

□ 行ポイントの概要

□ 列ポイントの概要

をチェックして，続行 します．

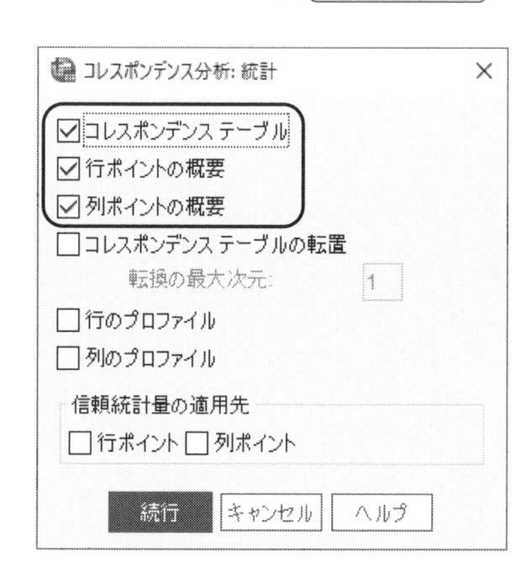

**手順 9** 次の画面に戻ったら，**作図(T)** をクリックします．

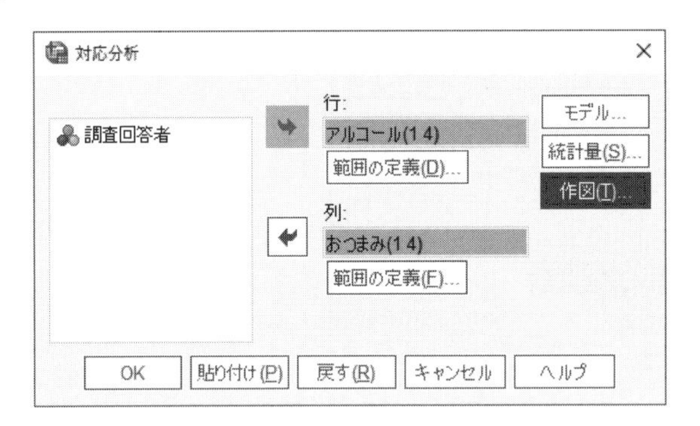


**手順 10** 次の作図の画面になったら，

□ **バイプロット**

をチェックして，**続行** します．

**手順 11** 次の画面に戻ったら， OK をクリックします．

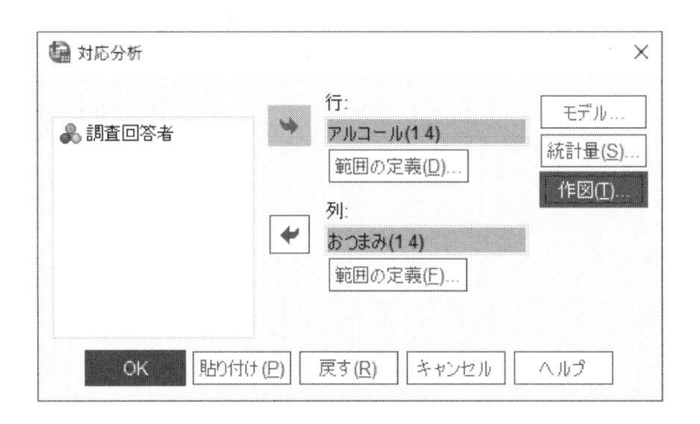

【SPSS による出力・その 1】

## コレスポンデンスポンデンス分析

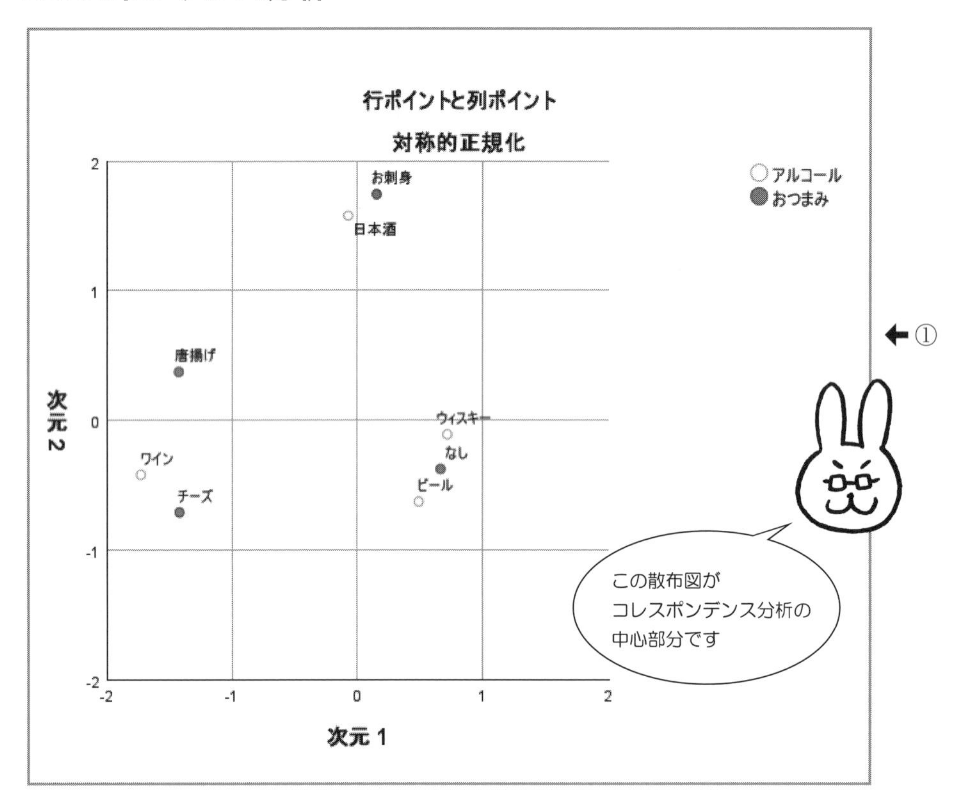

## 【出力結果の読み取り方・その１】

⬅① この散布図がバイプロットです．

行ポイントと列ポイントの次元の得点を

同じ平面上に表現しています．この図を見ながら，

［**アルコール**］のカテゴリと［**おつまみ**］のカテゴリの

位置関係を調べます．

● 日本酒と唐揚げの場合，次元の得点は

日本酒（− 0.073，1.578），　唐揚げ（− 1.429，0.373）

なので，次のように図示されます．

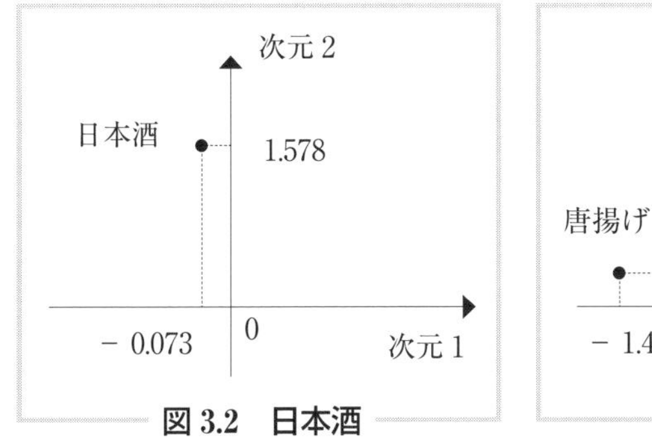


**図 3.2　日本酒**

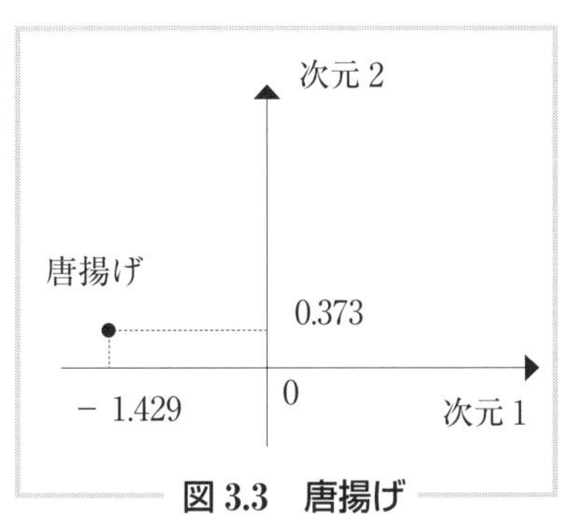


**図 3.3　唐揚げ**

## 【SPSS による出力・その 2】

②
↓

**行ポイントの概要[a]**

| | | 次元の得点 | | | 寄与率 | | | | |
|---|---|---|---|---|---|---|---|---|---|
| | | | | | 次元のイナーシャに対するポイント | | ポイントのイナーシャに対する次元 | | |
| アルコール | マス | 1 | 2 | 要約イナーシャ | 1 | 2 | 1 | 2 | 総計 |
| 日本酒 | .200 | -.073 | 1.578 | .331 | .001 | .751 | .003 | .997 | 1.000 |
| ビール | .320 | .495 | -.629 | .149 | .095 | .191 | .434 | .564 | .998 |
| ワイン | .200 | -1.730 | -.418 | .517 | .726 | .053 | .955 | .045 | 1.000 |
| ウィスキー | .280 | .723 | -.109 | .123 | .177 | .005 | .979 | .018 | .997 |
| 合計 | 1.000 | | | 1.119 | 1.000 | 1.000 | | | |

a. 対称的正規化

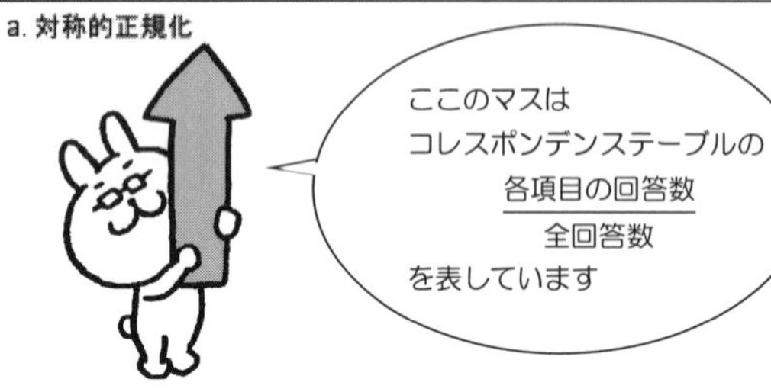


**列ポイントの概要[a]**

| | | 次元の得点 | | | 寄与率 | | | | |
|---|---|---|---|---|---|---|---|---|---|
| | | | | | 次元のイナーシャに対するポイント | | ポイントのイナーシャに対する次元 | | |
| おつまみ | マス | 1 | 2 | 要約イナーシャ | 1 | 2 | 1 | 2 | 総計 |
| お刺身 | .160 | .153 | 1.744 | .326 | .005 | .734 | .009 | .990 | 1.000 |
| 唐揚げ | .120 | -1.429 | .373 | .213 | .297 | .025 | .947 | .052 | .998 |
| チーズ | .160 | -1.424 | -.711 | .321 | .394 | .122 | .833 | .167 | .999 |
| なし | .560 | .670 | -.375 | .259 | .305 | .119 | .798 | .202 | 1.000 |
| 合計 | 1.000 | | | 1.119 | 1.000 | 1.000 | | | |

a. 対称的正規化

## 【出力結果の読み取り方・その2】

⬅② 次元の得点を散布図でグラフ表現すると

次の図のようになります.

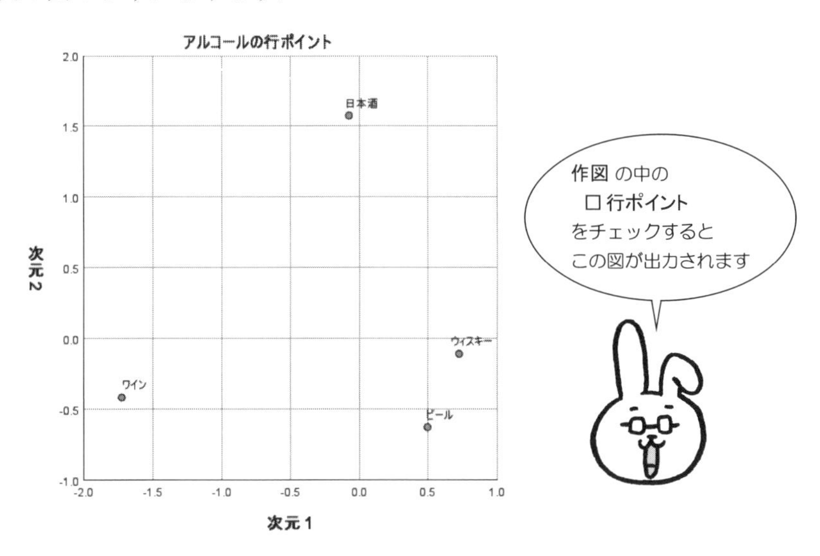


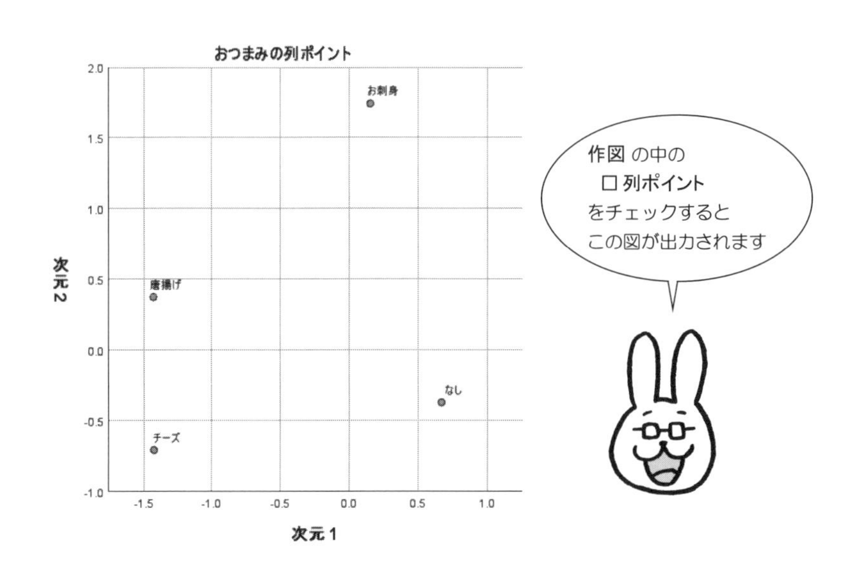

## 【SPSS による出力・その 3】

**コレスポンデンス テーブル**

| アルコール | おつまみ<br>お刺身 | 唐揚げ | チーズ | なし | 周辺 |
|---|---|---|---|---|---|
| 日本酒 | 3 | 1 | 0 | 1 | 5 |
| ビール | 0 | 0 | 1 | 7 | 8 |
| ワイン | 0 | 2 | 3 | 0 | 5 |
| ウィスキー | 1 | 0 | 0 | 6 | 7 |
| 周辺 | 4 | 3 | 4 | 14 | 25 |

← ③

④↓ ⑤↓ ⑥↓

**要約**

| 次元 | 特異値 | イナーシャ | カイ 2 乗 | 有意確率 | イナーシャの寄与率<br>説明 | 累積 | 信頼特異値<br>標準偏差 | 相関<br>2 |
|---|---|---|---|---|---|---|---|---|
| 1 | .824 | .679 | | | .607 | .607 | .099 | .054 |
| 2 | .663 | .439 | | | .393 | .999 | .153 | |
| 3 | .025 | .001 | | | .001 | 1.000 | | |
| 総計 | | 1.119 | 27.986 | <.001[a] | 1.000 | 1.000 | | |

a. 自由度9

**【出力結果の読み取り方・その3】**

⬅③　［アルコール］と［おつまみ］のクロス集計表です.

⬅④⑤　次の等式が成り立ちます.

$$(\text{特異値})^2 = \text{イナーシャ}$$

$$(0.824)^2 = 0.679$$

$$(0.663)^2 = 0.439$$

$$(0.025)^2 = 0.001$$

⬅⑥　イナーシャの寄与率のところは，次のように計算しています.

$$\text{イナーシャの寄与率} = \frac{\text{イナーシャ}}{\text{イナーシャの合計}}$$

したがって，

$$0.607 = \frac{0.679}{0.679 + 0.439 + 0.001}$$

$$0.393 = \frac{0.439}{0.679 + 0.439 + 0.001}$$

$$0.001 = \frac{0.001}{0.679 + 0.439 + 0.001}$$

となります.

次元1が全体の60.7%を説明していることを示しています.

# 第4章 多重応答分析によるアンケート処理

## 4.1 はじめに

SPSSの多重応答分析を使うと，アンケート調査の3つ以上の質問項目のカテゴリとカテゴリの **関係** を，次の図のように調べることができます．

カテゴリとは質問項目の選択肢のことです．

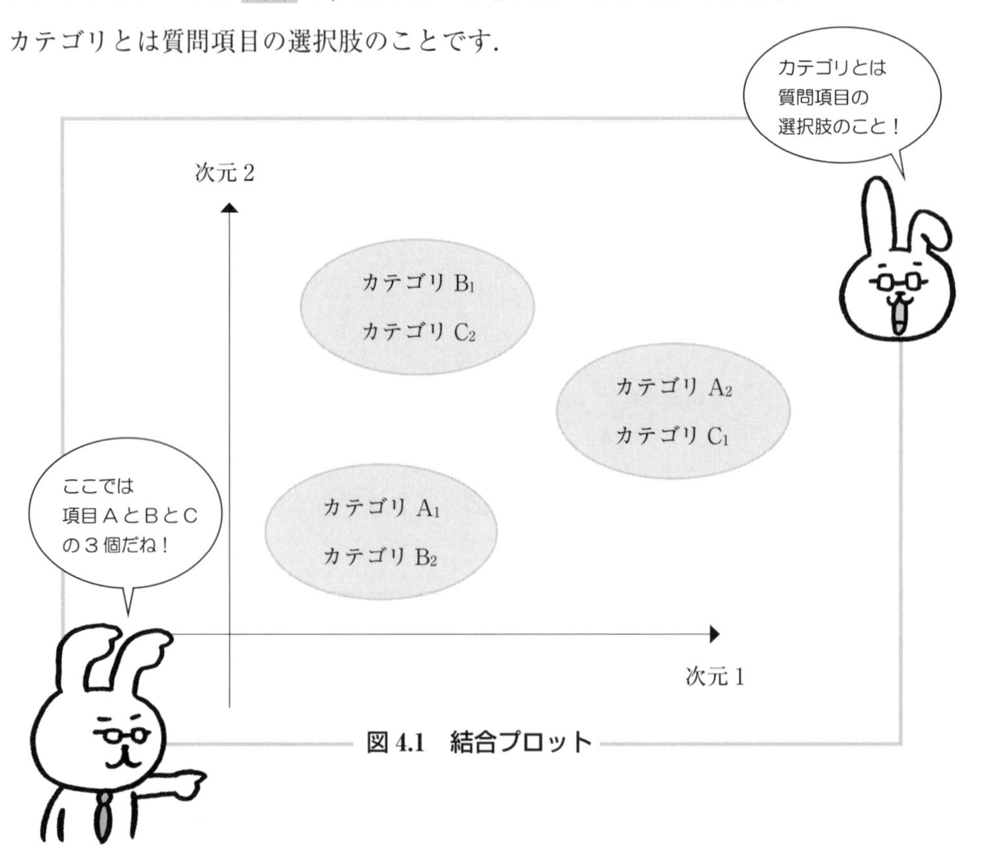


**図 4.1　結合プロット**

次のアンケート調査票の

［ドリンク］［金額］［回数］のカテゴリ間の **関係**

を，多重応答分析で調べてみましょう．

**表 4.1　アンケート調査票**

**項目1．あなたはカフェで注文するものは，次のうちどれですか？** ［ドリンク］

1．ブレンド　　2．カフェオレ

3．エスプレッソ　　4．カプチーノ

**項目2．あなたはカフェで，1回いくらくらい使いますか？** ［金額］

1．500円　　2．1000円　　3．1500円

**項目3．あなたは1週間に，何回カフェを利用しますか？** ［回数］

1．1回程度　　2．2，3回

3．4，5回　　4．ほぼ毎日

## ■多重応答分析の流れ

SPSS の多重応答分析の手順は，次のようになります．

**Step 1**

アンケート調査票を調査回答者に配布し，
回収後，その回答結果を SPSS のデータファイルに入力する

**Step 2**

SPSS の分析メニューから **次元分解(D)** を選択し
サブメニューから **最適尺度法(O)** を選択する

**Step 3**

変数の重みを確認し，**ラベル付け変数(L)** を設定する

**Step 4**

**出力** と **作図** の設定をしたら，最後に分析を実行 *!!*

■ SPSSの出力が出たら……

SPSSの出力が出たら，次の点を確認しましょう!!

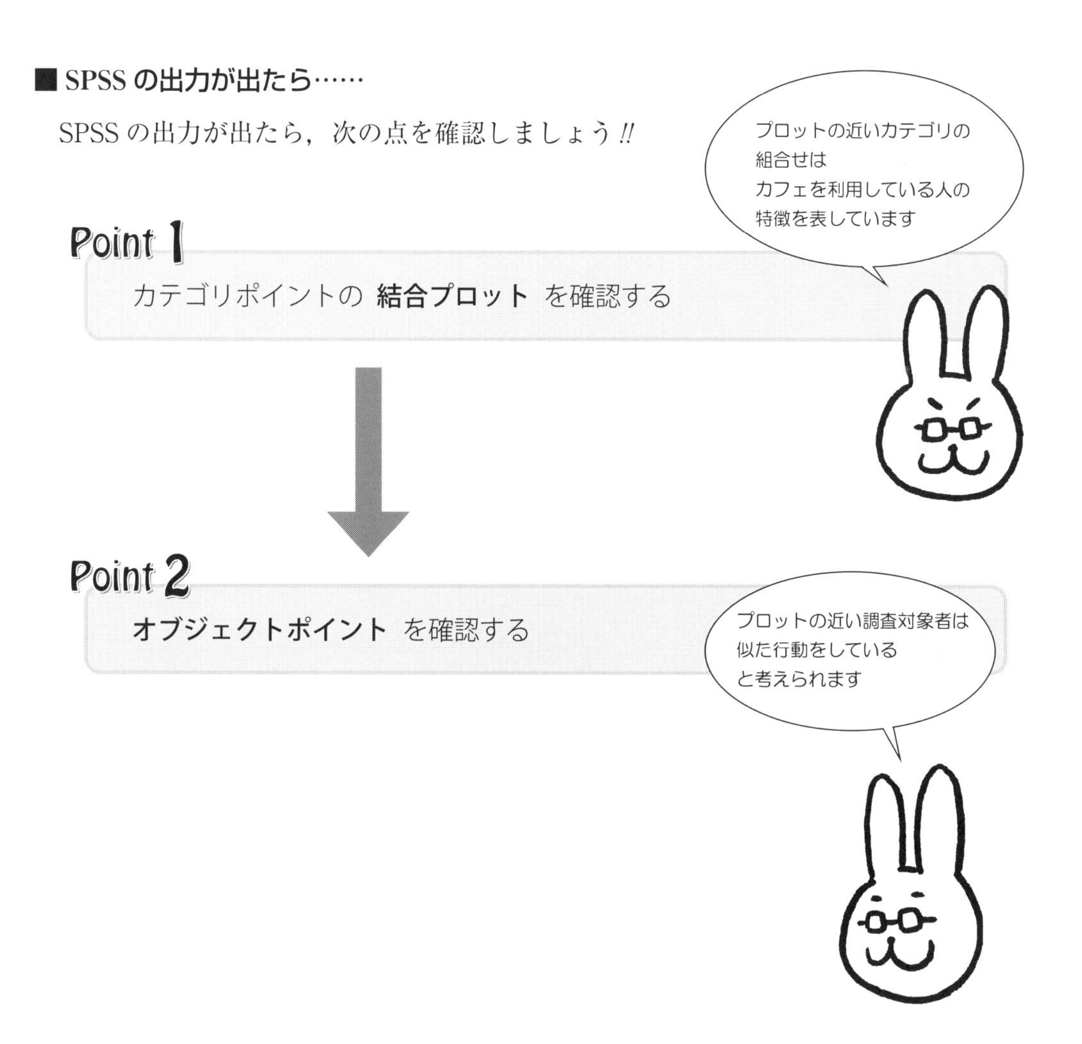


最後に，これらの結果をレポートや論文にまとめれば分析が完了します.

■多重応答分析をまとめるときは……

レポートにまとめてみましょう．まとめ方にはいろいろな表現があります．

たとえば……

………………………………………………………………………………………………

……………………………………………………….

SPSSの出力を見ると，ドリンク項目のブレンドというカテゴリと回数の項目のほぼ毎日というカテゴリの位置関係が近いところにあるので，ブレンドを注文している人はほぼ毎日カフェに来ているということがわかる．

また，調査対象者No.21とNo.24は近い位置関係にあるので，同じような行動をしていることがわかる．

このことから，………………………………………………………………………

………………………………………………………………………………………………

…………………………………………………………………

まとめ方は
いろいろあるよ！

多重応答分析
= multiple correspondence analysis

## ■アンケート調査の結果と SPSS のデータ入力

アンケート調査の結果を SPSS のデータビューに入力します.

多重応答分析を使って,

［**ドリンク**］［**金額**］［**回数**］のカテゴリ間の **関係** を調べます.

### 【データ入力】

| | 調査対象者 | ドリンク | 金額 | 回数 |
|---|---|---|---|---|
| 1 | 1 | 2 | 1 | 1 |
| 2 | 2 | 4 | 3 | 1 |
| 3 | 3 | 1 | 2 | 4 |
| 4 | 4 | 1 | 2 | 3 |
| 5 | 5 | 3 | 2 | 2 |
| 6 | 6 | 2 | 1 | 1 |
| 7 | 7 | 4 | 3 | 1 |
| 8 | 8 | 1 | 2 | 4 |
| 9 | 9 | 4 | 3 | 1 |
| 10 | 10 | 3 | | |
| 11 | 11 | 2 | | |
| 12 | 12 | 3 | | |
| 13 | 13 | 2 | | |
| 14 | 14 | 4 | | |
| 15 | 15 | 4 | | |
| 16 | 16 | 3 | | |
| 17 | 17 | 4 | | |
| 18 | 18 | 2 | | |
| 19 | 19 | 3 | | |
| 20 | 20 | 1 | | |
| 21 | 21 | 2 | | |
| 22 | 22 | 1 | | |
| 23 | 23 | 2 | | |
| 24 | 24 | 2 | | |
| 25 | 25 | 4 | | |
| 26 | | | | |

データは HP から
ダウンロード
できます

値ラベル

| | 調査対象者 | ドリンク | 金額 | 回数 |
|---|---|---|---|---|
| 1 | No.1 | カフェオレ | 500円 | 1回程度 |
| 2 | No.2 | カプチーノ | 1500円 | 1回程度 |
| 3 | No.3 | ブレンド | 1000円 | ほぼ毎日 |
| 4 | No.4 | ブレンド | 1000円 | 4, 5回 |
| 5 | No.5 | エスプレッソ | 1000円 | 2, 3回 |
| 6 | No.6 | カフェオレ | 500円 | 1回程度 |
| 7 | No.7 | カプチーノ | 1500円 | 1回程度 |
| 8 | No.8 | ブレンド | 1000円 | ほぼ毎日 |
| 9 | No.9 | カプチーノ | 1500円 | 1回程度 |
| 10 | No.10 | エスプレッソ | 1000円 | 4, 5回 |
| 11 | No.11 | カフェオレ | 500円 | 1回程度 |
| 12 | No.12 | エスプレッソ | 1000円 | 2, 3回 |
| 13 | No.13 | カフェオレ | 500円 | 1回程度 |
| 14 | No.14 | カプチーノ | 1500円 | 1回程度 |
| 15 | No.15 | カプチーノ | 1500円 | 1回程度 |
| 16 | No.16 | エスプレッソ | 1000円 | 4, 5回 |
| 17 | No.17 | カプチーノ | 1500円 | 1回程度 |
| 18 | No.18 | カフェオレ | 500円 | 1回程度 |
| 19 | No.19 | エスプレッソ | 1000円 | 2, 3回 |
| 0 | No.20 | ブレンド | 1000円 | ほぼ毎日 |
| | No.21 | カフェオレ | 1500円 | 1回程度 |
| 2 | No.22 | ブレンド | 1500円 | 1回程度 |
| 23 | No.23 | カフェオレ | 1500円 | 2, 3回 |
| 24 | No.24 | カフェオレ | 1500円 | 1回程度 |
| 25 | No.25 | カプチーノ | 1500円 | ほぼ毎日 |
| 26 | | | | |

データビューと
変数ビューは
画面の左下で
切り替えるよ

## 4.2 多重応答分析のための手順

**手順 1** 分析(A) ⇒ 次元分解(D) ⇒ 最適尺度法(O) を選択します.

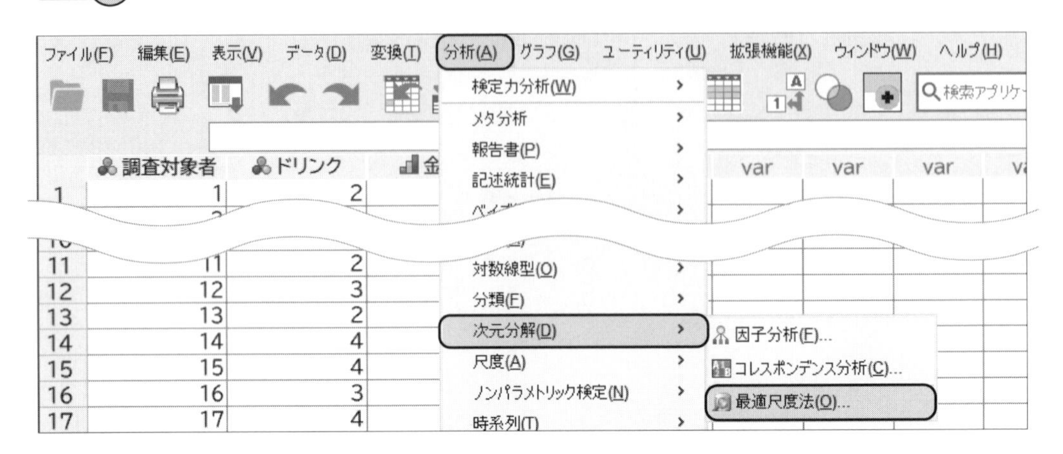

**手順 2** 最適尺度法の画面になったら

次のように選択して, 定義(F) をクリック.

**手順 ③** 多重応答分析の画面になったら，ドリンク を 分析変数 に移動します．

変数の重みを定義したいときは，［変数の重みの定義(D)］をクリックして，

変数の重みを入力します．ここでは，1 のままで［続行］．

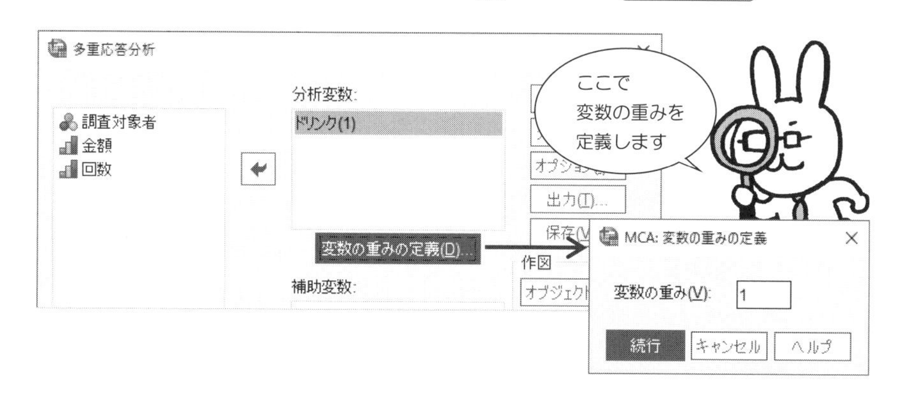


**手順 ④** 次に，金額，回数 をそれぞれクリックして，分析変数 の中へ移動します．

さらに，調査対象者 を ラベル付け変数(L) に移動します．

続いて，［出力(T)］をクリック．

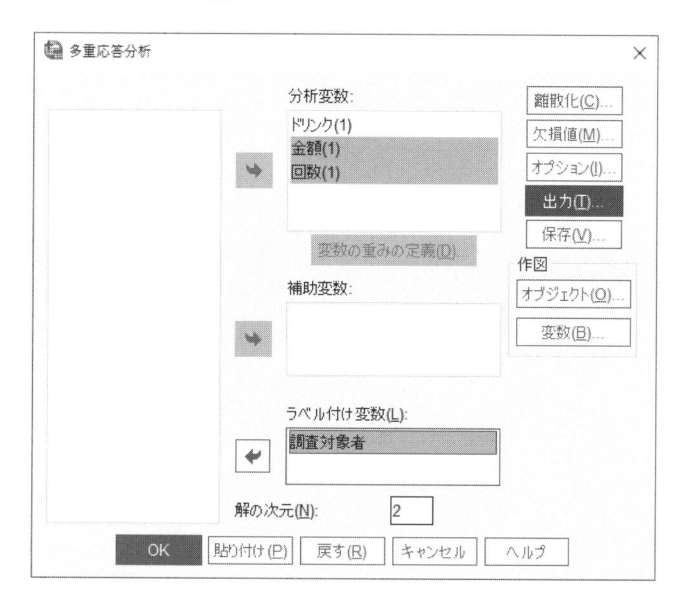

**手順 5** 次の出力の画面になったら，

□ オブジェクトスコア

をチェックします．

続いて，数量化された変数(Q) の中の ドリンク，金額，回数 を選び，

カテゴリ数量化と寄与率(T) に移動します．

もう一度，ドリンク，金額，回数 を選択して，

オブジェクトスコアオプション の中の カテゴリを含める(N) へ移動．

さらに，調査対象者 を オブジェクトスコアのラベル(B) に移動して，

続行 ．

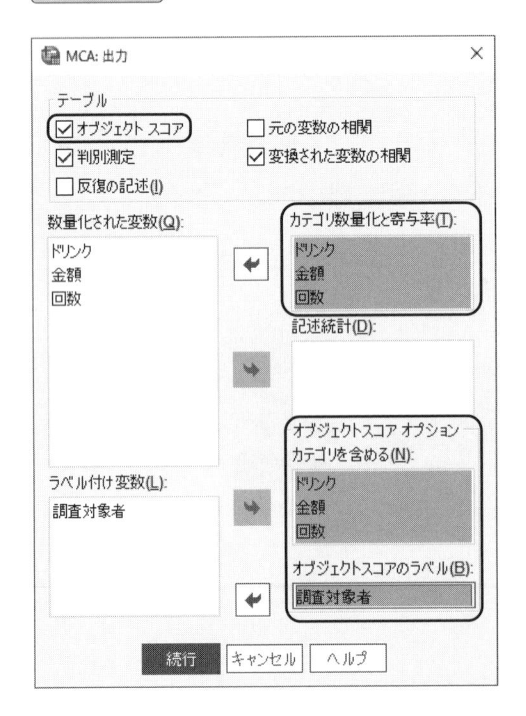

**手順 6** 手順 4 の画面に戻ったら， 作図 の中の オブジェクト(O) をクリック．

次のオブジェクトプロットの画面になったら，

□ オブジェクトポイント

をチェック．

オブジェクトのラベル付け の中の 変数 をクリックして，

調査対象者 を 選択済み(E) へ移動して， 続行 ．

**手順 7** 手順４の画面に戻ったら，［変数(B)］をクリック．

次の変数プロットの画面になったら

ドリンク，金額，回数 を 結合カテゴリプロット(J) へ移動し，

［続行］．手順４の画面に戻ったら，［OK］をクリックします．

ところで，…
離散化(C)の画面は，次のようになっています
MCA: 離散化
変数(V):
ドリンク(指定なし)
金額(指定なし)
回数(指定なし)
方法(T): グループ化
変更(H)
グループ化
カテゴリ数(M): 7
分布: 正規(N) 一様(U)
等間隔(Q):
続行 キャンセル ヘルプ
方法(T) には
指定なし グループ化 順位化 乗算
があります
指定なしの場合，変数は
“正規分布する7つのカテゴリ”
に割り当てられます
文字型変数は
文字の昇順に従って
正の整数にカテゴリを割り当てます
離散化とは
“変数の値の再割り当て”
のことです

【SPSS による出力・その 1】

## 多重応答分析

## カテゴリポイント

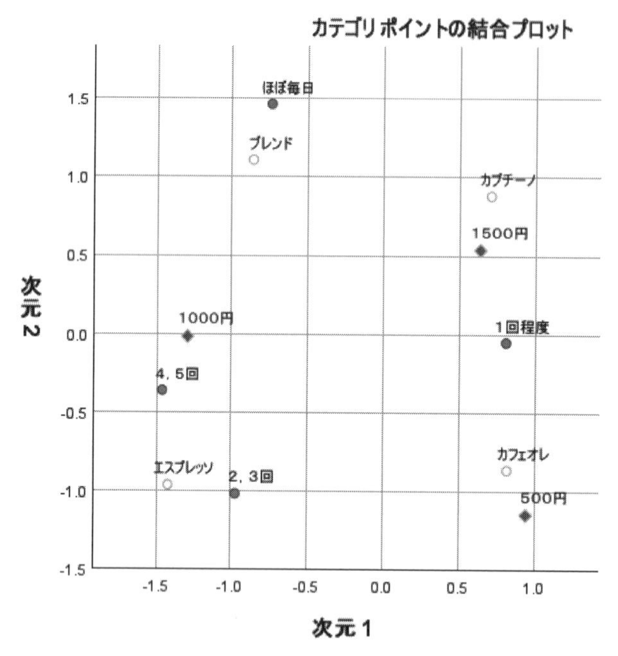


← ①

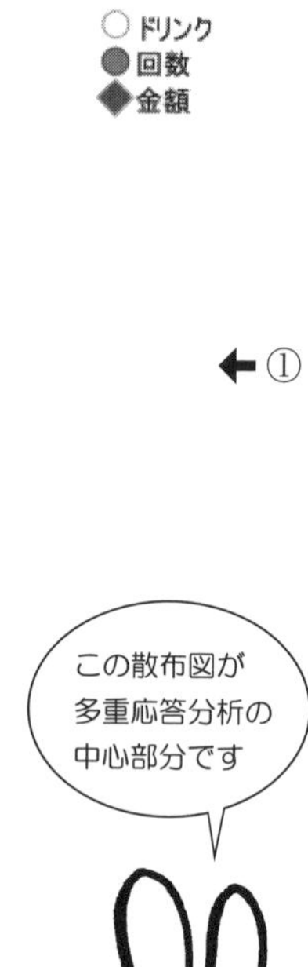


**判別測定**

| | 次元 | | |
|---|---|---|---|
| | 1 | 2 | 平均値 |
| ドリンク | .908 | .885 | .897 |
| 金額 | .957 | .389 | .673 |
| 回数 | .862 | .524 | .693 |
| 合計 | 2.727 | 1.799 | 2.263 |
| 分散の % | 90.903 | 59.971 | 75.437 |

### 【出力結果の読み取り方・その１】

⬅① この散布図が結合プロットです．

重心座標を，平面（次元 1，次元 2）上に表現しています．

この図を見ながら，カテゴリとカテゴリの位置関係をを調べます．

ブレンドとほぼ毎日の重心座標は

（ − 0.862，1.107 ）　（ − 0.743，1.462 ）

なので，次のように図示されています．

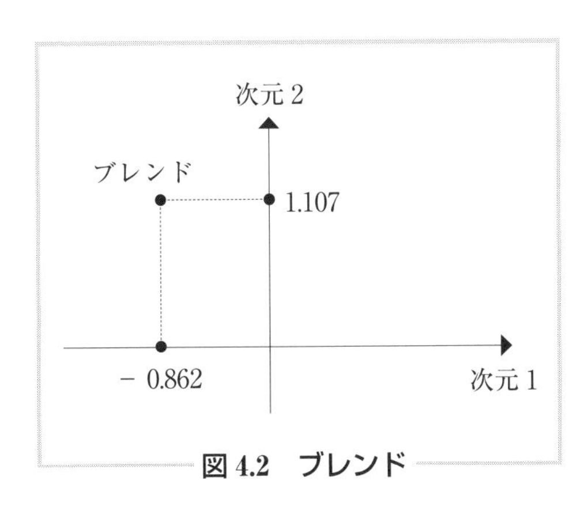


図 4.2　ブレンド

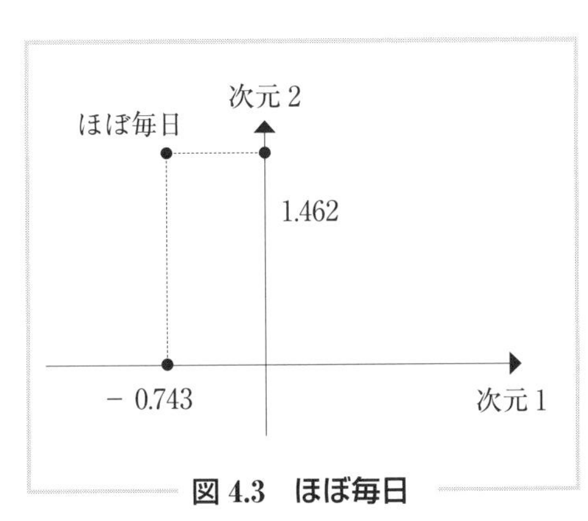


図 4.3　ほぼ毎日

## 【SPSS による出力・その 2】

**ドリンク**

②

↓

点：座標

| | | 重心座標 | |
|---|---|---|---|
| | | 次元 | |
| カテゴリ | 度数 | 1 | 2 |
| ブレンド | 5 | -.862 | 1.107 |
| カフェオレ | 8 | .814 | -.863 |
| エスプレッソ | 5 | -1.429 | -.961 |
| カプチーノ | 7 | .705 | .881 |

変数主成分の正規化

**金額**

点：座標

| | | 重心座標 | |
|---|---|---|---|
| | | 次元 | |
| カテゴリ | 度数 | 1 | 2 |
| 500円 | 5 | .938 | -1.147 |
| 1000円 | 9 | -1.296 | -.017 |
| 1500円 | 11 | .634 | .535 |

変数主成分の正規化

**回数**

②

↓

点：座標

| | | 重心座標 | |
|---|---|---|---|
| | | 次元 | |
| カテゴリ | 度数 | 1 | 2 |
| 1回程度 | 14 | .805 | -.050 |
| 2，3回 | 4 | -.973 | -1.016 |
| 4，5回 | 3 | -1.468 | -.360 |
| ほぼ毎日 | 4 | -.743 | 1.462 |

変数主成分の正規化

【出力結果の読み取り方・その2】

⬅② 重心座標を散布図でグラフ表現すると次の図のようになります.

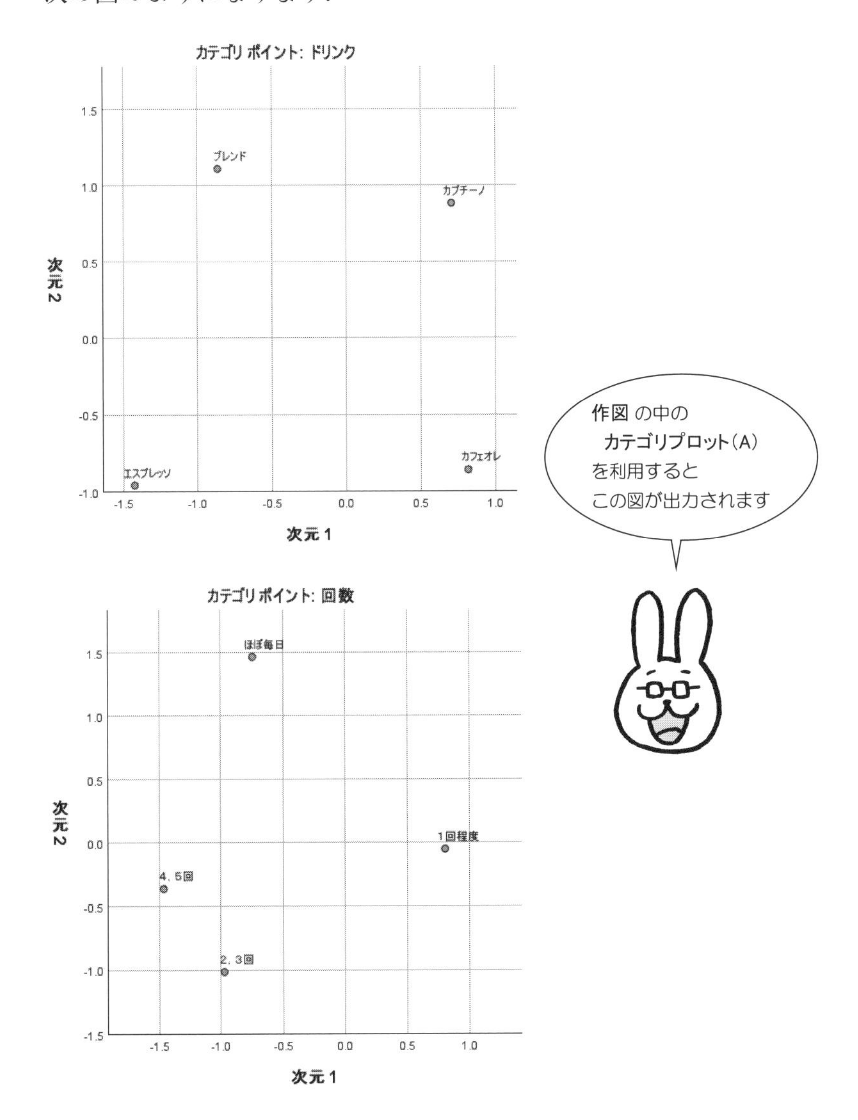

【SPSS による出力・その 3】

## ラベル付けされたオブジェクト ポイント

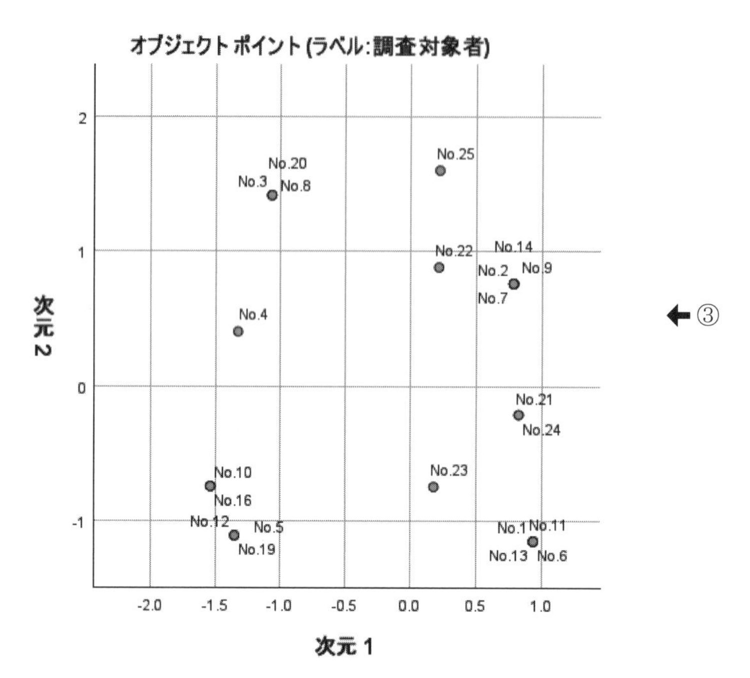


← ③

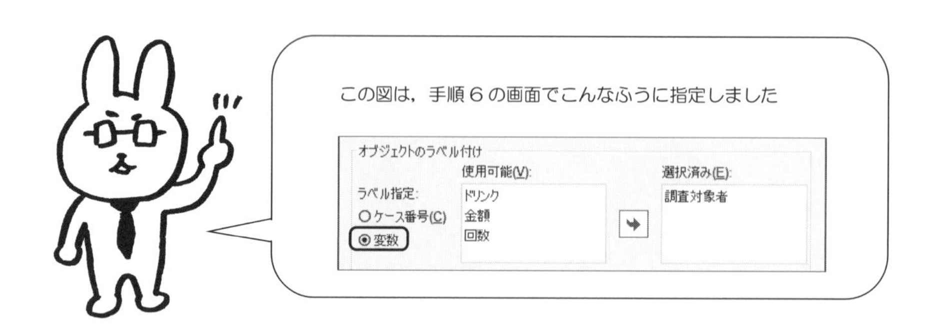

【出力結果の読み取り方・その3】

⬅③　各調査対象者のオブジェクトスコアを平面上にグラフ表現しています．

この図から

“似た反応を示す調査対象者はだれとだれか？”

を調べることができます．

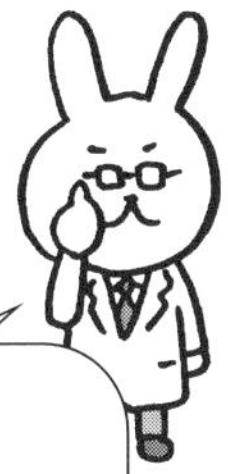

ところで，手順６の画面で次のように指定すると……

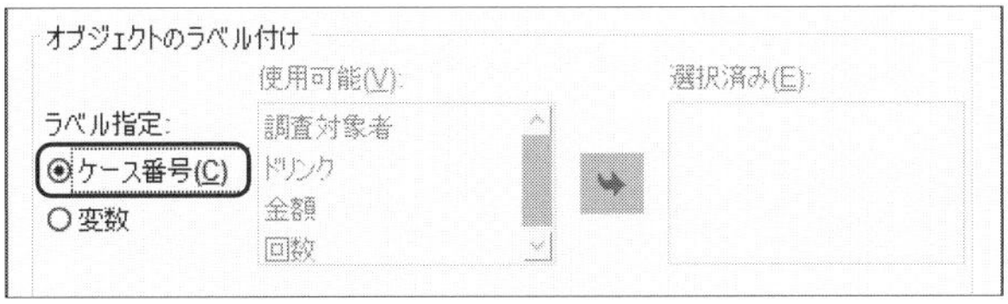

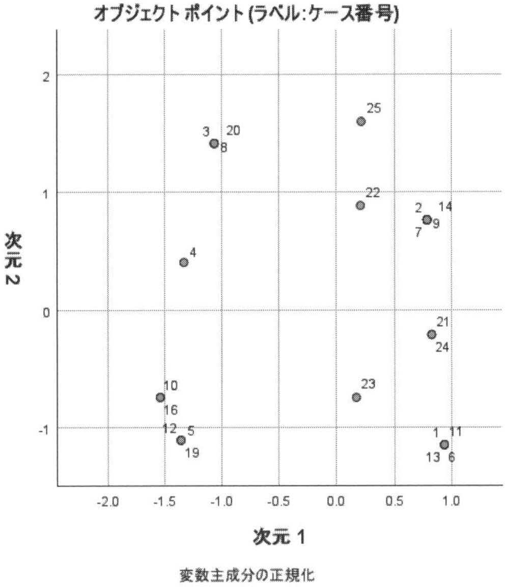

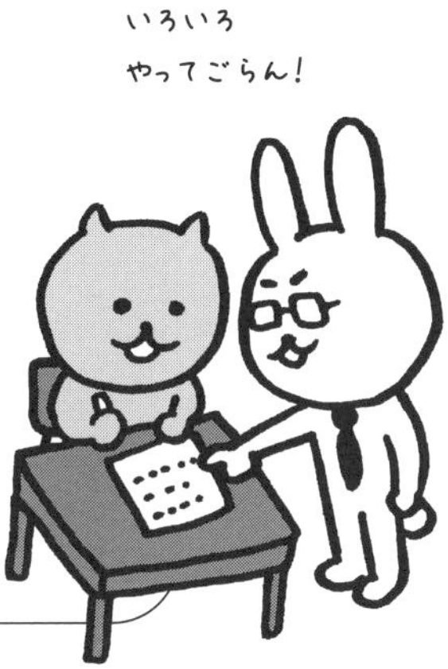

オブジェクトのラベル付け
ラベル指定:
◉ケース番号(C)
○変数
使用可能(V):
調査対象者
ドリンク
金額
回数
選択済み(E):

オブジェクト ポイント (ラベル:ケース番号)

次元 2
次元 1
変数主成分の正規化

いろいろ
やってごらん！

# 第5章 名義回帰分析によるアンケート処理

## 5.1 はじめに

SPSSの名義回帰分析を使うと，アンケート調査の **名義** データの質問項目とその他の質問項目との **関係** を，次の図のように調べることができます．

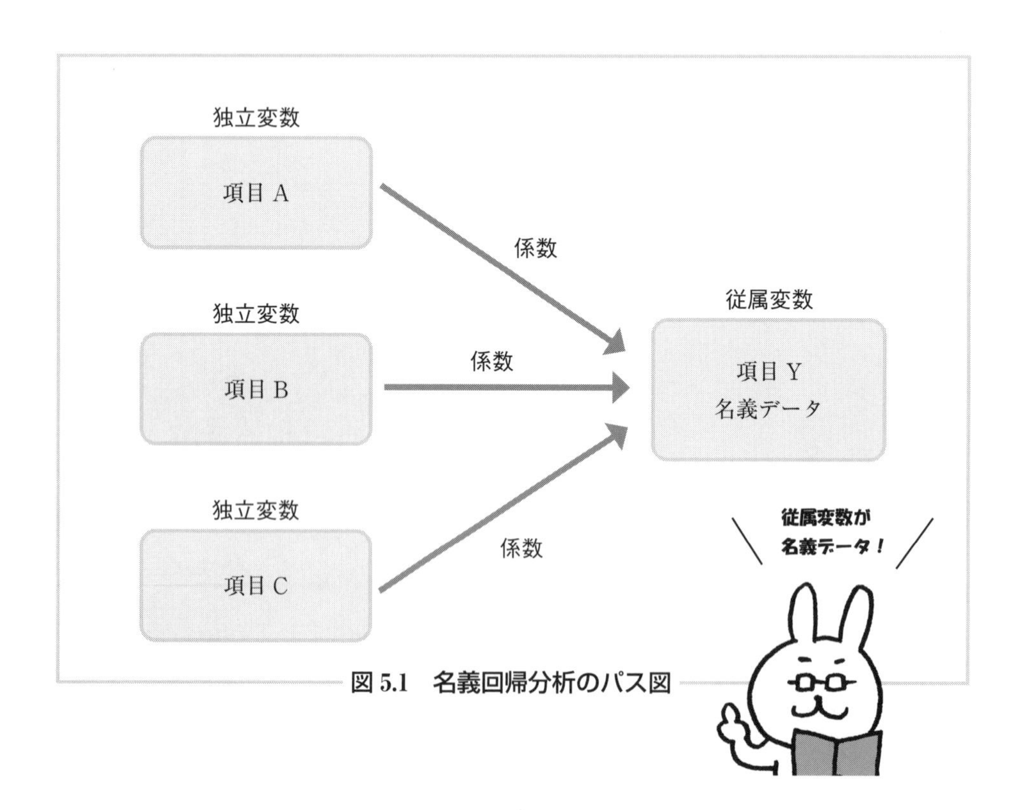


図 5.1　名義回帰分析のパス図

次のアンケート調査票の
**［アルコール］** と **［性別］** **［年代］** **［食事］** の **関係** を探るため，
**［アルコール］** を従属変数 **［性別］** **［年代］** **［食事］** を独立変数
として，名義回帰分析をしてみましょう．

**表 5.1 アンケート調査票**

**項目1 あなたは次のアルコールのうちどれをよく飲みますか？** ［アルコール］
1．日本酒　2．ワイン　3．ビール

**項目2 あなたの性別はどちらですか？** ［性別］
1．男性　2．女性

**項目3 あなたの年代は次のどれですか？** ［年代］
1．20代　2．30代　3．40代
4．50代　5．60代

**項目4 あなたの食事のタイプはどちらですか？** ［食事］
1．肉食系　2．草食系

## ■名義回帰分析の流れ

SPSS の名義回帰分析の手順は，次のようになります.

**Step 1**

調査対象者にアンケート調査票を配布し，
回収後，その回答結果を SPSS データファイルに入力する

**Step 2**

SPSS の分析メニューから **回帰(R)** を選択し，
**最適尺度法(CATREG)(O)** を選択する

**Step 3**

従属変数を選択し，**尺度の定義(E)** を **名義** に設定する

名義回帰分析の手順は
このようになります

**Step 4**

独立変数を選択し，**尺度の定義(F)** を設定する

**Step 5**

**オプション(O)**，**出力(U)**，**保存** を設定したら，分析を実行!!

■ SPSSの出力が出たら……

SPSSの出力が出たら，次の点を確認しましょう!!

**Point 1**

**モデルの要約** を確認する

R2乗の値が 1 に近ければ当てはまりが良いといえる

**Point 2**

**分散分析** を確認する

有意確率が 0.05 以下のとき，回帰式は予測に役立つといえる

**Point 3**

**係数ベータ** を確認する

有意確率が 0.05 以下のとき，その項目は従属変数に影響を与えている

最後に，これらの結果をレポートや論文にまとめれば分析が完了します．

■名義回帰分析をまとめるときは……

レポートにまとめてみましょう．まとめ方にはいろいろな表現があります．

たとえば……

…………………………………………………………………………………………

……………………………………………………．

SPSSの出力を見ると，日本酒・ワイン・ビールに影響を与えている大きな要因として，標準化係数からは年代と食事が考えられる．

また，推定値を見ると女性，20代，草食系の人は，ワインが好みである可能性が高く，男性，50代，肉食系の人はビールが好みである可能性が高いことがわかる．

このことから，…………………………………………………………………

…………………………………………………………………………………………

………………………………………………………………

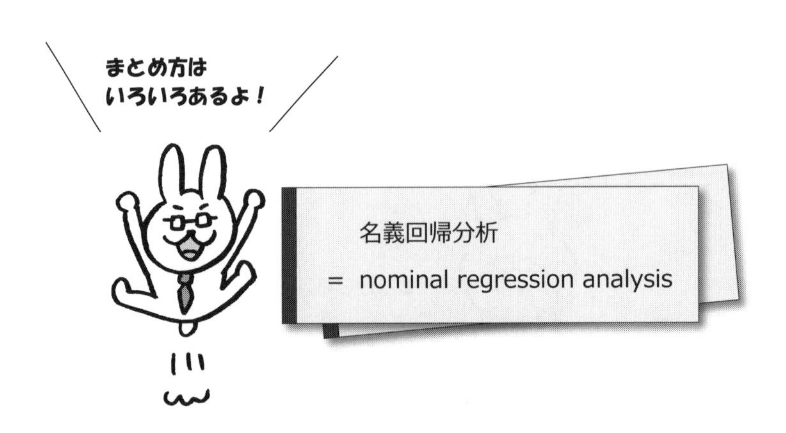

## ■アンケート調査の結果と SPSS のデータ入力

アンケート調査の結果を SPSS のデータビューに入力します．

名義回帰分析を使って，［**アルコール**］と

［**性別**］［**年代**］［**食事**］の **関係** を調べます．

**【データ入力】**

| | アルコール | 性別 | 年代 | 食事 |
|---|---|---|---|---|
| 1 | 2 | 2 | 1 | 1 |
| 2 | 1 | 1 | 4 | 1 |
| 3 | 3 | 2 | 3 | 2 |
| 4 | 3 | 2 | 3 | 2 |
| 5 | 2 | 2 | 1 | 1 |
| 6 | 3 | 1 | 3 | 2 |
| 7 | 3 | 1 | 4 | 2 |
| 8 | 2 | 2 | 2 | 1 |
| 9 | 2 | 2 | 1 | 2 |

データビューは
画面の左下に
あります

値ラベル

| | アルコール | 性別 | 年代 | 食事 |
|---|---|---|---|---|
| 1 | ワイン | 女性 | 20代 | 食系 |
| 2 | 日本酒 | 男性 | 50代 | |
| 3 | ビール | 女性 | 40代 | |
| 4 | ビール | 女性 | 40代 | |
| 5 | ワイン | 女性 | 20代 | 系 |
| 6 | ビール | 男性 | 40代 | 肉食系 |
| 7 | ビール | 男性 | 50代 | 肉食系 |
| 8 | ワイン | 女性 | 30代 | 草食系 |
| 9 | ワイン | 女性 | 20代 | 肉食系 |
| 10 | ビール | 男性 | 50代 | 肉食系 |
| 11 | ビール | 女性 | 30代 | 肉食系 |
| 12 | ビール | 女性 | 30代 | 肉食系 |
| 13 | 日本酒 | 男性 | 50代 | 草食系 |
| | | | 40代 | 肉食系 |
| | 日本酒 | | | |
| | 日本酒 | 女性 | 40代 | 草食系 |
| | ビール | 男性 | 40代 | 肉食系 |
| | 日本酒 | 男性 | 40代 | 肉食系 |
| | ワイン | 女性 | 20代 | 草食系 |
| 26 | ワイン | 女性 | 30代 | 草食系 |
| 27 | ビール | 男性 | 50代 | 肉食系 |
| 28 | ワイン | 男性 | 30代 | 草食系 |
| 29 | ワイン | 男性 | 40代 | 草食系 |
| 30 | 日本酒 | 女性 | 50代 | 草食系 |
| 31 | | | | |

データは HP から
ダウンロード
できます

このアンケートから
知りたいことは
なんだろう？

## 5.2 名義回帰分析のための手順

**手順 1** 分析(A) ⇒ 回帰(R) ⇒ 最適尺度法(CATREG)(O) を選択します.

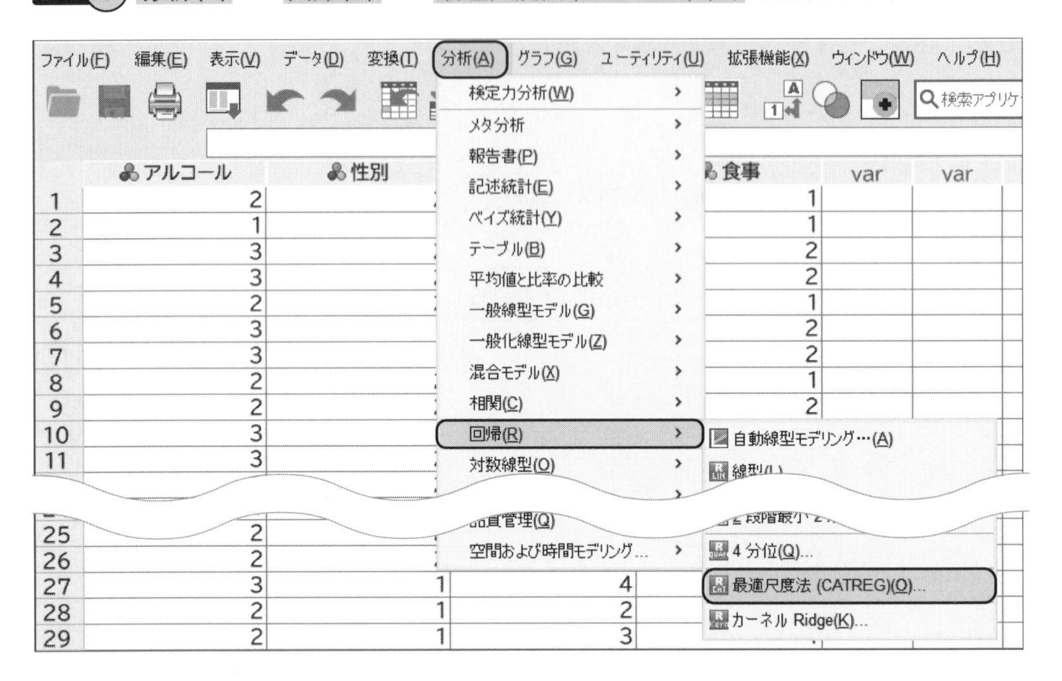


**手順 2** カテゴリ回帰の画面になったら，アルコール を 従属変数(D) へ移動し，

尺度の定義(E) をクリック.

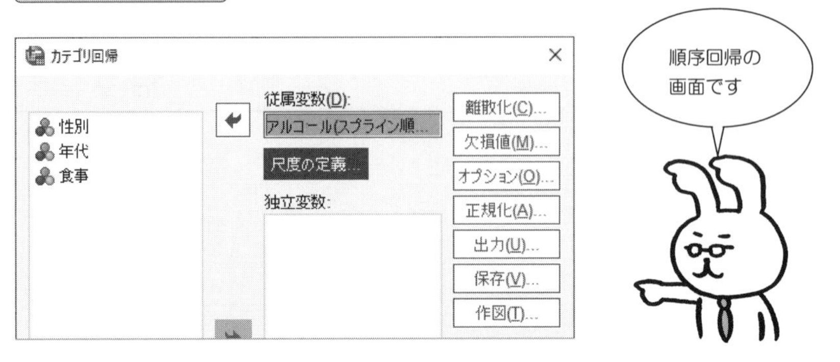

**手順 3** 尺度の定義の画面になったら，名義 を選択して，

続行 をクリックします．

**手順 4** 性別，年代，食事 の各変数を 独立変数 へ移動して，

尺度の定義 をクリック．

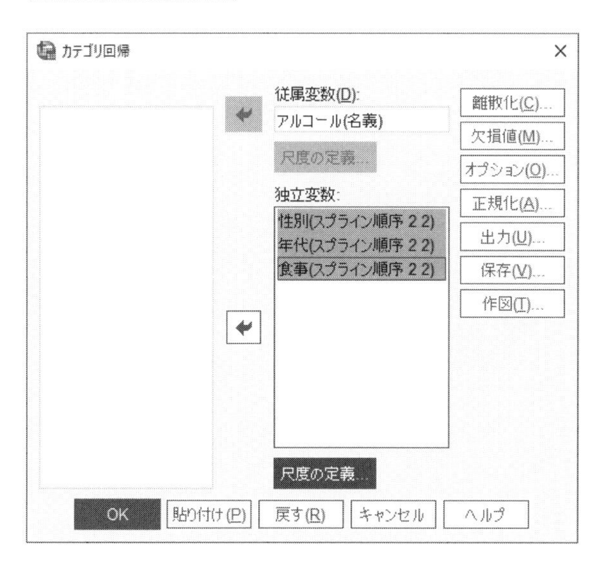

**手順 5** 尺度の定義の画面になったら，性別，年代，食事を⦿**名義**にして， 続行 します．

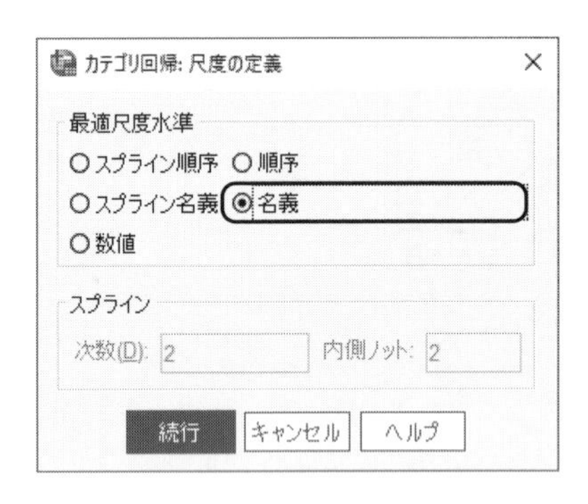

**手順 6** 次の画面になったら， 離散化(C) をクリック．

**手順 7** 離散化の画面は，次のようになります．

このまま，キャンセル．

**手順 8** 次の画面に戻ったら，オプション(O) をクリック．

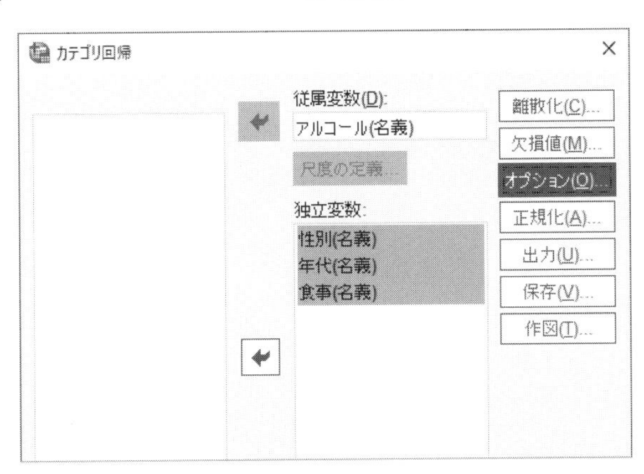

**手順 9** 次のオプションの画面になったら，

初期布置 のところの ランダム(D) を選択して， 続行 .

カテゴリ回帰: オプション

補助オブジェクト
◉ ケースの範囲
最初(F):
最後(S):
○ 単一ケース(I):
補助として扱うケース
追加(A)
変更(C)
削除(M)

基準
収束基準(V): .00001
最大反復回数(X): 100

作図のラベル
◉ 変数ラベルまたは値ラベル
ラベル長の限界: 20
○ 変数名または値

初期布置
○ 数値
◉ ランダム(D)
○ 多重システマティック スタート
検定するパターン
◉ 可能であるすべての符号パターン
◉ 減少した符号パターン数
分散しきい値の損失 (%)(C): 50
しきい値以上の分散損失割合である変数にのみ、負の符号が許されているパターンによって、減少するセットが構成されています
○ 回帰係数に固定符号を使用
回帰係数の符号
使用する符号パターンのケース番号(O):
◉ データセットから読み込む
データセット名(D):
◉ データ ファイルから読み込む
ファイル(I)...

続行 キャンセル ヘルプ

**手順 10** 次の画面に戻ったら， 出力(U) をクリック．

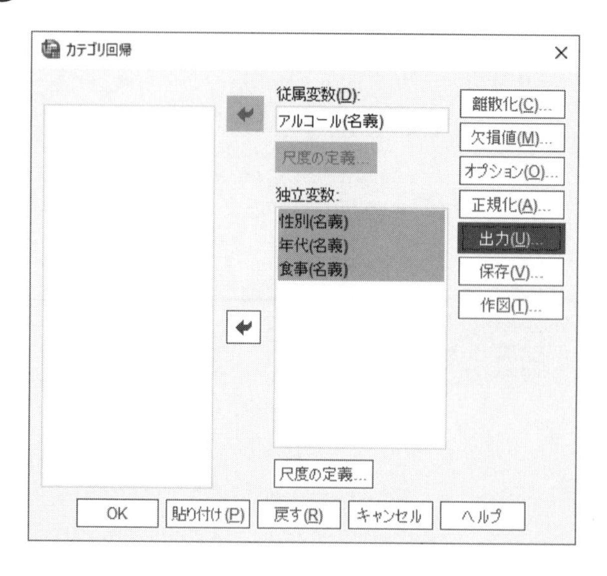

手順 11 次の出力の画面になったら，

アルコール，性別，年代，食事 を カテゴリ数量化(T) へ移動．

そして， 続行 します．

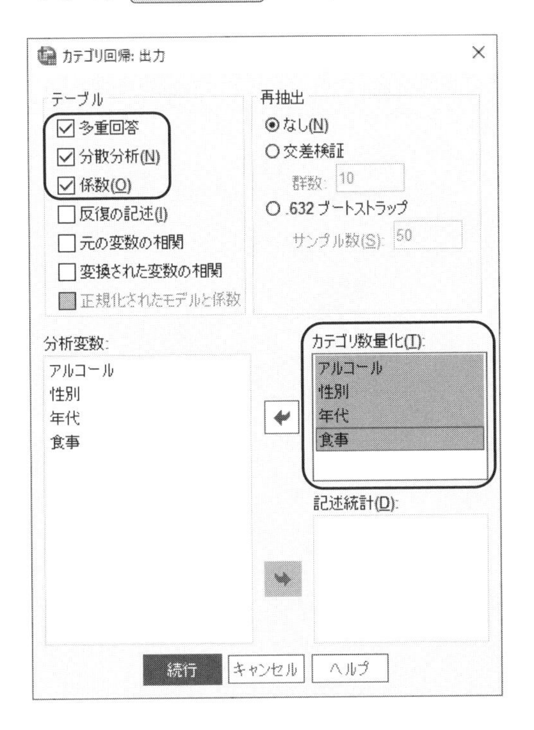


手順 12 次の画面に戻ったら， 保存(V) をクリックします．

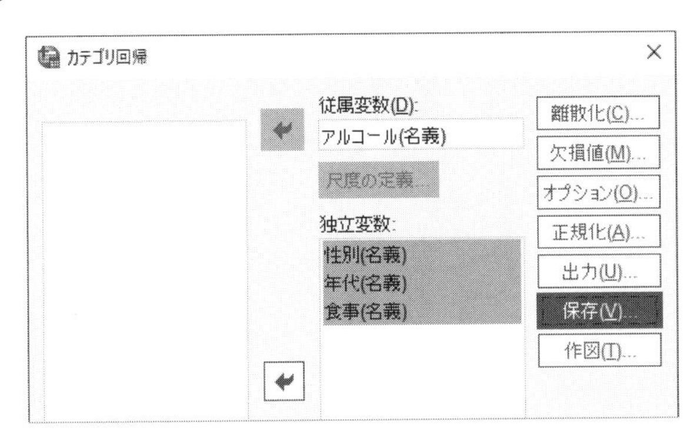

**手順13** 次の保存の画面では

推定値をアクティブなデータセットに保存 を選択して，

続行 します．

カテゴリ回帰: 保存

☑ 推定値をアクティブなデータセットに保存
☐ 残差をアクティブなデータセットに保存

離散化データ
☐ 離散化データを作成
◉ 新しいデータセットを作成(N)
データセット名(D):
○ 新しいデータ ファイルを保存(W)
参照(B)...

正規化されたモデルと係数
◉ 新しいデータセットを作成(N)
データセット名(S): データセット7
○ 新しいデータ ファイルを保存(T)
参照(S)...

変換された変数
☐ 変換された変数をアクティブなデータセットに保存
☐ 変換された変数を作成
◉ 新しいデータセットを作成(A)
データセット名(T):
○ 新しいデータ ファイルを保存(E)
参照(O)...

回帰係数の符号
◉ 新しいデータセットを作成(C)
データセット名(E): データセット8
○ 新しいデータ ファイルを保存(F)
参照(E)...

続行　キャンセル　ヘルプ

手順 14 次の画面に戻ったら，OK ボタンを押します．

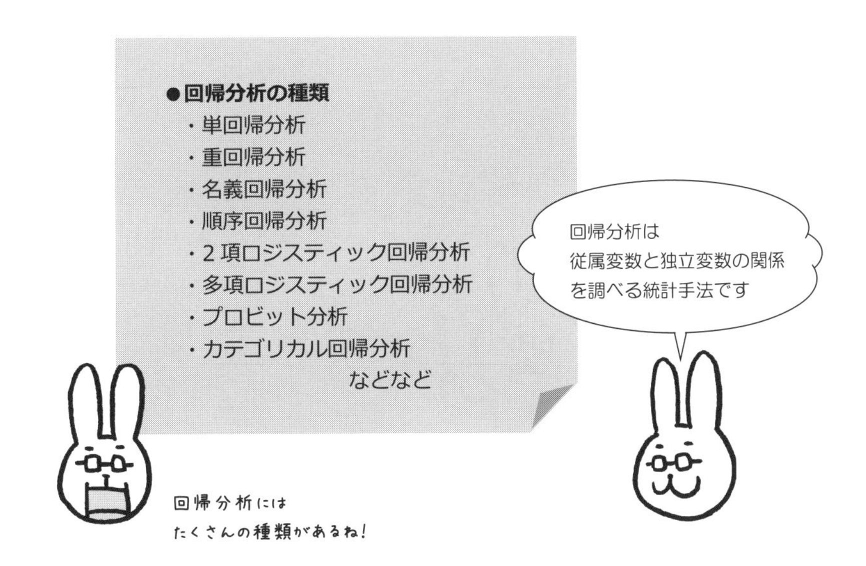

【SPSS による出力・その 1】

## CATREG − カテゴリ データの回帰分析

**モデルの要約**

| 多重 R | R2 乗 | 調整済み R2 乗 | 見かけ上の予測誤差 |
|---|---|---|---|
| .792 | .627 | .530 | .373 |

従属変数 アルコール
予測: 性別 年代 食事

← ①

**分散分析**

| | 平方和 | 自由度 | 平均平方 | F 値 | 有意確率 |
|---|---|---|---|---|---|
| 回帰 | 18.806 | 6 | 3.134 | 6.440 | <.001 |
| 残差 | 11.194 | 23 | .487 | | |
| 総計 | 30.000 | 29 | | | |

従属変数 アルコール
予測: 性別 年代 食事

← ②

**【出力結果の読み取り方・その 1】**

⬅① 多重 R は重相関係数 0.792 のことです．

R2 乗は決定係数 0.627 のことです．

R2 乗は 1 に近いほど，回帰式の当てはまりがよいと考えます．

このデータの場合，R2 乗は 0.627 なので，

回帰式の当てはまりは悪くありません．

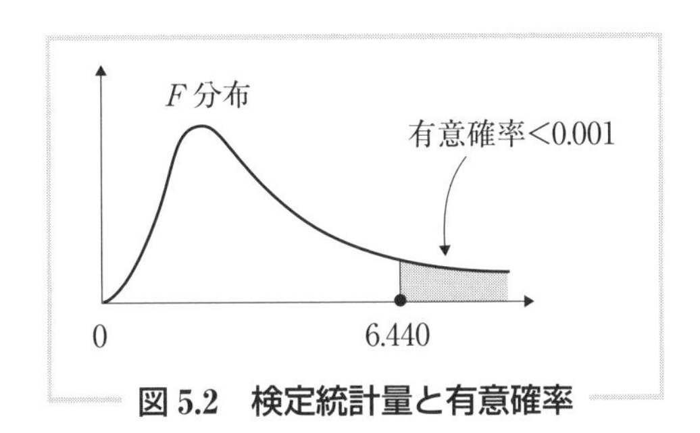


**図 5.2 検定統計量と有意確率**

⬅② 名義回帰分析の分散分析表です．

次の仮説の検定をしています．

仮説 $H_0$：求めた回帰式は予測に役立たない

有意確率 ＜ 0.001 ≦ 有意水準 0.05 なので，仮説 $H_0$ は棄てられます．

したがって，

［**性別**］［**年代**］［**食事**］から［**アルコール**］の好みを予測できそうです．

## 【SPSS による出力・その 2】

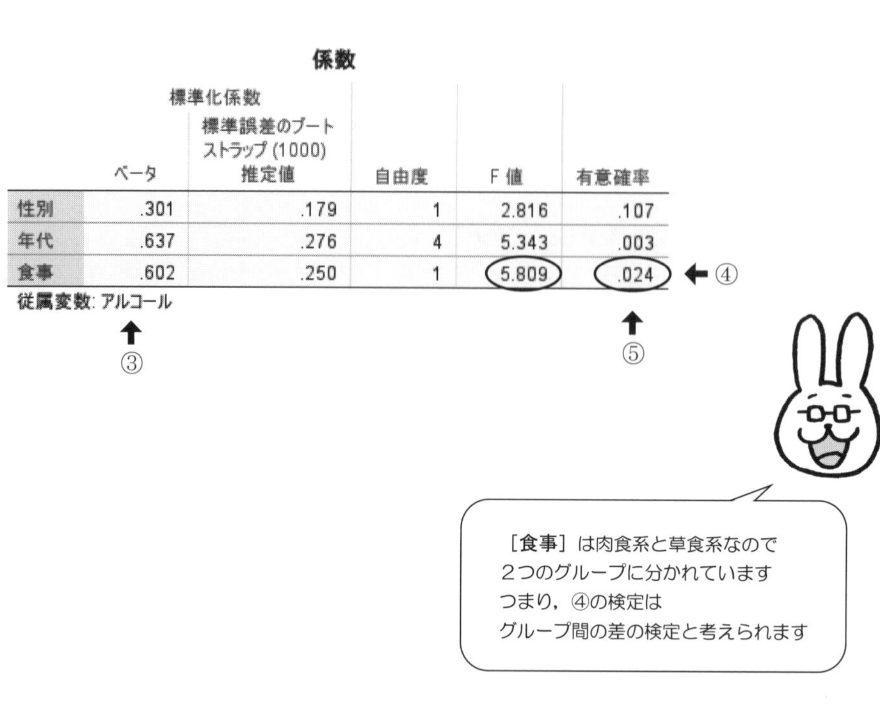

**係数**

| | 標準化係数 ベータ | 標準誤差のブートストラップ (1000) 推定値 | 自由度 | F 値 | 有意確率 |
|---|---|---|---|---|---|
| 性別 | .301 | .179 | 1 | 2.816 | .107 |
| 年代 | .637 | .276 | 4 | 5.343 | .003 |
| 食事 | .602 | .250 | 1 | 5.809 | .024 |

従属変数: アルコール

**【出力結果の読み取り方・その 2】**

⬅③　標準化係数のベータの絶対値が大きい変数は［**年代**］と［**食事**］です.

したがって,［**アルコール**］の好みに影響を与えている大きな要因として,

［**年代**］と［**食事**］が考えられます.

⬅④　［**食事**］のＦ値と有意確率の関係は,次のようになっています.

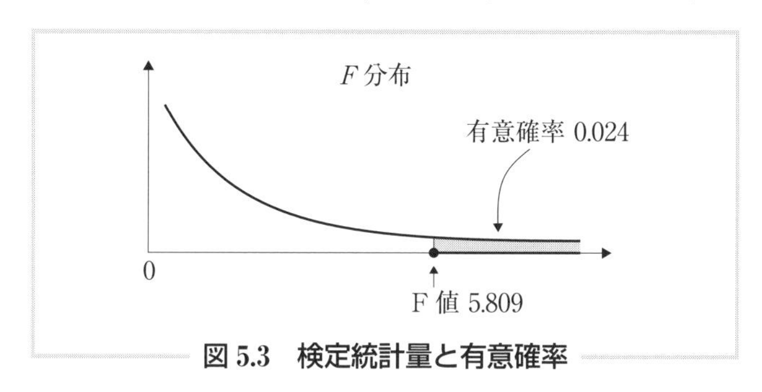


**図 5.3　検定統計量と有意確率**

有意確率 0.024 ≦ 有意水準 0.05 なので,次の仮説 $H_0$ は棄てられます.

仮説 $H_0$：［**食事**］は［**アルコール**］に影響を与えていない

したがって,［**食事**］は,［**アルコール**］の好みの要因の 1 つと考えられます.

ところで,このことは,草食系のグループと肉食系のグループとでは,

アルコールの好みに差があることを示しています.

⬅⑤　有意確率が 0.05 以下の変数は,［**アルコール**］の好みの違いに

影響を与えていると考えられるので,

［**年代**］　［**食事**］

は重要な要因であることがわかります.

## 【SPSS による出力・その 3】

**相関および許容度**

| | 相関 | | | | 許容度 | |
|---|---|---|---|---|---|---|
| | ゼロ次 | 偏 | 部分 | 重要度 | 変換後 | 変換前 |
| 性別 | -.151 | .369 | .243 | -.072 | .651 | .654 |
| 年代 | .494 | .647 | .519 | .502 | .662 | .666 |
| 食事 | .594 | .698 | .596 | .570 | .980 | .972 |

従属変数: アルコール

↑
⑥

ゼロ次 … 0次相関係数
偏 … 偏相関係数
部分 … 部分相関係数

**アルコール[a]**

| カテゴリ | 度数 | 数量化 |
|---|---|---|
| 日本酒 | 10 | -.077 |
| ワイン | 10 | -1.184 |
| ビール | 10 | 1.261 |

a. 最適スケーリング水準: 名義。

← ⑦

ゼロ次

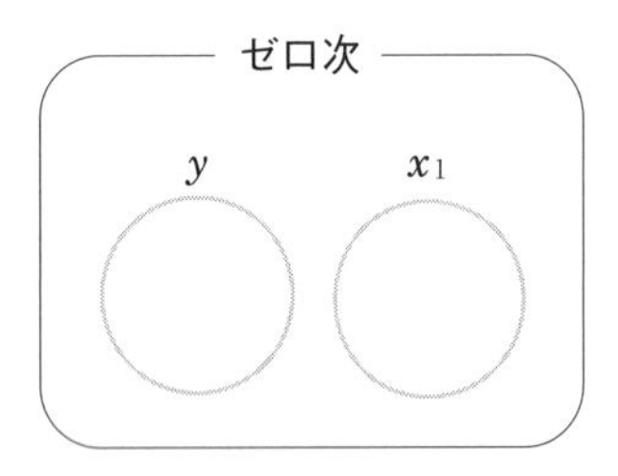


偏

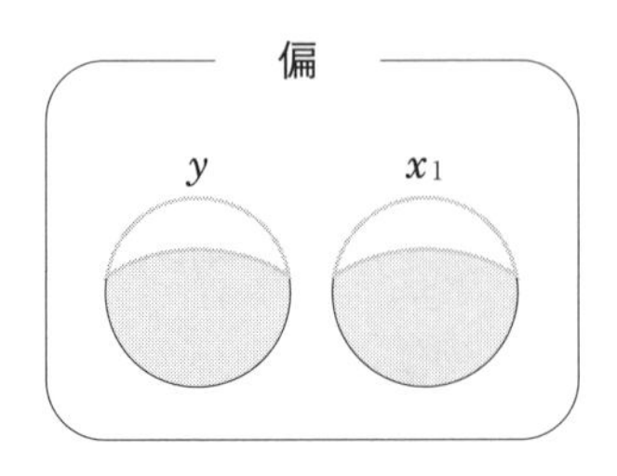


部分

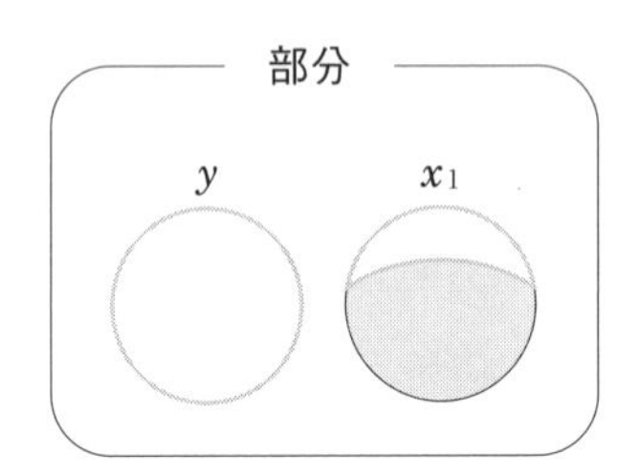

**【出力結果の読み取り方・その3】**

⬅⑥　重要度は

［食事］　［年代］　［性別］

の順になっています.

⬅⑦　日本酒，ワイン，ビールの3種類のアルコールを，

平均0，分散1に数量化しています.

$$\text{平均} \cdots\cdots \frac{10 \times (-0.077) + 10 \times (-1.184) + 10 \times (1.261)}{10 + 10 + 10} = 0$$

$$\text{分散} \cdots\cdots \frac{10 \times (-0.077)^2 + 10 \times (-1.184)^2 + 10 \times (1.261)^2}{10 + 10 + 10} = 1$$

## 【SPSS による出力・その 4】

**性別[a]**

| カテゴリ | 度数 | 数量化 |
|---|---|---|
| 男性 | 18 | -.816 |
| 女性 | 12 | 1.225 |

a. 最適スケーリング水準: 名義。

← ⑧

**年代[a]**

| カテゴリ | 度数 | 数量化 |
|---|---|---|
| 20代 | 4 | -1.964 |
| 30代 | 7 | -.544 |
| 40代 | 10 | .112 |
| 50代 | 7 | 1.162 |
| 60代 | 2 | 1.208 |

a. 最適スケーリング水準: 名義。

← ⑨

**食事[a]**

| カテゴリ | 度数 | 数量化 |
|---|---|---|
| 草食系 | 15 | -1.000 |
| 肉食系 | 15 | 1.000 |

a. 最適スケーリング水準: 順序。

← ⑩

【出力結果の読み取り方・その 4】

⬅⑧ ［性別］を平均 0，分散 1 になるように数量化しています．

平均 …… $\dfrac{18 \times (-0.816) + 12 \times (1.225)}{18 + 12} = 0$

分散 …… $\dfrac{18 \times (-0.816)^2 + 12 \times (1.225)^2}{18 + 12} = 1$

⬅⑨ ［年代］を平均 0，分散 1 になるように数量化しています．

平均 ……

$$\frac{4 \times (-1.964) + 7 \times (-0.544) + 10 \times (0.112) + 7 \times (1.162) + 2 \times (1.208)}{4 + 7 + 10 + 7 + 2} = 0$$

分散 ……

$$\frac{4 \times (-1.964)^2 + 7 \times (-0.544)^2 + 10 \times (0.112)^2 + 7 \times (1.162)^2 + 2 \times (1.208)^2}{4 + 7 + 10 + 7 + 2} = 1$$

⬅⑩ ［食事］を平均 0，分散 1 になるように数量化しています．

平均 …… $\dfrac{15 \times (-1.000) + 15 \times (1.000)}{15 + 15} = 0$

分散 …… $\dfrac{15 \times (-1.000)^2 + 15 \times (1.000)^2}{15 + 15} = 1$

## 【SPSS による出力・その5】

推定値

| | アルコール | 性別 | 年代 | 食事 | PRE_1 |
|---|---|---|---|---|---|
| 1 | 2 | 2 | 1 | 1 | -1.49 |
| 2 | 1 | 1 | 4 | 1 | -.11 |
| 3 | 3 | 2 | 3 | 2 | 1.04 |
| 4 | 3 | 2 | 3 | 2 | 1.04 |
| 5 | 2 | 2 | 1 | 1 | -1.49 ← ⑪ |
| 6 | 3 | 1 | 3 | 2 | .43 |
| 7 | 3 | 1 | 4 | 2 | 1.10 |
| 8 | 2 | 2 | 2 | 1 | -.58 |
| 9 | 2 | 2 | 1 | 2 | -.28 |
| 10 | 3 | 1 | 4 | 2 | 1.10 ← ⑫ |
| 11 | 3 | 2 | 2 | 2 | .62 |
| 12 | 3 | 2 | 2 | 2 | .62 |
| 13 | 1 | 1 | 4 | 1 | -.11 |
| 14 | 2 | 1 | 3 | 2 | .43 |
| 15 | 3 | 1 | 3 | 2 | .43 |
| 16 | 1 | 1 | 4 | 1 | -.11 |
| 17 | 1 | 1 | 5 | 1 | -.08 |
| 18 | 1 | 1 | 2 | 1 | -1.19 |
| 19 | 1 | 1 | 3 | 2 | .43 |
| 20 | 2 | 1 | 2 | 2 | .01 |
| 21 | 1 | 1 | 5 | 1 | -.08 |
| 22 | 1 | 2 | 3 | 1 | -.16 |
| 23 | 3 | 1 | 3 | 2 | .43 |
| 24 | 1 | 1 | 3 | 2 | .43 |
| 25 | 2 | 2 | 1 | 1 | -1.49 |
| 26 | 2 | 2 | 2 | 1 | -.58 |
| 27 | 3 | 1 | 4 | 2 | 1.10 |
| 28 | 2 | 1 | 2 | 1 | -1.19 |
| 29 | 2 | 1 | 3 | 1 | -.78 |
| 30 | 1 | 2 | 4 | 1 | .51 |
| 31 | | | | | |

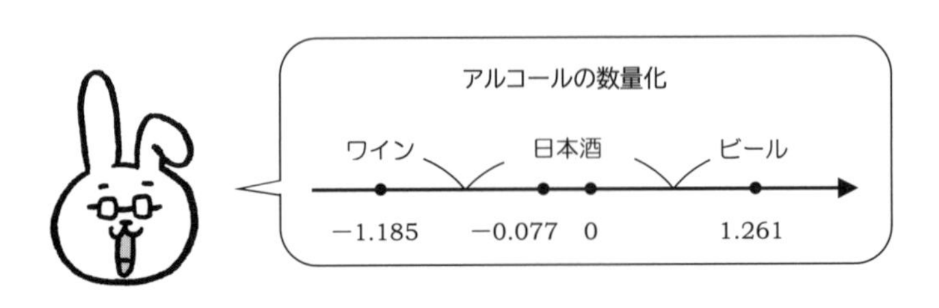

**【出力結果の読み取り方・その 5】**

⬅⑪　No.5 の推定値の計算は，次のようになっています．

$$推定値 = \underbrace{0.301}_{ベータ} \times \underbrace{1.225}_{数量化} + \underbrace{0.637}_{ベータ} \times \underbrace{(-1.964)}_{数量化} + \underbrace{0.602}_{ベータ} \times \underbrace{(-1.000)}_{数量化}$$

$$= -1.49 \qquad \leftarrow ワインの数量化 = -1.185$$

⬅⑫　No.10 の推定値の計算は，次のようになります．

$$推定値 = \underbrace{0.301}_{ベータ} \times \underbrace{(-0.816)}_{数量化} + \underbrace{0.637}_{ベータ} \times \underbrace{1.162}_{数量化} + \underbrace{0.602}_{ベータ} \times \underbrace{1.000)}_{数量化}$$

$$= 1.10 \qquad \leftarrow ビールの数量化 = -1.216$$

# 第6章 順序回帰分析によるアンケート処理

## 6.1 はじめに

SPSSの順序回帰分析を使うと，アンケート調査の 順序 データの質問項目とその他の質問項目間の 関係 を，次の図のように調べることができます．

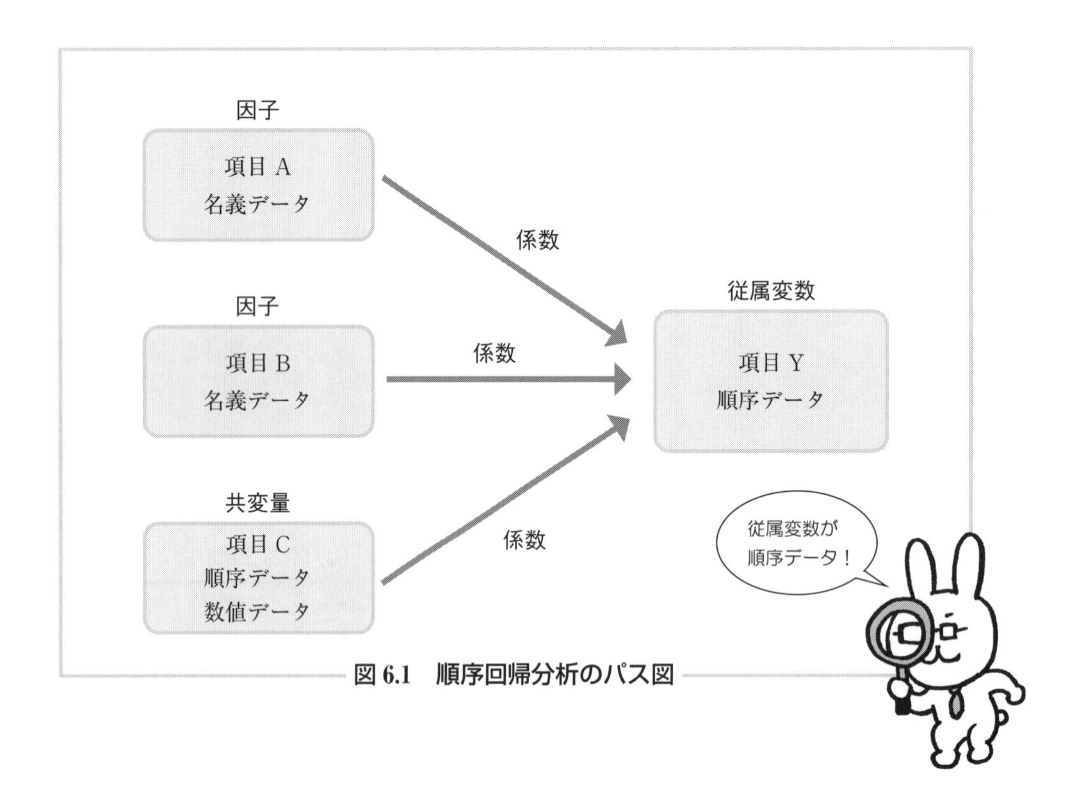


図6.1 順序回帰分析のパス図

次のアンケート調査票の

［**旅行**］と［**性別**］［**年代**］［**温泉**］［**パートナー**］の **関係** を探るため,

［**旅行**］を従属変数,［**性別**］［**温泉**］［**パートナー**］を因子,［**年代**］を共変量として, 順序回帰分析をしてみましょう.

**表 6.1　アンケート調査票**

**項目 1**　**あなたは旅行が好きですか？**　［旅行］

1．大好き　　2．好き　　3．嫌い

**項目 2**　**あなたの性別はどちらですか？**　［性別］

1．男性　　2．女性

**項目 3**　**あなたの年代はどれですか？**　［年代］

1．20 代　　2．30 代　　3．40 代

4．50 代　　5．60 代

**項目 4**　**あなたは温泉が好きですか？**　［温泉］

1．好き　　2．嫌い

**項目 5**　**あなたにパートナーはいますか？**　［パートナー］

1．いる　　2．いない

順序回帰分析

= ordinal regression analysis

■順序回帰分析の流れ

SPSSの順序回帰分析の手順は，次のようになります．

■ **SPSS の出力が出たら……**

SPSS の出力が出たら，次の点を確認しましょう !!

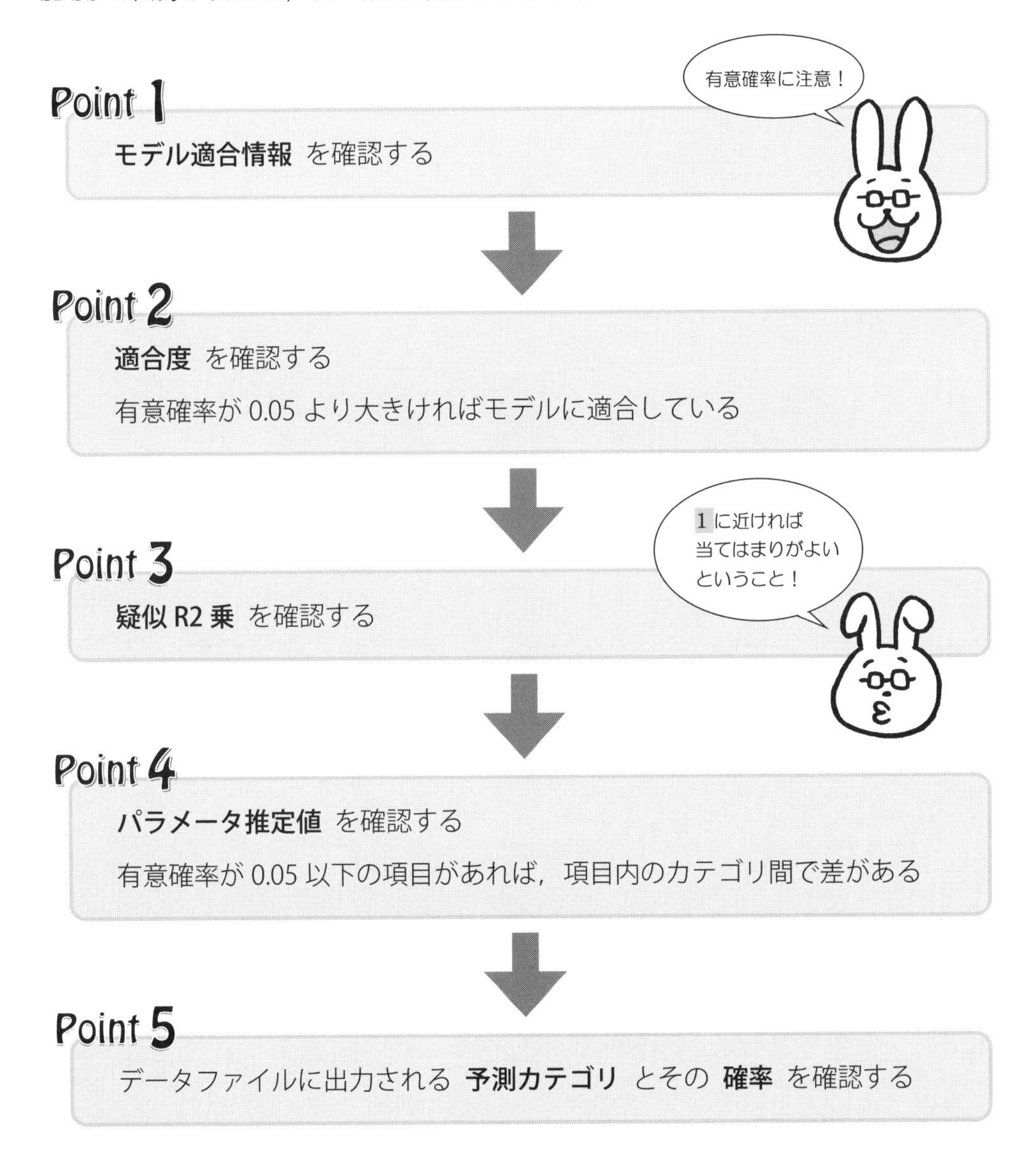


最後に，これらの結果をレポートや論文にまとめれば分析が完了します．

■順序回帰分析をまとめるときは……

レポートにまとめてみましょう．まとめ方にはいろいろな表現があります．たとえば……

………………………………………………………………………………………………………………………………………………………………………………………………………………………．

SPSS の出力を見ると，適合度の有意確率は 0.753 なので，データはモデルに適合していることがわかる．男性と女性とでは旅行の好みに違いがあることがわかる．

また，パラメータ推定値の有意確率が 0.05 以下の項目は，年代，性別，パートナーなので，旅行の好みに関係のある項目は，年代，性別，パートナーであることがわかる．

このことから，………………………………………………………………………………………………………………………………………………………………………………………………………………………

旅行が大好きなのは
女性で，20 代～30 代
温泉が好き，パートナーがいる人
であることがわかります

## ■アンケート調査の結果と SPSS のデータ入力

アンケート調査の結果を SPSS のデータビューに入力します.

順序回帰分析を使って,［**旅行**］と

［**性別**］［**年代**］［**温泉**］［**パートナー**］の **関係** を調べます.

**【データ入力】**

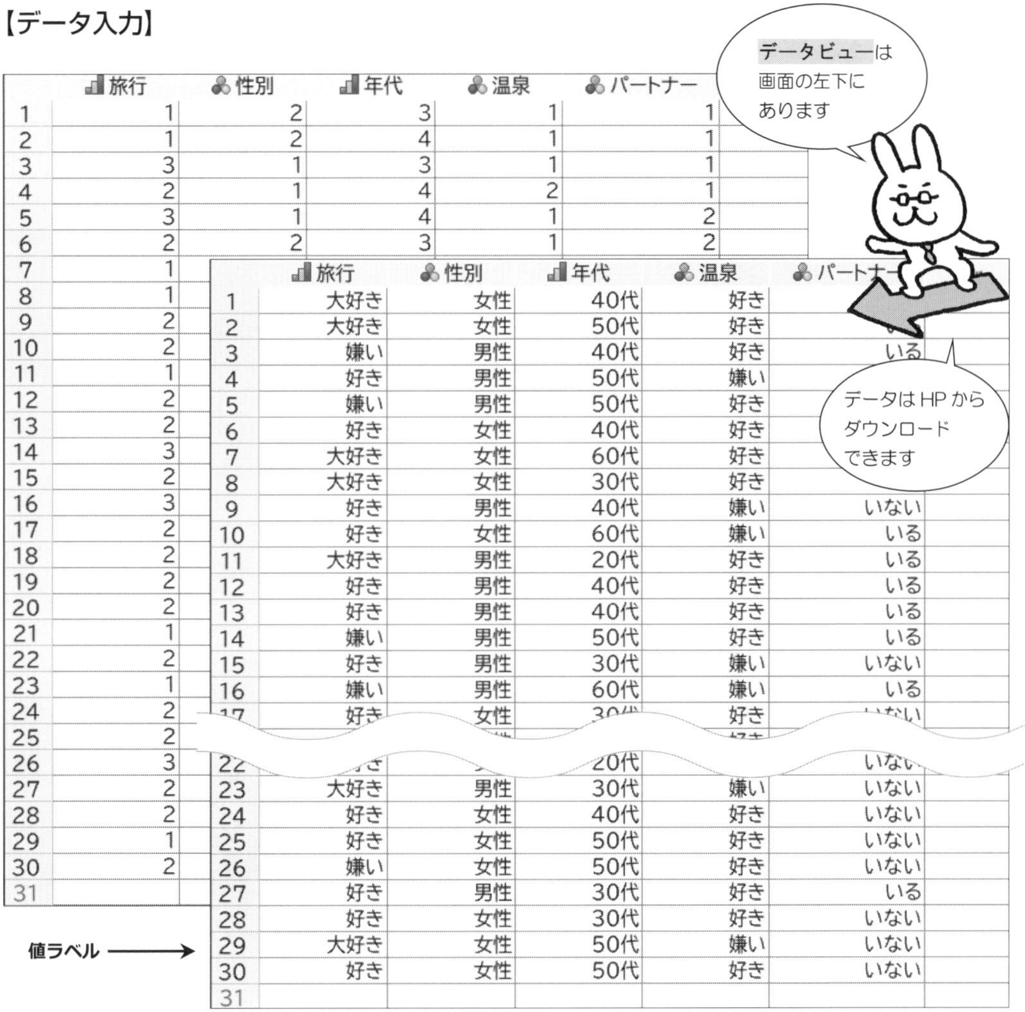

データビューは
画面の左下に
あります

| | 旅行 | 性別 | 年代 | 温泉 | パートナー |
|---|---|---|---|---|---|
| 1 | 1 | 2 | 3 | 1 | 1 |
| 2 | 1 | 2 | 4 | 1 | 1 |
| 3 | 3 | 1 | 3 | 1 | 1 |
| 4 | 2 | 1 | 4 | 2 | 1 |
| 5 | 3 | 1 | 4 | 1 | 2 |
| 6 | 2 | 2 | 3 | 1 | 2 |
| 7 | 1 | | | | |
| 8 | 1 | | | | |
| 9 | 2 | | | | |
| 10 | 2 | | | | |
| 11 | 1 | | | | |
| 12 | 2 | | | | |
| 13 | 2 | | | | |
| 14 | 3 | | | | |
| 15 | 2 | | | | |
| 16 | 3 | | | | |
| 17 | 2 | | | | |
| 18 | 2 | | | | |
| 19 | 2 | | | | |
| 20 | 2 | | | | |
| 21 | 1 | | | | |
| 22 | 2 | | | | |
| 23 | 1 | | | | |
| 24 | 2 | | | | |
| 25 | 2 | | | | |
| 26 | 3 | | | | |
| 27 | 2 | | | | |
| 28 | 2 | | | | |
| 29 | 1 | | | | |
| 30 | 2 | | | | |
| 31 | | | | | |

データはHPから
ダウンロード
できます

値ラベル →

| | 旅行 | 性別 | 年代 | 温泉 | パートナー |
|---|---|---|---|---|---|
| 1 | 大好き | 女性 | 40代 | 好き | |
| 2 | 大好き | 女性 | 50代 | 好き | |
| 3 | 嫌い | 男性 | 40代 | 好き | いる |
| 4 | 好き | 男性 | 50代 | 嫌い | |
| 5 | 嫌い | 男性 | 50代 | 好き | |
| 6 | 好き | 女性 | 40代 | 好き | |
| 7 | 大好き | 女性 | 60代 | 好き | |
| 8 | 大好き | 女性 | 30代 | 好き | |
| 9 | 好き | 男性 | 40代 | 嫌い | いない |
| 10 | 好き | 女性 | 60代 | 嫌い | いる |
| 11 | 大好き | 男性 | 20代 | 好き | いる |
| 12 | 好き | 男性 | 40代 | 好き | いる |
| 13 | 好き | 男性 | 40代 | 好き | いる |
| 14 | 嫌い | 男性 | 50代 | 好き | いる |
| 15 | 好き | 男性 | 30代 | 嫌い | いない |
| 16 | 嫌い | 男性 | 60代 | 嫌い | いる |
| 17 | 好き | 女性 | | 好き | |
| 22 | | | 20代 | | いない |
| 23 | 大好き | 男性 | 30代 | 嫌い | いない |
| 24 | 好き | 女性 | 40代 | 好き | いない |
| 25 | 好き | 女性 | 50代 | 好き | いない |
| 26 | 嫌い | 女性 | 50代 | 好き | いない |
| 27 | 好き | 男性 | 30代 | 好き | いる |
| 28 | 好き | 女性 | 30代 | 好き | いない |
| 29 | 大好き | 女性 | 50代 | 嫌い | いない |
| 30 | 好き | 女性 | 50代 | 好き | いない |
| 31 | | | | | |

## 6.2 順序回帰分析のための手順

手順 1 データを入力したら，分析(A) のメニューから 回帰(R) を選択し，
続いて，サブメニューの中から，順序(D) を選択します．

**手順 2** 順序回帰の画面になったら，旅行 を 従属変数(D) の中へ移動します.

**手順 3** 性別，温泉，パートナー を 因子(F) の中へ移動します.

さらに，年代 を 共変量(C) の中へ移動して，

出力(T) をクリックします.

手順 4 次の出力の画面になったら，表示 の中を次のようにチェック．

☐ 適合度統計量(F)

☐ 要約統計量(S)

☐ パラメータ推定値(P)

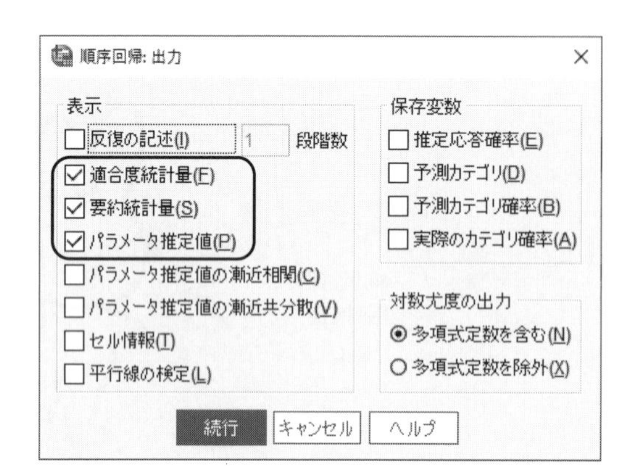


手順 5 続いて，保存変数 の中を次のようにチェックします．

☐ 推定応答確率(E) ☐ 予測カテゴリ(D)

☐ 予測カテゴリ確率(B) ☐ 実際のカテゴリ確率(A)

そして，続行．

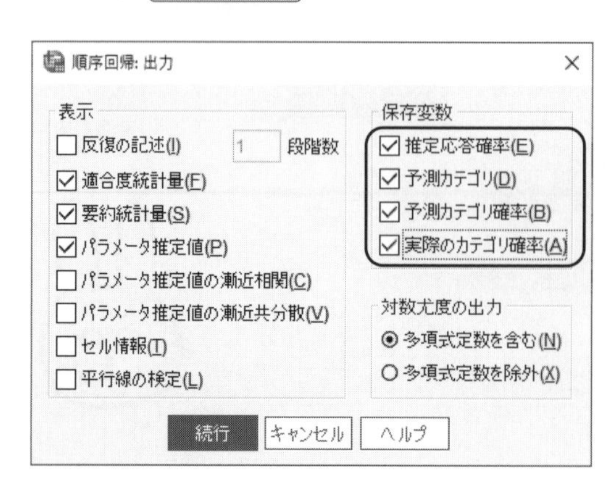

**手順 6** 次の画面に戻ったら，OK を押します．

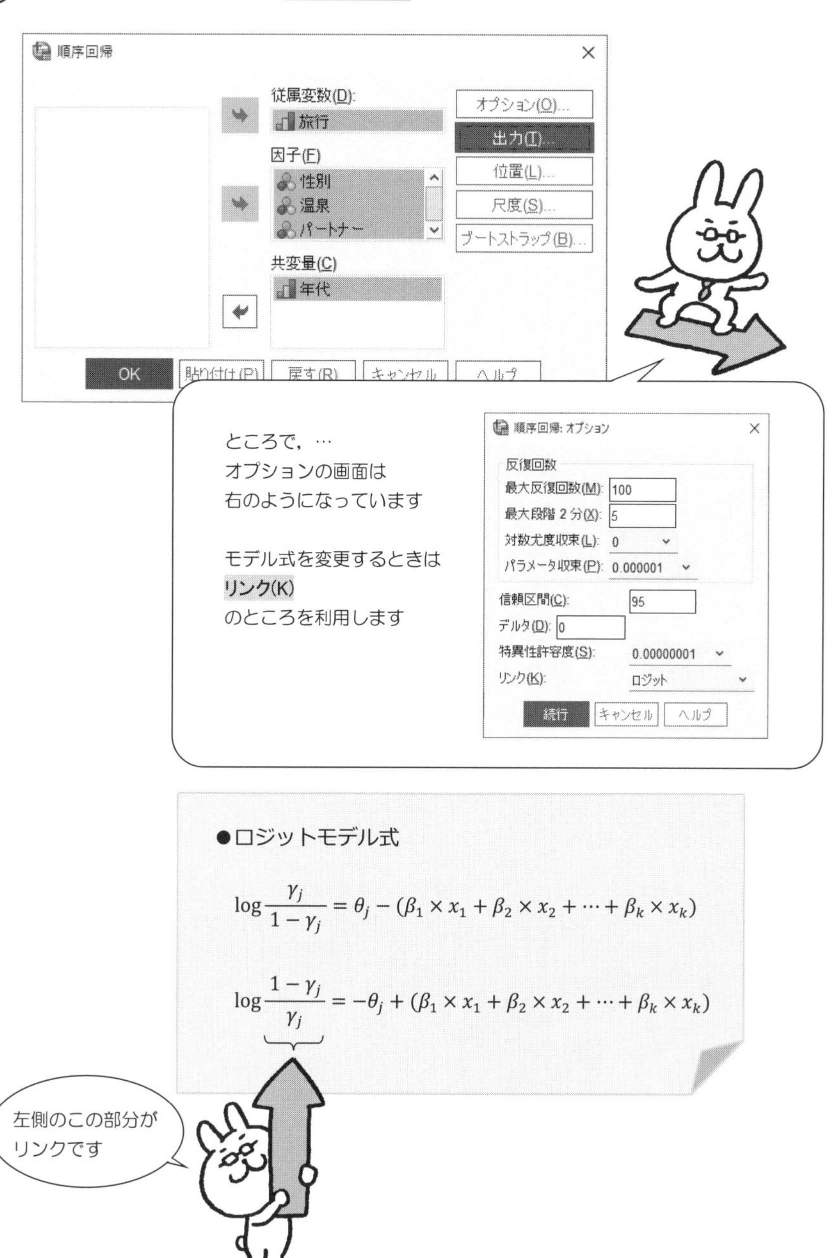

【SPSS による出力・その 1】

## PLUM − 順序回帰分析

**モデル適合情報**

| モデル | -2 対数尤度 | カイ 2 乗 | 自由度 | 有意確率 |
|---|---|---|---|---|
| 切片のみ | 51.210 | | | |
| 最終 | 35.555 | 15.655 | 4 | .004 |

リンク関数: ロジット

← ①

**適合度**

| | カイ 2 乗 | 自由度 | 有意確率 |
|---|---|---|---|
| Pearson | 28.073 | 34 | .753 |
| 逸脱 | 29.539 | 34 | .686 |

リンク関数: ロジット

← ②

**疑似 R2 乗**

| | |
|---|---|
| Cox と Snell | .407 |
| Nagelkerke | .474 |
| McFadden | .268 |

リンク関数: ロジット

← ③

**【出力結果の読み取り方・その1】**

⬅① パラメータ係数が すべて0 かどうかの尤度比(ゆうどひ)検定です．

有意確率 0.004 は有意水準 0.05 以下なので，

すべてのパラメータ係数＝ 0 ではありません．

⬅② モデルの適合度の検定です．

仮説 $H_0$：データはモデルに適合している

このとき，検定統計量のカイ2乗と有意確率の関係は，次のようになっています．

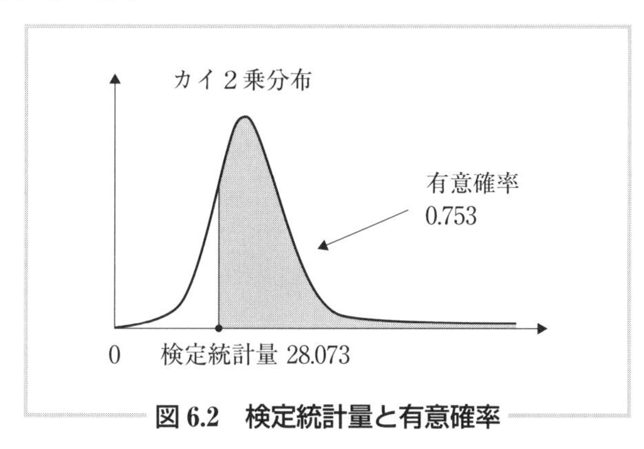


**図 6.2　検定統計量と有意確率**

有意確率は有意水準 0.05 より大きいので，仮説 $H_0$ は棄却されません．

したがって，データはモデルに適合していると考えられます．

⬅③ 順序回帰分析のモデル式の当てはまりの良さを示しています．

この値が 1 に近いほど，モデル式の当てはまりが良いことになります．

したがって，このモデル式の当てはまりはあまり良くありません．

## 【SPSS による出力・その 2】

④ ↓

**パラメータ推定値**

| | | B | 標準誤差 | Wald | 自由度 | 有意確率 | 95% 信頼区間 下限 | 95% 信頼区間 上限 |
|---|---|---|---|---|---|---|---|---|
| しきい値 | [旅行 = 1] | 3.639 | 1.854 | 3.854 | 1 | .050 | .006 | 7.273 |
| | [旅行 = 2] | 7.575 | 2.359 | 10.311 | 1 | .001 | 2.951 | 12.199 |
| 位置 | 年代 | 1.199 | .457 | 6.866 | 1 | .009 | .302 | 2.095 |
| | [性別=1] | 3.117 | 1.135 | 7.545 | 1 | .006 | .893 | 5.342 |
| | [性別=2] | 0[a] | . | . | 0 | . | . | . |
| | [温泉=1] | 2.054 | 1.105 | 3.457 | 1 | .063 | -.111 | 4.219 |
| | [温泉=2] | 0[a] | . | . | 0 | . | . | . |
| | [パートナー=1] | -2.558 | 1.084 | 5.569 | 1 | .018 | -4.683 | -.434 |
| | [パートナー=2] | 0[a] | . | . | 0 | . | . | . |

リンク関数: ロジット

a. このパラメータは冗長であるため 0 に設定されています。

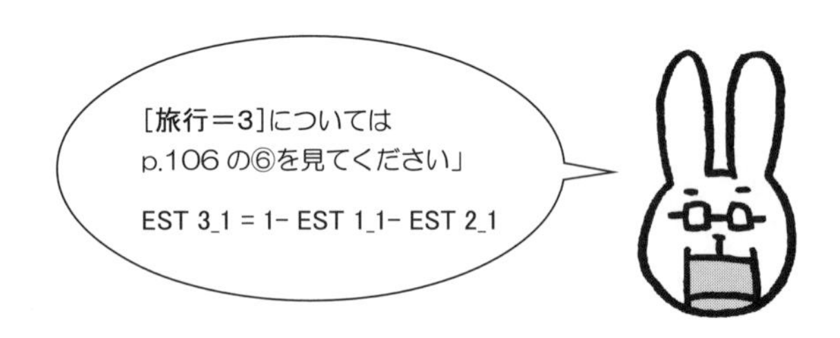

**【出力結果の読み取り方・その2】**

⬅④　リンク関数はロジットなので，モデル式は次のようになります．

［旅行＝1］の場合

$$\log \frac{\gamma_1}{1-\gamma_1} = 3.639 - (1.199 \times x_1 + 3.117 + 2.054 - 2.558)$$

$$\log \frac{\gamma_1}{1-\gamma_1} = 3.639 - (1.199 \times x \ + 0.000 + 2.054 - 2.558)$$

$$\log \frac{\gamma_1}{1-\gamma_1} = 3.639 - (1.199 \times x \ + 3.117 + 0.000 - 2.558)$$

$$\log \frac{\gamma_1}{1-\gamma_1} = 3.639 - (1.199 \times x \ + 3.117 + 2.054 + 0.000)$$

$$\log \frac{\gamma_1}{1-\gamma_1} = 3.639 - (1.199 \times x \ + 0.000 + 0.000 - 2.558)$$

$$\log \frac{\gamma_1}{1-\gamma_1} = 3.639 - (1.199 \times x \ + 0.000 + 2.054 + 0.000)$$

$$\log \frac{\gamma_1}{1-\gamma_1} = 3.639 - (1.199 \times x \ + 3.117 + 0.000 + 0.000)$$

$$\log \frac{\gamma_1}{1-\gamma_1} = 3.639 - (1.199 \times x \ + 0.000 + 0.000 + 0.000)$$

［旅行＝2］の場合

右辺の 3.639 が 7.575 に代ります．

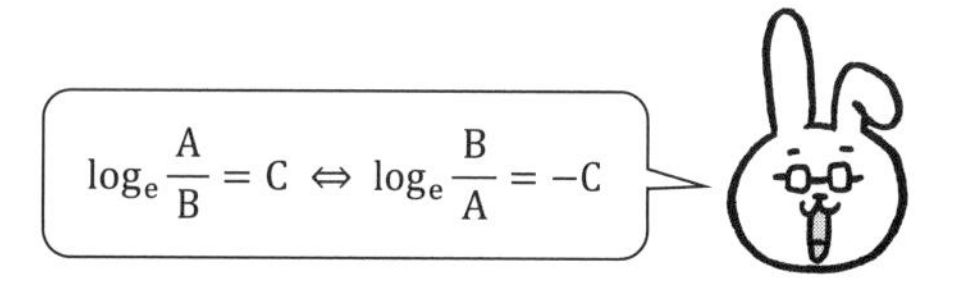

## 【SPSS による出力・その 3】

**パラメータ推定値**

| | | B | 標準誤差 | Wald | 自由度 | 有意確率 | 95% 信頼区間 下限 | 95% 信頼区間 上限 | |
|---|---|---|---|---|---|---|---|---|---|
| しきい値 | [旅行 = 1] | 3.639 | 1.854 | 3.854 | 1 | .050 | .006 | 7.273 | |
| | [旅行 = 2] | 7.575 | 2.359 | 10.311 | 1 | .001 | 2.951 | 12.199 | |
| 位置 | 年代 | 1.199 | .457 | 6.866 | 1 | .009 | .302 | 2.095 | |
| | [性別=1] | 3.117 | 1.135 | 7.545 | 1 | .006 | .893 | 5.342 | ← ⑤ |
| | [性別=2] | 0[a] | . | . | 0 | . | . | . | |
| | [温泉=1] | 2.054 | 1.105 | 3.457 | 1 | .063 | -.111 | 4.219 | |
| | [温泉=2] | 0[a] | . | . | 0 | . | . | . | |
| | [パートナー=1] | -2.558 | 1.084 | 5.569 | 1 | .018 | -4.683 | -.434 | |
| | [パートナー=2] | 0[a] | . | . | 0 | . | . | . | |

リンク関数: ロジット

a. このパラメータは冗長であるため 0 に設定されています。

**【出力結果の読み取り方・その 3】**

⬅⑤　ここのところは，次の仮説を検定しています．

仮説 $H_0$：モデル式の［性別＝ 1］における係数＝ 0

この検定統計量が Wald です．

検定統計量 Wald 7.545 と有意確率 0.006 の関係は

次のようになります．

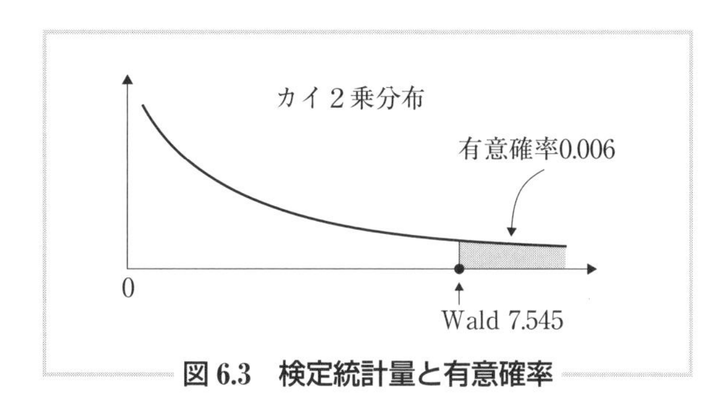


**図 6.3　検定統計量と有意確率**

有意確率 0.006 は有意水準 0.05 以下なので，

仮説 $H_0$ は棄却されます．

このことは，次のことを意味しています．

“男性と女性とでは，旅行の好みに違いがある”

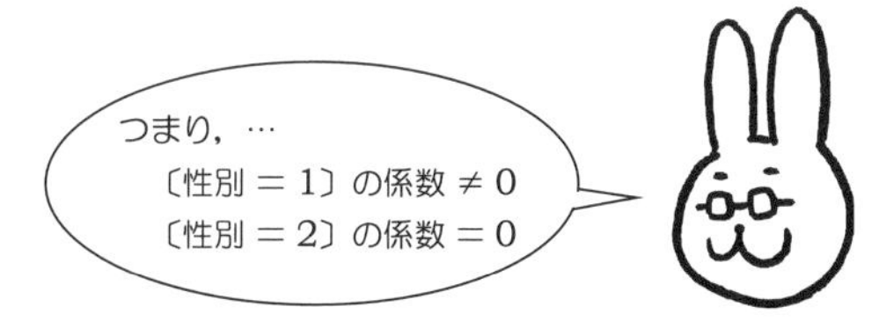

## 【SPSS による出力・その 4】

3 つの予測確率　　予測カテゴリ

| EST1_1 | EST2_1 | EST3_1 | PRE_1 | PCP_1 | ACP_1 | var |
|---|---|---|---|---|---|---|
| .63 | .36 | .01 | 1 | .63 | .63 | ← ⑦ |
| .34 | .62 | .04 | 2 | .62 | .34 | |
| .07 | .73 | .20 | 2 | .73 | .20 | |
| .15 | .75 | .10 | 2 | .75 | .75 | |
| .00 | .08 | .92 | 3 | .92 | .92 | ← ⑥ |
| .12 | .75 | .13 | 2 | .75 | .75 | |
| .14 | .75 | .11 | 2 | .75 | .14 | |
| .85 | .15 | .00 | 1 | .85 | .85 | |
| .04 | .66 | .30 | 2 | .66 | .66 | |
| .55 | .43 | .02 | 1 | .55 | .43 | |
| .46 | .52 | .02 | 2 | .52 | .46 | |
| .07 | .73 | .20 | 2 | .73 | .73 | |
| .07 | .73 | .20 | 2 | .73 | .73 | |
| .02 | .52 | .46 | 2 | .52 | .46 | |
| .13 | .75 | .11 | 2 | .75 | .75 | |
| .05 | .68 | .26 | 2 | .68 | .26 | |
| .31 | .65 | .04 | 2 | .65 | .65 | |
| .60 | .39 | .01 | 1 | .60 | .39 | |
| .55 | .43 | .02 | 1 | .55 | .43 | |
| .02 | .52 | .46 | 2 | .52 | .52 | |
| .95 | .05 | .00 | 1 | .95 | .95 | |
| .60 | .39 | .01 | 1 | .60 | .39 | |
| .13 | .75 | .11 | 2 | .75 | .13 | |
| .12 | .75 | .13 | 2 | .75 | .75 | |
| .04 | .64 | | | | .64 | |
| .04 | .64 | | | | .33 | |
| .20 | .73 | | | | .73 | |
| .31 | .65 | | | | .65 | |
| .24 | .70 | | | | .24 | |
| .04 | .64 | | | | .64 | |



EST = estimator = 推定値

**【出力結果の読み取り方・その 4】**

⬅⑥　3 つの予測確率 EST 1_1，EST 2_1，EST 3_1 のうち

最も確率の高いカテゴリが予測カテゴリです．

したがって，No.5 の人の予測カテゴリは 3 になります．

⬅⑦　予測確率の計算は次のようになります．

$$\log \frac{\gamma_1}{1-\gamma_1} = 3.639 - (1.199 \times 3 + 0.000 + 2.054 - 2.558) = 0.546$$

$$\frac{\gamma_1}{1-\gamma_1} = \exp(0.546)$$

$$\gamma_1 = \frac{\exp(0.546)}{1 + \exp(0.546)} = 0.633$$

⇨ $EST1\_1 = \gamma_1 = 0.633$

〔旅行＝ 1〕の場合の予測確率

$$\log \frac{\gamma_2}{1-\gamma_2} = 7.575 - (1.199 \times 3 + 0.000 + 2.054 - 2.558) = 4.482$$

$$\frac{\gamma_2}{1-\gamma_2} = \exp(4.482)$$

$$\gamma_2 = \frac{\exp(4.482)}{1 + \exp(4.482)} = 0.989$$

⇨ $EST2\_1 = \gamma_2 - \gamma_1 = 0.989 - 0.633 = 0.356$

〔旅行＝ 2〕の場合の予測確率

⇨ $EST3\_1 = 1 - EST1\_1 - EST2\_1 = 1 - 0.633 - 0.356$

$= 0.011$

〔旅行＝ 3〕の場合の予測確率

# 第7章 カテゴリカル回帰分析によるアンケート処理

## 7.1 はじめに

SPSSのカテゴリカル回帰分析を使うと，アンケート調査の従属変数の質問項目と独立変数の質問項目との **関係** を，次の図のように調べることができます．

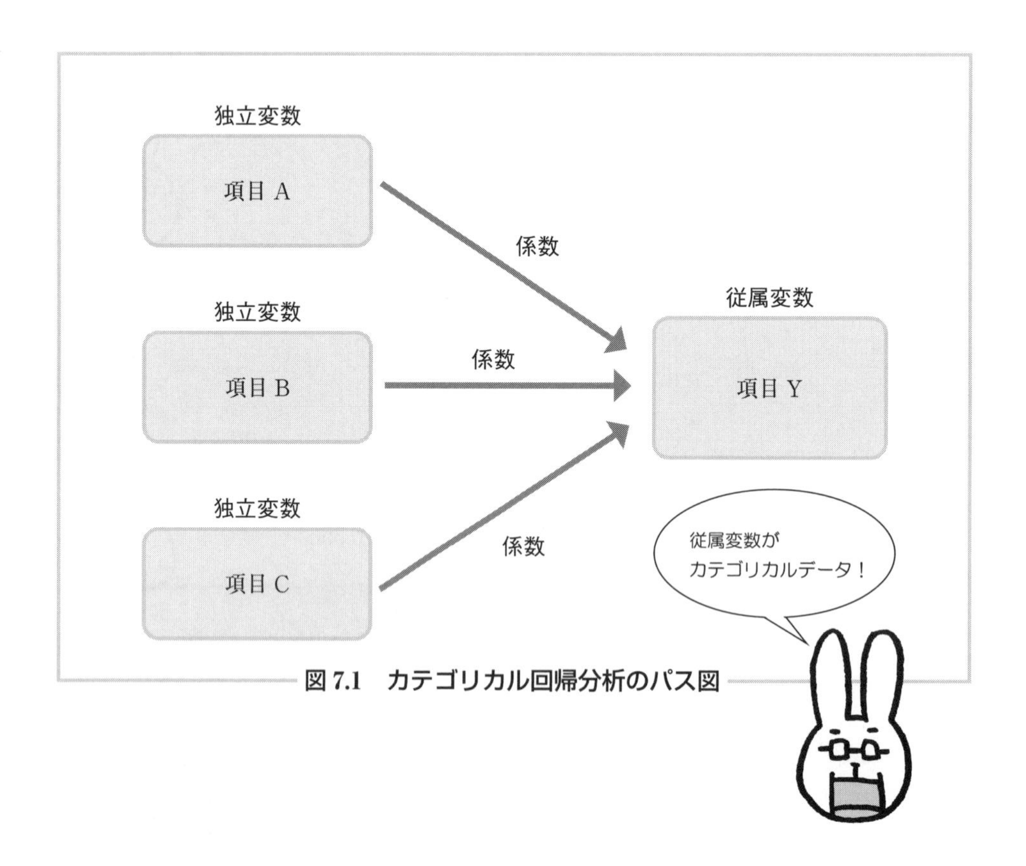


図7.1　カテゴリカル回帰分析のパス図

次のアンケート調査票の，

［役立つ］と［内容］［資料］［設備］［話し方］の 関係 を探るため，

［役立つ］を従属変数，［内容］［資料］［設備］［話し方］を独立変数

として，カテゴリカル回帰分析をしてみましょう．

**表 7.1　アンケート調査票**

**項目 1　あなたは，この講義の内容をどう思いましたか？**　［内容］

1．まったくできなかった　　2．あまりできなかった

3．すこしできた　　4．よくできた

**項目 2　あなたは，講義の資料をどう思いましたか？**　［資料］

1．できなかった　　2．どちらでもない　　3．できた

**項目 3　あなたは，教室の設備をどう思いましたか？**　［設備］

1．わるい　　2．どちらでもない　　3．よい

**項目 4　あなたは，講師の話し方をどう思いましたか？**　［話し方］

1．よくないと思う　　2．どちらでもない　　3．よいと思う

**項目 5　あなたは，この講義は将来役立つと思いますか？**　［役立つ］

1．思わない　　2．そう思う　　3．とてもそう思う

## ■カテゴリカル回帰分析の流れ

SPSS のカテゴリカル回帰分析の手順は，次のようになります．

Step 1

調査対象者にアンケート調査票を配布し，

回収後，その回答結果を SPSS データファイルに入力する

Step 2

SPSS の分析のメニューから **回帰(R)** を選択し，

**最適尺度法(CATREG)(O)** を選択する

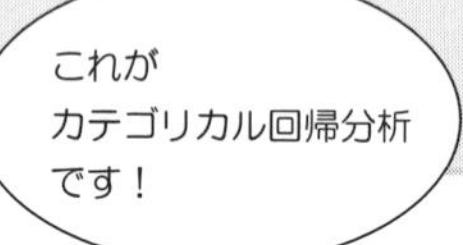


Step 3

従属変数と尺度の定義を設定する

Step 4

独立変数と尺度の定義を設定する

Step 5

**出力(U)**，**保存(V)** を設定したら，分析を実行 *!!*

## ■ SPSS の出力が出たら……

SPSS の出力が出たら，次の点を確認しましょう !!

R2乗の値が
1 に近ければ
当てはまりが良い
といえます

**Point 1**

**モデルの要約** を確認する

↓

**Point 2**

**分散分析** を確認する

有意確率が 0.05 以下であれば，回帰式は予測に役立つ

↓

**Point 3**

**係数** を確認する

標準化係数の **ベータ** の値の絶対値が大きければ，影響度が大きいことを表す

↓

**Point 4**

**相関および許容度** を確認する

**重要度** の高い項目が影響度の大きい項目といえる

最後に，これらの結果をレポートや論文にまとめれば，分析が完了します.

■カテゴリカル回帰分析をまとめるときは……

レポートにまとめてみましょう．まとめ方にはいろいろな表現があります．
たとえば……

……………………………………………………………………………………………………
…………………………………………．

SPSSの出力を見ると，講義が将来役に立つと思えるかどうかに影響を与えているのは，講義の内容であるということがわかる．

また，設備は，将来役に立つかどうかに影響を与えていないことがわかる．

このことから，……………………………………………………………………
……………………………………………………………………………………………………
…………………………………………………………

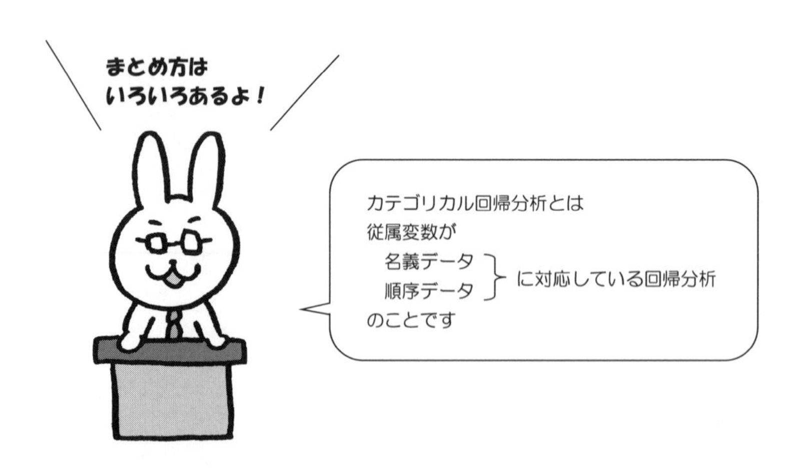

## ■アンケート調査の結果と SPSS のデータ入力

アンケート調査の結果を SPSS のデータビューに入力します.

カテゴリカル回帰分析を使って,［役立つ］と

［内容］［資料］［設備］［話し方］の **関係** を 調べます.

### 【データ入力】

| | 調査回答者 | 内容 | 資料 | 設備 | 話し方 | 役立つ |
|---|---|---|---|---|---|---|
| 1 | 1 | 4 | 3 | 2 | 3 | 3 |
| 2 | 2 | 1 | 2 | 2 | 1 | 2 |
| 3 | 3 | 3 | 3 | 3 | 3 | 2 |
| 4 | 4 | 4 | 3 | 3 | 3 | 3 |
| 5 | 5 | 2 | 2 | 2 | 2 | 2 |
| 6 | 6 | 4 | 3 | 3 | 3 | [illegible] |
| 7 | 7 | 1 | 3 | 1 | 2 | [illegible] |
| 8 | 8 | 3 | 1 | 3 | 3 | [illegible] |
| 9 | 9 | 2 | 2 | 2 | 2 | [illegible] |
| 10 | 10 | 4 | 3 | 3 | 3 | [illegible] |
| 11 | 11 | 2 | 2 | 2 | 2 | [illegible] |
| 12 | 12 | 2 | 3 | 3 | 2 | 2 |
| 13 | 13 | 1 | 1 | 2 | 2 | 1 |
| 14 | 14 | 4 | 3 | 3 | 3 | 3 |
| 15 | 15 | 1 | 2 | 2 | 1 | 1 |
| 16 | 16 | 3 | 3 | 3 | 3 | 3 |
| 17 | 17 | 1 | 2 | 2 | 1 | 2 |
| 18 | 18 | 4 | 3 | 3 | 3 | 3 |
| 19 | | | | | | |

データは HP から
ダウンロード
できます

| | 調査回答者 | 内容 | 資料 | 設備 | 話し方 | 役立つ |
|---|---|---|---|---|---|---|
| 1 | No.1 | よくできた | できた | どちらでもない | よい | とてもそう思う |
| 2 | No.2 | まったくできなか... | どちらでもない | どちらでもない | よくない | そう思う |
| 3 | No.3 | すこしできた | できた | よい | よい | そう思う |
| 4 | No.4 | よくできた | できた | よい | よい | とてもそう思う |
| 5 | No.5 | あまりできなかった | どちらでもない | どちらでもない | どちらでもない | そう思う |
| 6 | No.6 | よくできた | できた | よい | よい | とてもそう思う |
| 7 | No.7 | まったくできなか... | できた | わるい | どちらでもない | 思わない |
| 8 | No.8 | すこしできた | できなかった | よい | よい | そう思う |
| 9 | No.9 | あまりできなかった | どちらでもない | どちらでもない | どちらでもない | そう思う |
| 10 | No.10 | よくできた | できた | よい | よい | とてもそう思う |
| 11 | No.11 | あまりできなかった | どちらでもない | どちらでもない | どちらでもない | そう思う |
| 12 | No.12 | あまりできなかった | できた | よい | どちらでもない | そう思う |
| 13 | No.13 | まったくできなか... | できなかった | どちらでもない | どちらでもない | 思わない |
| 14 | No.14 | よくできた | できた | よい | よい | とてもそう思う |
| 15 | No.15 | まったくできなか... | どちらでもない | どちらでもない | よくない | 思わない |
| 16 | No.16 | すこしできた | できた | よい | よい | とてもそう思う |
| 17 | No.17 | まったくできなか... | どちらでもない | どちらでもない | よくない | そう思う |
| 18 | No.18 | よくできた | できた | よい | よい | とてもそう思う |
| 19 | | | | | | |

値ラベル →

注意！

数値の順位と出力の
プラス・マイナスの解釈に
注意が必要です！

## 7.2 カテゴリカル回帰分析のための手順

**手順 1** データを入力したら，分析(A) のメニューから 回帰(R) を選択し，

続いて，サブメニューの中から，最適尺度法(CATREG)(O) を選択します．

手順 ② カテゴリ回帰の画面になったら，役立つ を 従属変数(D) へ移動し，

尺度の定義 をクリックします．

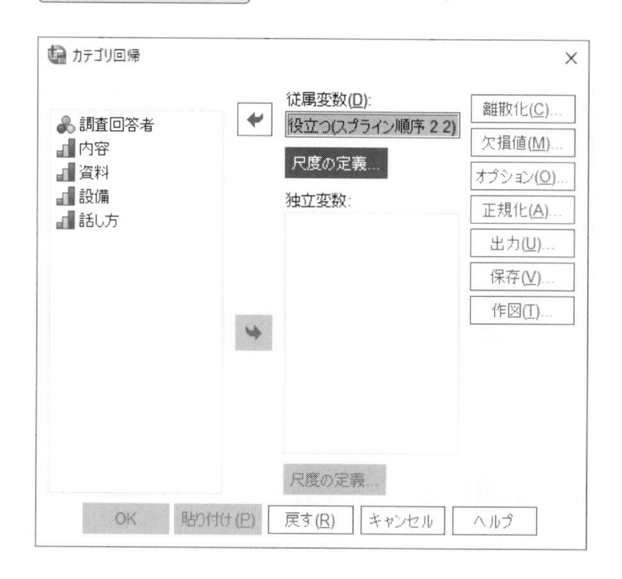

手順 ③ 尺度の定義の画面は，次のようになっています．

スプライン順序 を選んで……

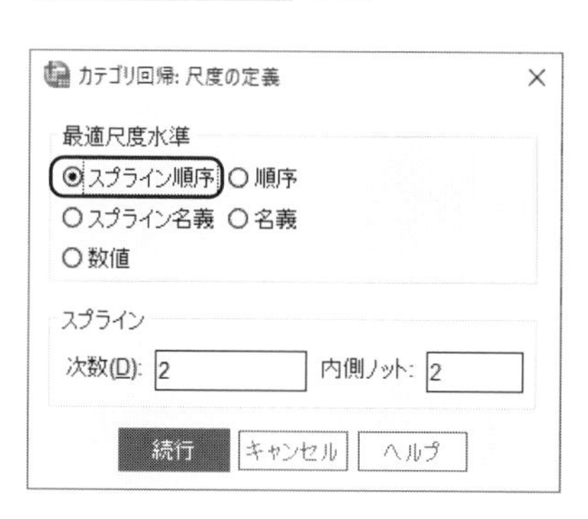

手順 4 役立つ の範囲は 1~3 なので，内側ノット を 1 に変更して，

続行 します．

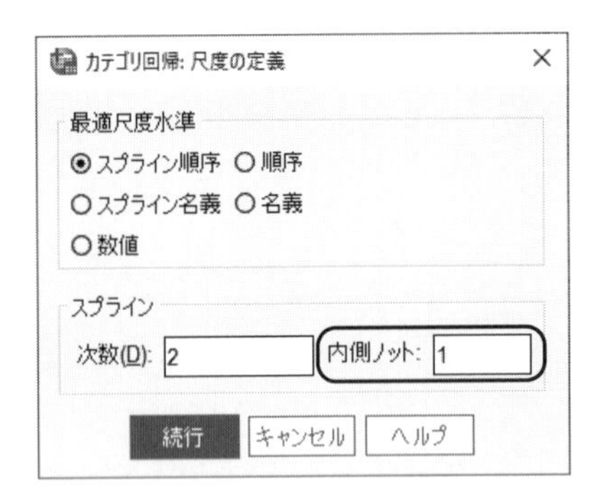


手順 5 次の画面になったら，左側の 内容 をクリックして，

独立変数 の中へ移動します．

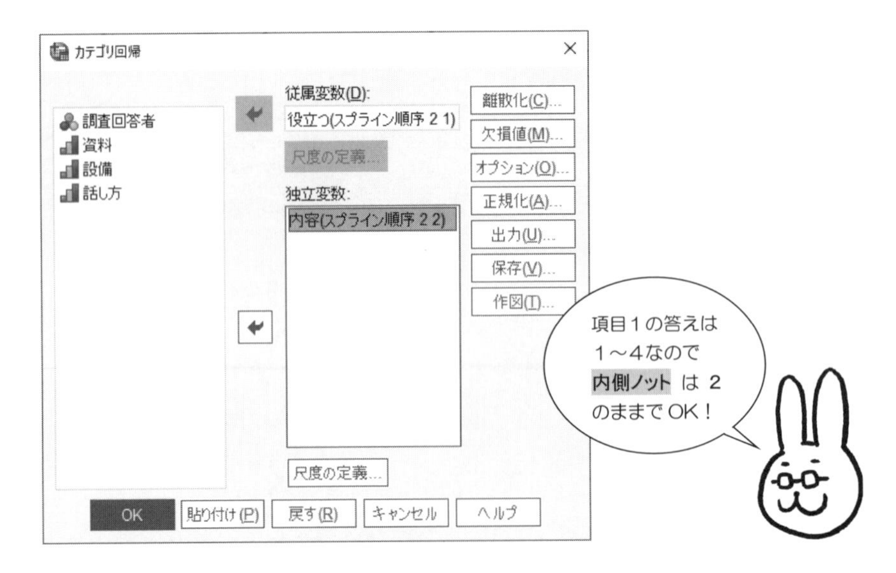

**手順 6** 続いて，資料，設備，話し方 を **独立変数** の中へ移動し，

**尺度の定義** をクリックします．

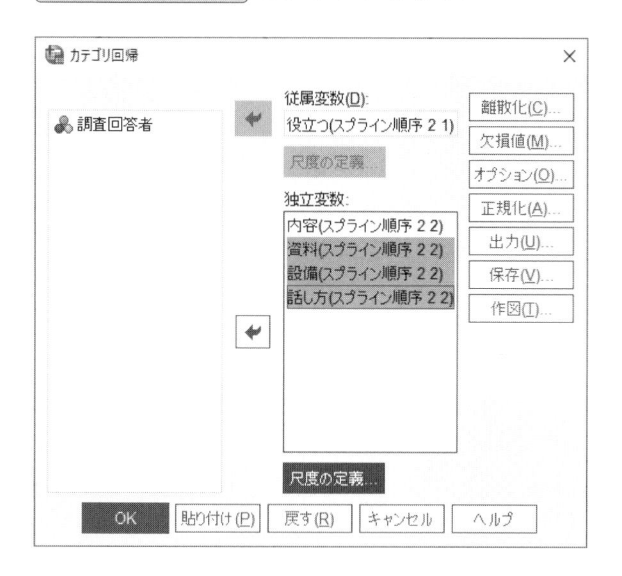


**手順 7** 次の画面になったら，**内側ノット** を **1** に変更して，

**続行** します．

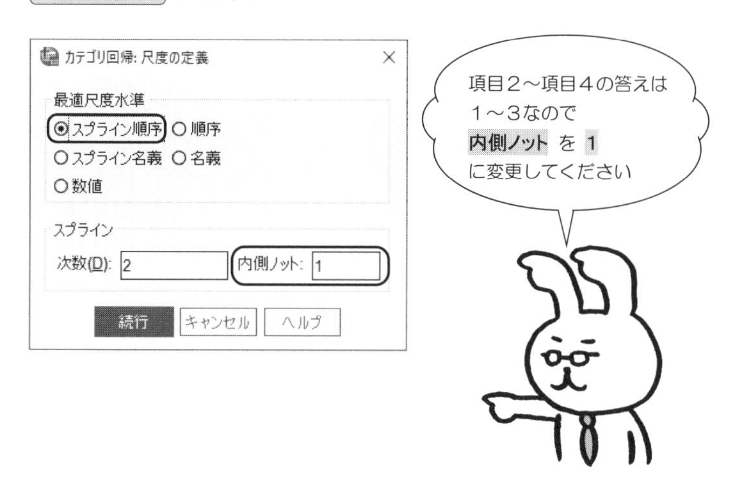

**手順 8** 独立変数 の中が，次のようになったら，［離散化(C)］をクリック．

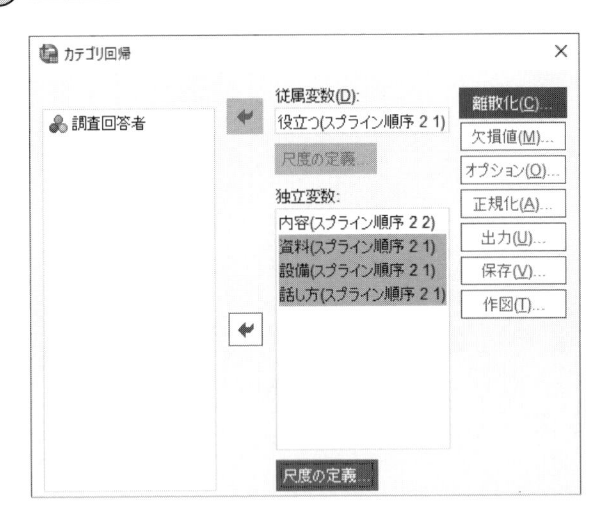


**手順 9** カテゴリ数が 7 未満なので，このまま，［キャンセル］．

**手順 10** 次の画面に戻ったら，［オプション(O)］をクリックします．

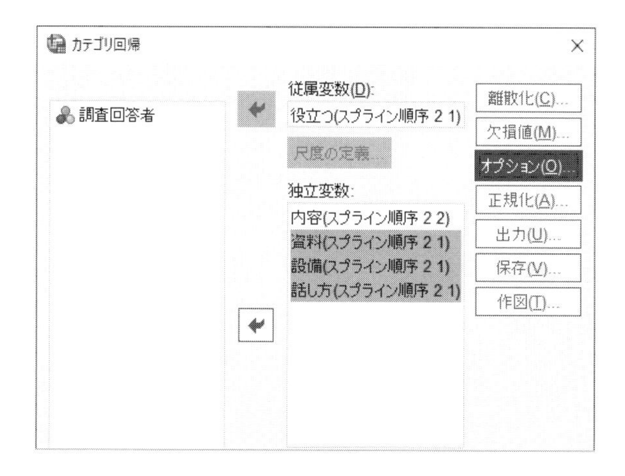


**手順 11** オプションの画面は，次のようになっています．

名義変数があるときは，［ランダム(D)］をチェックしますが，

このデータには名義変数はないので，このまま，［続行］．

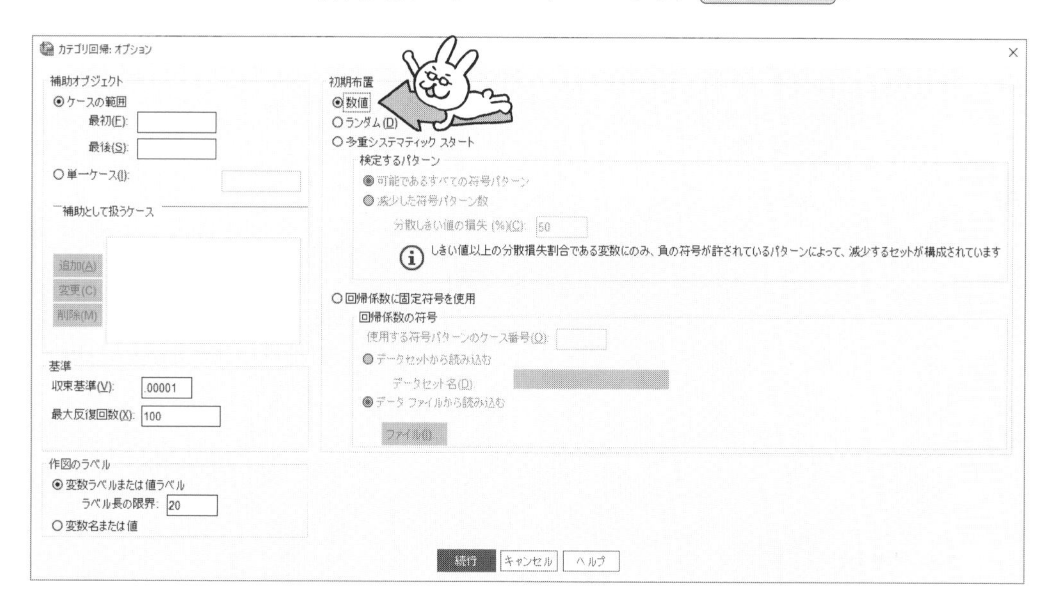

手順 12 次の画面に戻ったら，出力(U) をクリック．

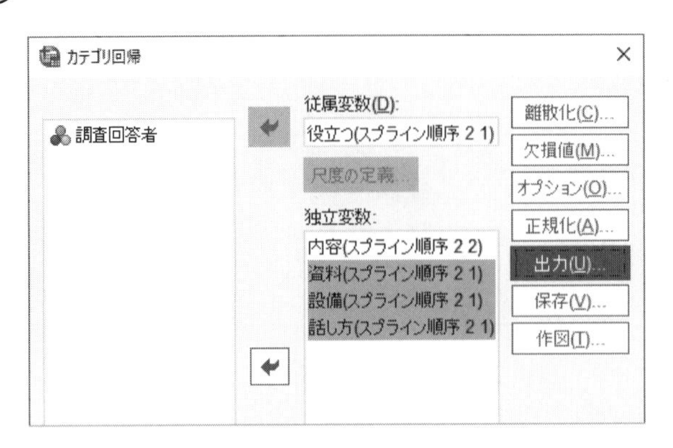


手順 13 次の出力の画面になったら，

変数を カテゴリ数量化(T) に移動して，続行 ．

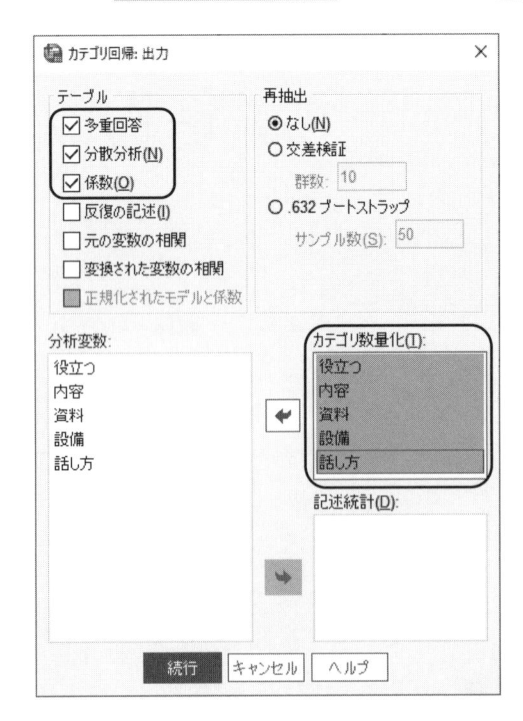

手順 14 次の画面に戻ったら，保存(V) をクリックします．

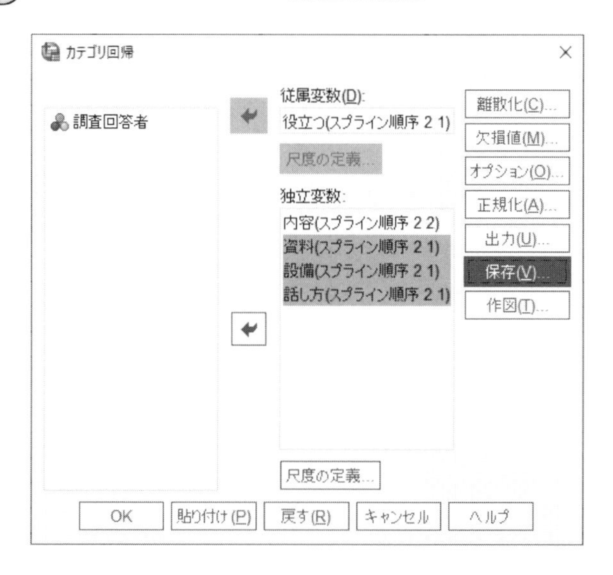


手順 15 保存の画面では，次のようにチェックして，続行 します．

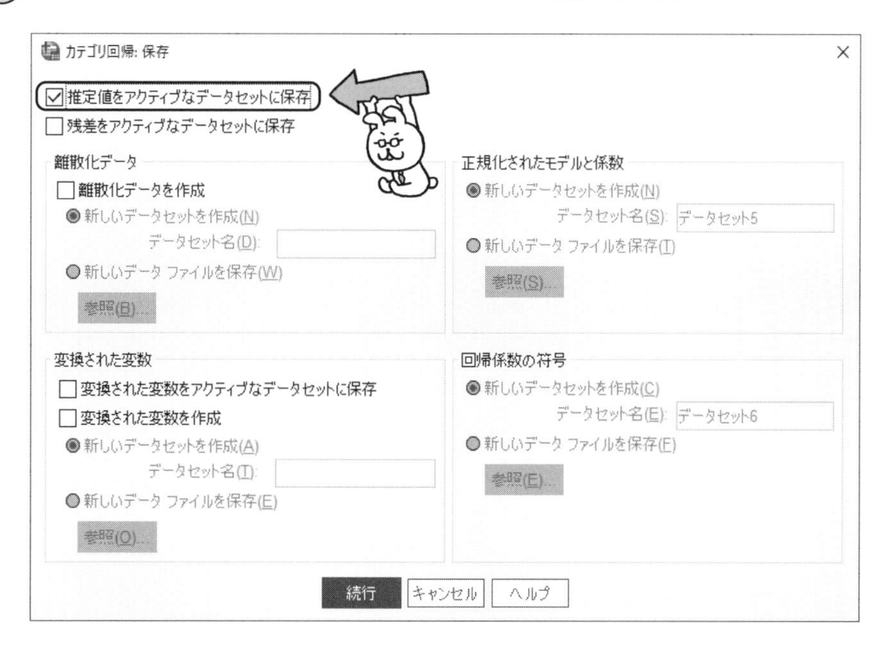

手順 16 次の画面に戻ったら，OK をクリックします．

ところで，…
作図の画面は，次のようになっています

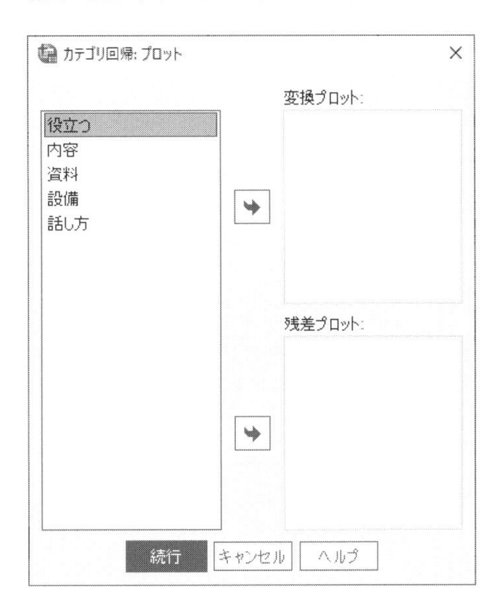

【SPSSによる出力・その1】

## CATREG - カテゴリ データの回帰分析

**モデルの要約**

| 多重 R | R2 乗 | 調整済み R2 乗 | 見かけ上の予測誤差 |
|---|---|---|---|
| .943 | .890 | .812 | .110 |

← ①

従属変数 役立つ
予測: 内容 資料 設備 話し方

**分散分析**

| | 平方和 | 自由度 | 平均平方 | F 値 | 有意確率 |
|---|---|---|---|---|---|
| 回帰 | 16.012 | 7 | 2.287 | 11.506 | <.001 |
| 残差 | 1.988 | 10 | .199 | | |
| 総計 | 18.000 | 17 | | | |

← ②

従属変数 役立つ
予測: 内容 資料 設備 話し方

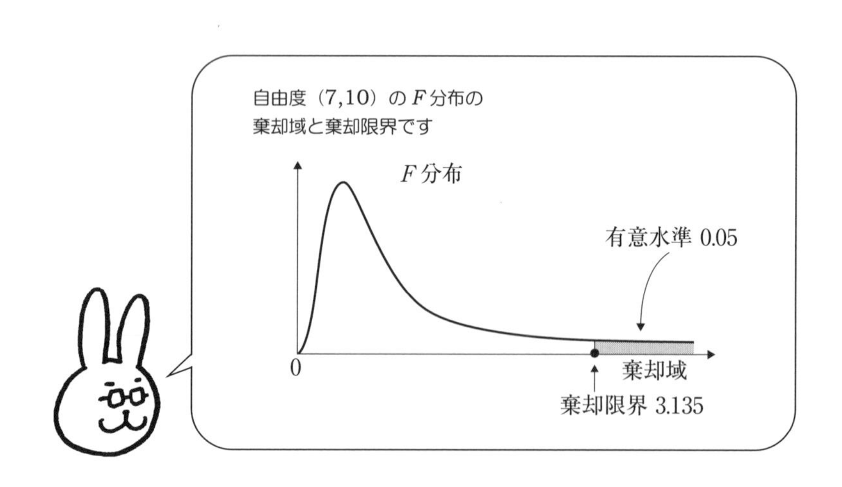

## 【出力結果の読み取り方・その1】

⬅① 多重Rは0.943であり，1 に近いので

“データの当てはまりが良い”

と考えられます.

R2乗0.890と重相関係数0.943の間には

$$0.890 = (0.943)^2$$

の関係が成り立っています.

R2乗と多重Rの解釈は同じで

“1 に近いほどデータの当てはまりが良い”

と考えられています.

⬅② 分散分析は，次の仮説を検定しています.

仮説 $H_0$：求めた関係式は予測に役に立たない

出力結果を見ると

有意確率＜.001 ≦ 有意水準0.05

なので，検定統計量F値11.506は自由度（7,10）の $F$ 分布の棄却域に含まれています.

したがって，仮説 $H_0$ は棄却されるので，

“求めた関係式は予測に役に立つ”

と考えられます.

**【SPSS による出力・その 2】**

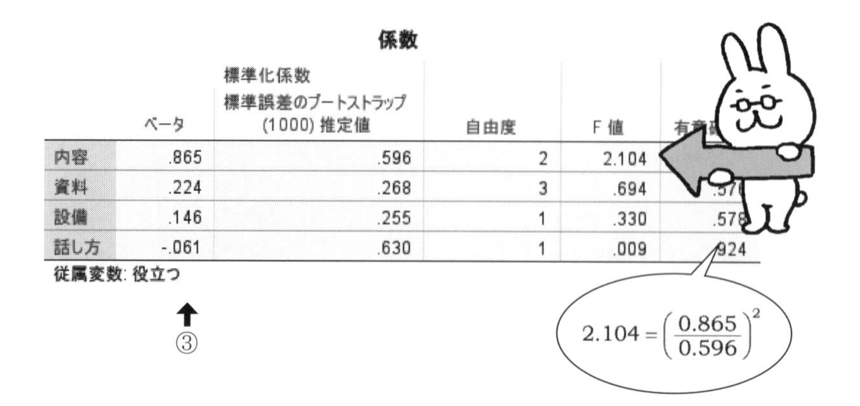

**係数**

| | ベータ | 標準化係数 標準誤差のブートストラップ (1000) 推定値 | 自由度 | F 値 | 有意[illegible] |
|---|---|---|---|---|---|
| 内容 | .865 | .596 | 2 | 2.104 | [illegible] |
| 資料 | .224 | .268 | 3 | .694 | .57[illegible] |
| 設備 | .146 | .255 | 1 | .330 | .578 |
| 話し方 | -.061 | .630 | 1 | .009 | .924 |

従属変数: 役立つ



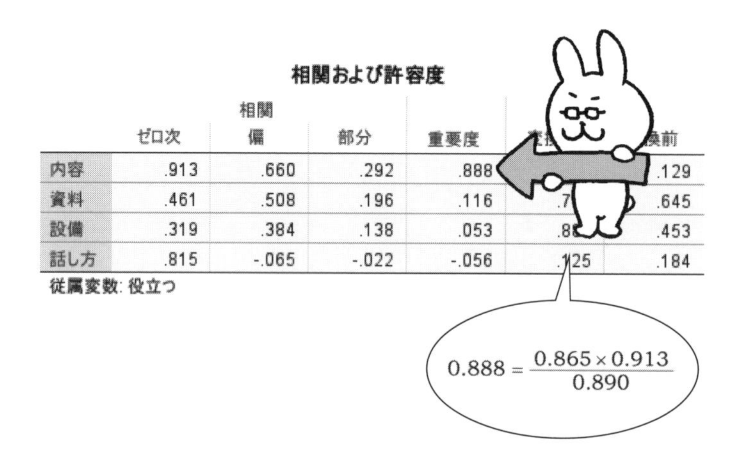

**相関および許容度**

| | 相関 ゼロ次 | 偏 | 部分 | 重要度 | [illegible] | [illegible]換前 |
|---|---|---|---|---|---|---|
| 内容 | .913 | .660 | .292 | .888 | [illegible] | .129 |
| 資料 | .461 | .508 | .196 | .116 | .7[illegible] | .645 |
| 設備 | .319 | .384 | .138 | .053 | .8[illegible] | .453 |
| 話し方 | .815 | -.065 | -.022 | -.056 | .125 | .184 |

従属変数: 役立つ



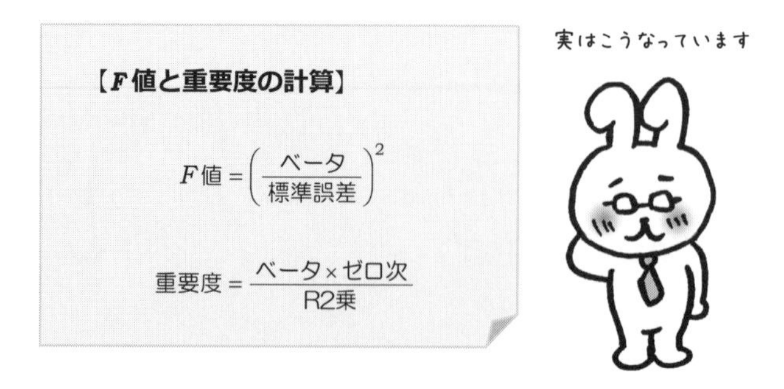

**【*F* 値と重要度の計算】**

$$F\text{値} = \left(\frac{\text{ベータ}}{\text{標準誤差}}\right)^2$$

$$\text{重要度} = \frac{\text{ベータ} \times \text{ゼロ次}}{\text{R2乗}}$$

**【出力結果の読み取り方・その2】**

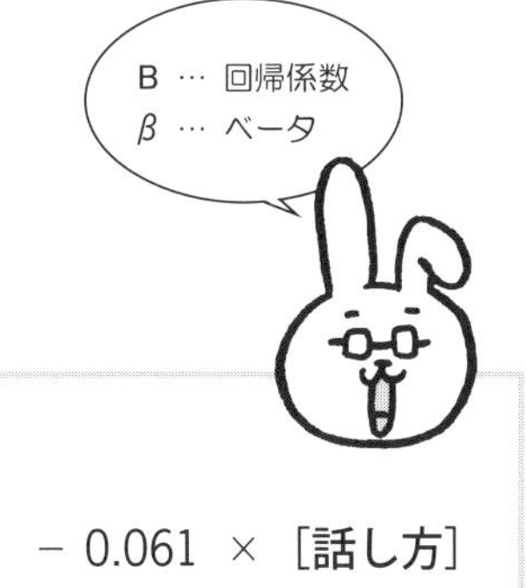


⬅③ この ベータ は，標準化係数のことです．

回帰式は次のようになります．

> ［**役立つ**］ = 0.865 × ［**内容**］ + 0.224 × ［**資料**］
> + 0.146 × ［**設備**］ − 0.061 × ［**話し方**］

標準化係数の大きい項目が，［**役立つ**］に大きい影響を与えています．

したがって，［**役立つ**］に最も大きな影響があるのは
独立変数の係数の絶対値が一番大きい［**内容**］のようです．

## 【SPSS による出力・その 3】

**役立つ[a]**

| カテゴリ | 度数 | 数量化 |
|---|---|---|
| 思わない | 3 | -1.316 |
| そう思う | 8 | -.565 |
| とてもそう思う | 7 | 1.210 |

← ④

a. 最適尺度水準: スプライン順序 (次数 2、内側ノット 1 個)。

**内容[a]**

| カテゴリ | 度数 | 数量化 |
|---|---|---|
| まったくできなかった | 5 | -1.029 |
| あまりできなかった | 4 | -.800 |
| すこしできた | 3 | .196 |
| よくできた | 6 | 1.293 |

a. 最適尺度水準: スプライン順序 (次数 2、内側ノット 2 個)。

**資料[a]**

| カテゴリ | 度数 | 数量化 |
|---|---|---|
| できなかった | 2 | -2.750 |
| どちらでもない | 6 | .024 |
| できた | 10 | .536 |

a. 最適尺度水準: スプライン順序 (次数 2、内側ノット 1 個)。

**設備[a]**

| カテゴリ | 度数 | 数量化 |
|---|---|---|
| わるい | 1 | -4.123 |
| どちらでもない | 8 | .243 |
| よい | 9 | .243 |

a. 最適尺度水準: スプライン順序 (次数 2、内側ノット 1 個)。

**話し方[a]**

| カテゴリ | 度数 | 数量化 |
|---|---|---|
| よくない | 3 | -1.000 |
| どちらでもない | 6 | -1.000 |
| よい | 9 | 1.000 |

a. 最適尺度水準: スプライン順序 (次数 2、内側ノット 1 個)。

## 【出力結果の読み取り方・その3】

⬅④　項目5の3つのカテゴリを，次のように数量化しています．

この値は，次のように平均0，分散1に標準化されています．

$$\text{平均} \cdots\cdots \frac{3 \times (-1.316) + 8 \times (-0.565) + 7 \times (1.210)}{18} = 0$$

$$\text{分散} \cdots\cdots \frac{3 \times (-1.316 - 0)^2 + 8 \times (-0.565 - 0)^2 + 7 \times (1.210 - 0)^2}{18} = 1$$

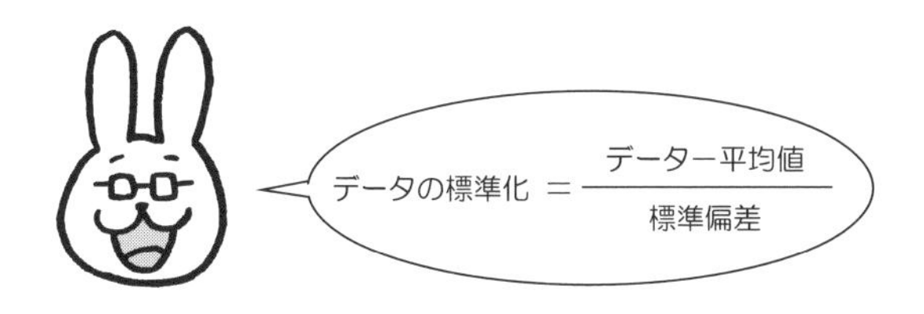

**【SPSS による出力・その 4】**

| | 調査回答者 | 内容 | 資料 | 設備 | 話し方 | 役立つ | PRE_1 |
|---|---|---|---|---|---|---|---|
| 1 | 1 | 4 | 3 | 2 | 3 | 3 | 1.21 ← ⑤ |
| 2 | 2 | 1 | 2 | 2 | 1 | 2 | -.79 |
| 3 | 3 | 3 | 3 | 3 | 3 | 2 | .26 |
| 4 | 4 | 4 | 3 | 3 | 3 | 3 | 1.21 |
| 5 | 5 | 2 | 2 | 2 | 2 | 2 | -.59 ← ⑥ |
| 6 | 6 | 4 | 3 | 3 | 3 | 3 | 1.21 |
| 7 | 7 | 1 | 3 | 1 | 2 | 1 | -1.31 |
| 8 | 8 | 3 | 1 | 3 | 3 | 2 | -.47 |
| 9 | 9 | 2 | 2 | 2 | 2 | 2 | -.59 |
| 10 | 10 | 4 | 3 | 3 | 3 | 3 | 1.21 |
| 11 | 11 | 2 | 2 | 2 | 2 | 2 | -.59 |
| 12 | 12 | 2 | 3 | 3 | 2 | 2 | -.47 |
| 13 | 13 | 1 | 1 | 2 | 2 | 1 | -1.41 |
| 14 | 14 | 4 | 3 | 3 | 3 | 3 | 1.21 |
| 15 | 15 | 1 | 2 | 2 | 1 | 1 | -.79 |
| 16 | 16 | 3 | 3 | 3 | 3 | 3 | .26 |
| 17 | 17 | 1 | 2 | 2 | 1 | 2 | -.79 |
| 18 | 18 | 4 | 3 | 3 | 3 | 3 | 1.21 |
| 19 | | | | | | | |

↑ 推定値

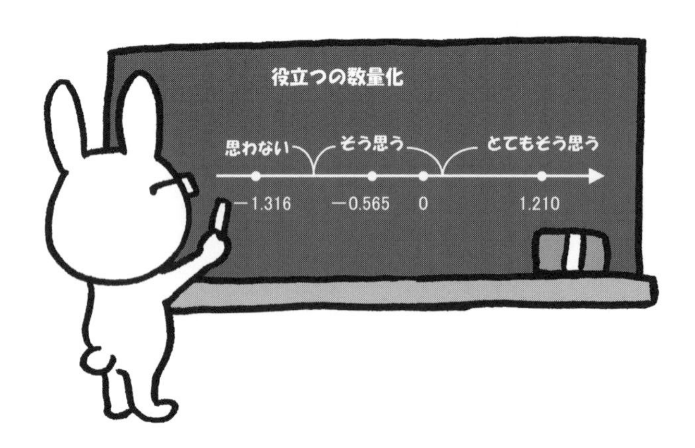

**【出力結果の読み取り方・その 4】**

⬅⑤　No.1 の推定値の計算は，次のようになっています．

$$[\text{役立つ}] = 0.865 \times [\text{内容}] + 0.224 \times [\text{資料}] + 0.146 \times [\text{設備}] - 0.061 \times [\text{話し方}]$$

$$= 0.865 \times 1.293 + 0.224 \times 0.536 + 0.146 \times 0.243 - 0.061 \times 1.000$$

$$= 1.21$$

⬅⑥　No.5 の推定値の計算は，次のようになっています．

$$[\text{役立つ}] = 0.865 \times [\text{内容}] + 0.224 \times [\text{資料}] + 0.146 \times [\text{設備}] - 0.061 \times [\text{話し方}]$$

$$= 0.865 \times (-0.800) + 0.224 \times 0.024 + 0.146 \times 0.243 - 0.061 \times (-1.000)$$

$$= -0.59$$

# 第8章 2項ロジスティック回帰分析によるアンケート処理

## 8.1 はじめに

SPSSの2項ロジスティック回帰分析を使うと，アンケート調査の従属変数に対応する質問項目と共変量に対応する質問項目との関係式から，従属変数の 予測確率 や 限界効果 を計算することができます．

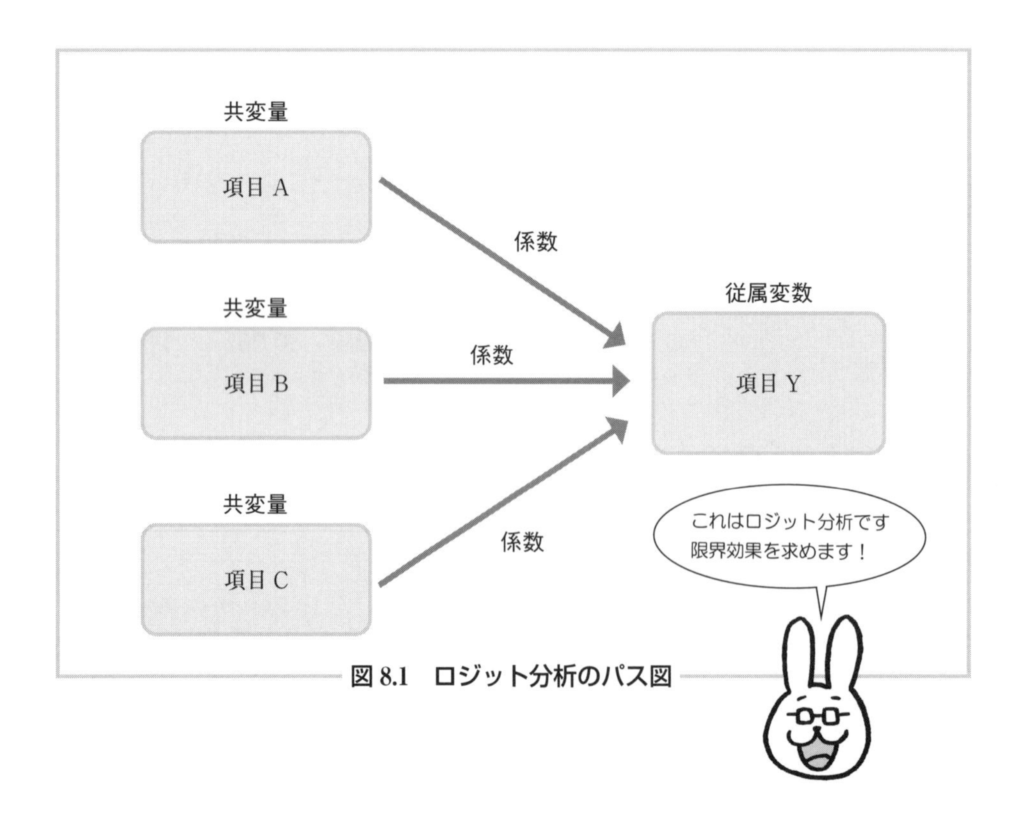


図 8.1　ロジット分析のパス図

次のアンケート調査票の

［ボランティア］と［月収］［学歴］［年齢］［ホームステイ］

の **関係** を探るため，

［ボランティア］を従属変数

［月収］［学歴］［年齢］［ホームステイ］を共変量

として，2項ロジスティック回帰分析をしてみましょう．

**表 8.1 アンケート調査票**

**項目 1 あなたの１カ月の収入はいくらですか？** ［月収］

約（　　　　）万円

**項目 2 あなたの最終学歴は？** ［学歴］

1．高卒　　2．大卒

**項目 3 あなたの年齢は何歳ですか？** ［年齢］

（　　　　）歳

**項目 4 ホームステイの経験がありますか？** ［ホームステイ］

1．ある　　2．ない

**項目 5 ボランティアをしたいと思いますか？** ［ボランティア］

1．はい　　2．いいえ

## ■2項ロジスティック回帰分析の流れ

SPSSの2項ロジスティック回帰分析の手順は，次のようになります．

■ SPSS の出力が出たら……

SPSS の出力が出たら，次の点を確認しましょう‼

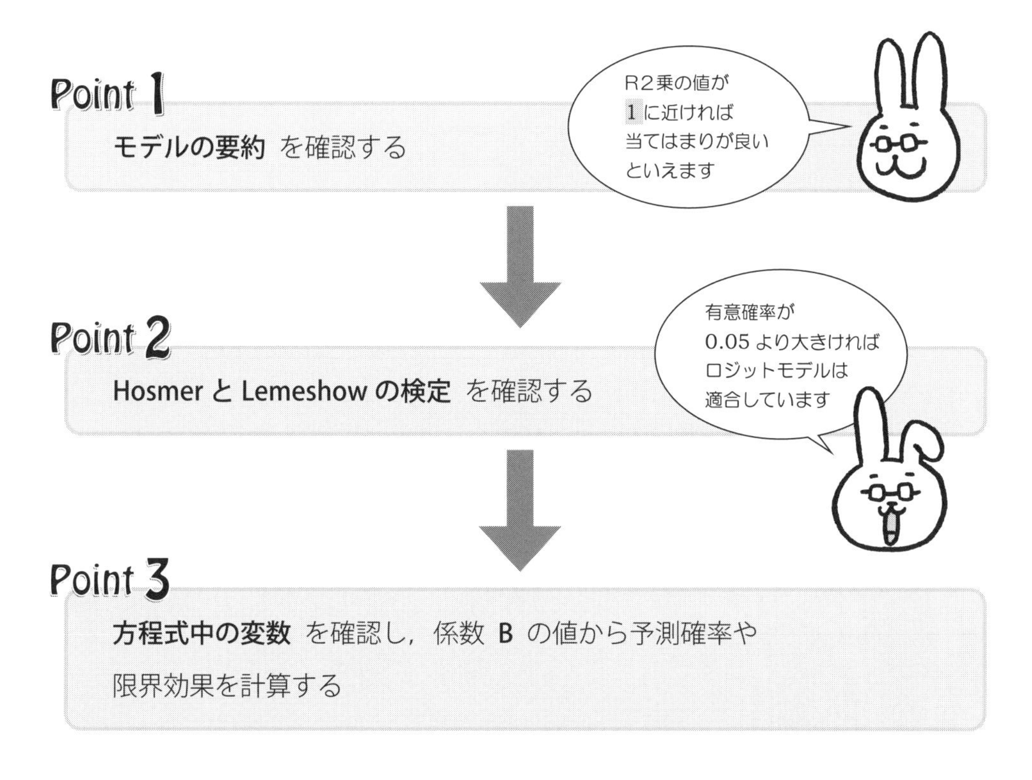


最後に，これらの結果をレポートや論文にまとめれば分析が完了します．

## ■2項ロジスティック回帰分析をまとめるときは……

レポートにまとめてみましょう．まとめ方にはいろいろな表現があります．たとえば……

……………………………………………………………………………………………………………………………………………………………………….

SPSSの出力をもとに限界効果を計算してみると，平均値のまわりでの月収の限界効果は0.129であり，ホームステイの限界効果は0.851であることがわかる．

したがって，月収が1万円増加することは，ボランティア志望の確率を0.851ポイント増加させ，ホームステイ経験のある人は，ホームステイ経験のない人に比べてボランティア志望の確率が0.851ポイント増加することがわかる．

このことから，………………………………………………………………………………………………………………………………………………………………

**注目！**

SPSSのデータ入力の例です！

- 高卒 …… 0 ←参照カテゴリ
- 大卒 …… 1

- ホームステイの経験がない …… 0 ←参照カテゴリ
- ホームステイの経験がある …… 1

- ボランティアをしたいと思わない …… 0 ←参照カテゴリ
- ボランティアをしたいと思う …… 1

**まとめるときは表現に工夫を！**

## ■アンケート調査の結果と SPSS のデータ入力

アンケート調査の結果を SPSS のデータビューに入力します.

２項ロジスティック回帰分析を使って,

［**ボランティア**］の予測確率や限界効果を調べます.

### 【データ入力】

| | 月収 | 学歴 | 年齢 | ホームステイ | ボランティア |
|---|---|---|---|---|---|
| 1 | 9.4 | 0 | 18 | 1 | 1 |
| 2 | 13.5 | 0 | 29 | 0 | 0 |
| 3 | 20.5 | 1 | 23 | 0 | 1 |
| 4 | 11.6 | 0 | 19 | 1 | 1 |
| 5 | 27.0 | 1 | 23 | 0 | 1 |
| 6 | 10.6 | 1 | 24 | 1 | 0 |
| 7 | 22.0 | 1 | 25 | 0 | 0 |
| 8 | 8.2 | 0 | 21 | 1 | 1 |
| 9 | 15.5 | 0 | 22 | 0 | 0 |
| 10 | 26.4 | 1 | 26 | 0 | 0 |
| 11 | 21.8 | 1 | 25 | 0 | 0 |
| 12 | 17.4 | 1 | 23 | 1 | 1 |
| 13 | 17.7 | 1 | 27 | 0 | 0 |
| 14 | 6.5 | 0 | | | |
| 15 | 25.5 | 0 | | | |
| 16 | 7.4 | 0 | | | |
| 17 | 8.3 | 0 | | | |
| 18 | 23.8 | 1 | | | |
| 19 | 12.4 | 0 | | | |
| 20 | 25.6 | 1 | | | |
| 21 | 13.8 | 1 | | | |
| 22 | 24.2 | 1 | | | |
| 23 | 17.5 | 1 | | | |
| 24 | 14.8 | 0 | | | |
| 25 | 25.3 | 1 | | | |
| 26 | 22.6 | 0 | | | |
| 27 | 16.7 | 1 | | | |
| 28 | 17.3 | 1 | | | |
| 29 | 7.1 | 0 | | | |
| 30 | 20.4 | 1 | | | |
| 31 | | | | | |

データビューは
画面の左下に
あります！

| | 月収 | 学歴 | 年齢 | ホームステイ | ボランティア |
|---|---|---|---|---|---|
| 1 | 9.4 | 高卒 | 18 | ある | |
| 2 | 13.5 | 高卒 | 29 | | |
| 3 | 20.5 | 大卒 | 23 | | |
| 4 | 11.6 | 高卒 | 19 | | |
| 5 | 27.0 | 大卒 | 23 | ない | |
| 6 | 10.6 | 大卒 | 24 | ある | いいえ |
| 7 | 22.0 | 大卒 | 25 | ない | いいえ |
| 8 | 8.2 | 高卒 | 21 | ある | はい |
| 9 | 15.5 | 高卒 | 22 | ない | いいえ |
| 10 | 26.4 | 大卒 | 26 | ない | いいえ |
| 11 | 21.8 | 大卒 | 25 | ない | いいえ |
| 12 | 17.4 | 大卒 | 23 | ある | はい |
| 13 | 17.7 | 大卒 | 27 | ない | いいえ |
| 14 | 6.5 | 高卒 | 18 | ある | はい |
| 15 | 25.5 | 高卒 | 29 | ない | はい |
| 16 | 7.4 | 高卒 | 19 | ある | はい |
| 17 | 8.3 | 高卒 | 18 | ない | いいえ |
| 18 | 23.8 | 大卒 | 26 | ない | いいえ |
| 19 | 12.4 | 高卒 | 19 | ある | はい |
| 20 | 25.6 | 大卒 | 23 | ない | はい |
| 21 | 13.8 | 大卒 | 23 | ある | いいえ |
| 22 | 24.2 | 大卒 | 27 | ない | いいえ |
| 23 | 17.5 | 大卒 | 25 | ある | はい |
| 24 | 14.8 | 高卒 | 29 | ない | いいえ |
| 25 | 25.3 | 大卒 | 25 | ない | いいえ |
| 26 | 22.6 | 高卒 | 28 | ない | いいえ |
| 27 | 16.7 | 大卒 | 23 | ある | はい |
| 28 | 17.3 | 大卒 | 29 | ない | いいえ |
| 29 | 7.1 | 高卒 | 18 | ある | いいえ |
| 30 | 20.4 | 大卒 | 24 | ない | はい |
| 31 | | | | | |

データは HP から
ダウンロード
できます

入力に注意！

**値ラベル** →

## 8.2 2項ロジスティック回帰分析のための手順

**手順 1** 分析(A) ⇒ 回帰(R) ⇒ 二項ロジスティック(G) を選択します.

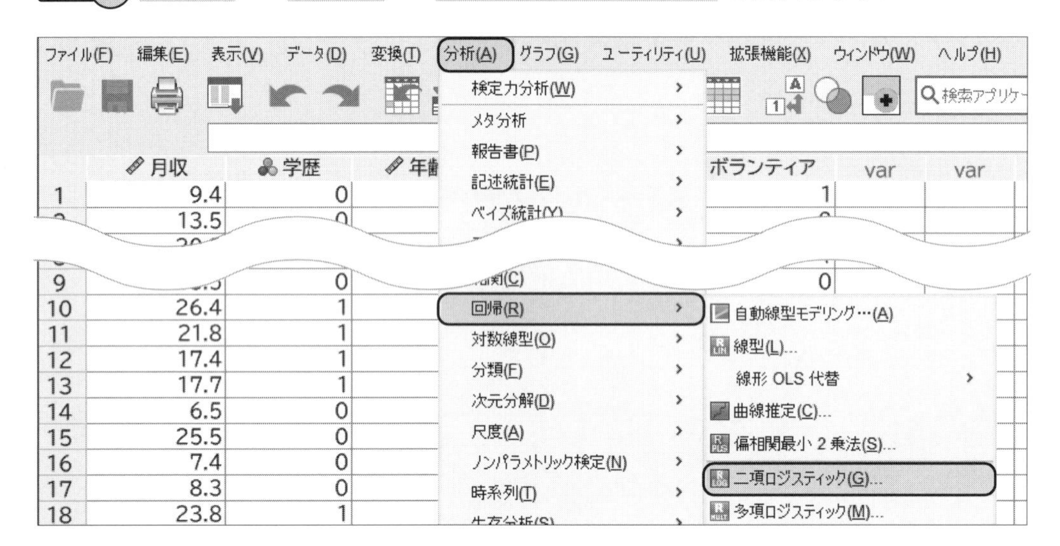


**手順 2** ロジスティック回帰の画面になったら,

ボランティア を 従属変数(D) へ移動します.

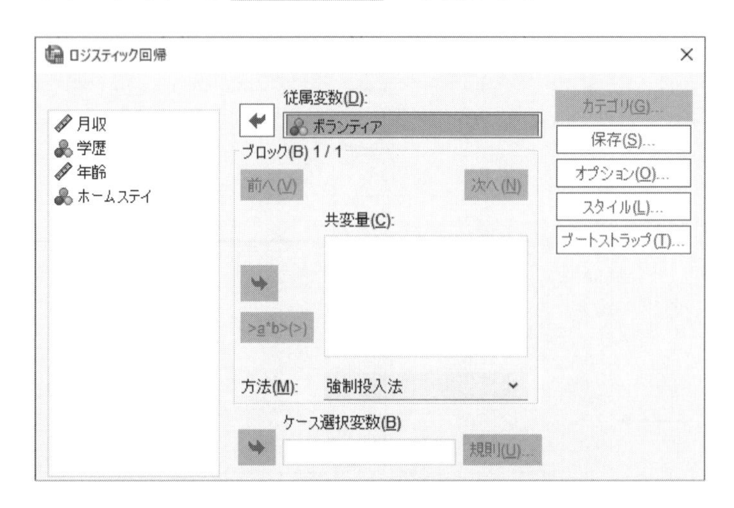

手順 3 月収，学歴，年齢，ホームステイ を 共変量(C) へ移動して，

カテゴリ(G) をクリックします．

手順 4 次のカテゴリ変数の定義の画面になったら，

学歴 を カテゴリ共変量(T) へ移動して……

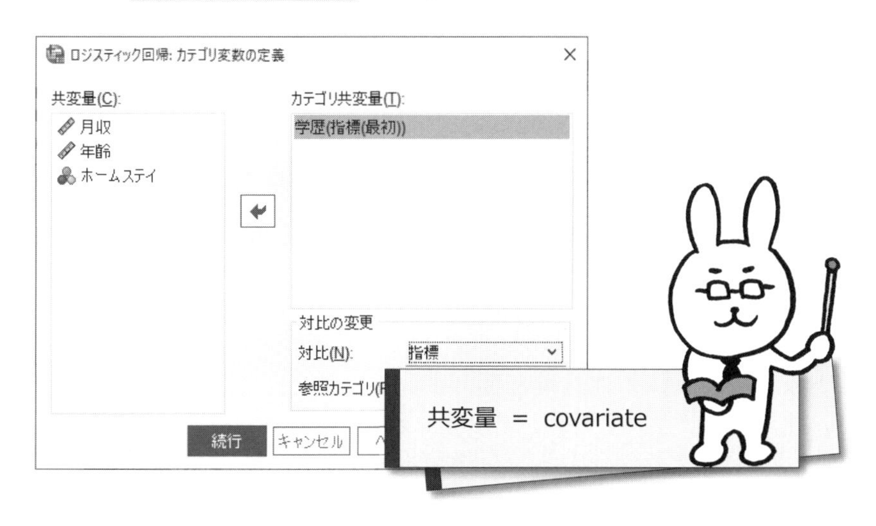

手順 5 参照カテゴリ(R) のところが⦿ 最初(F) になっていることを確認したら，

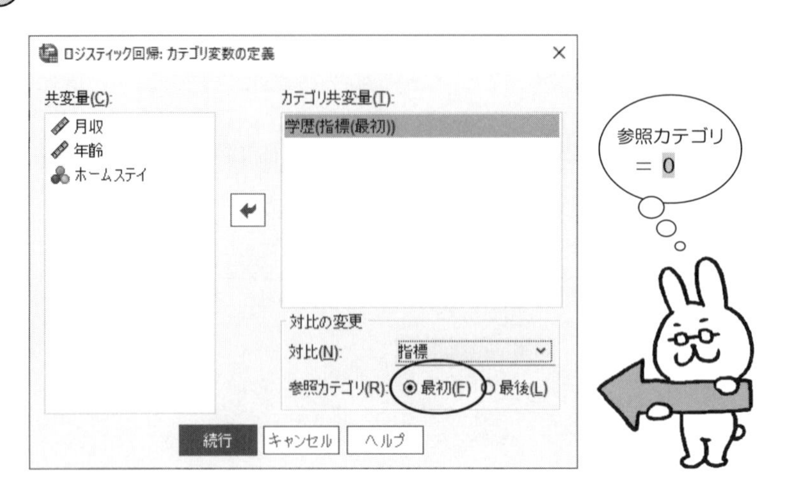


手順 6 続いて，ホームステイ を カテゴリ共変量(T) へ移動.

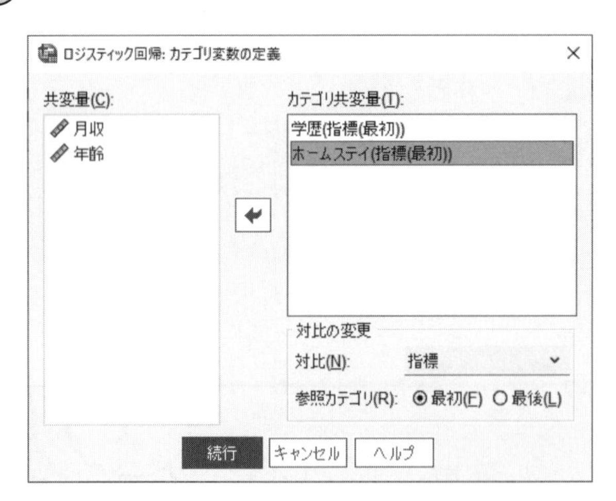

手順 ⑦ 手順５と同じように，◉最初(F) を確認して，

続行 ．

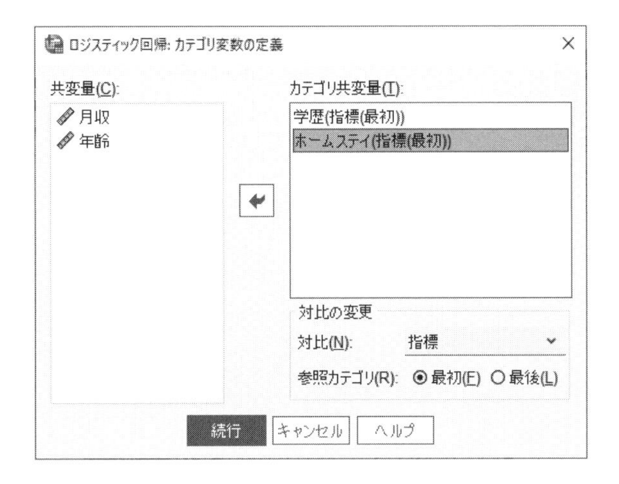


手順 ⑧ 次の画面になったら， 保存(S) をクリックします．

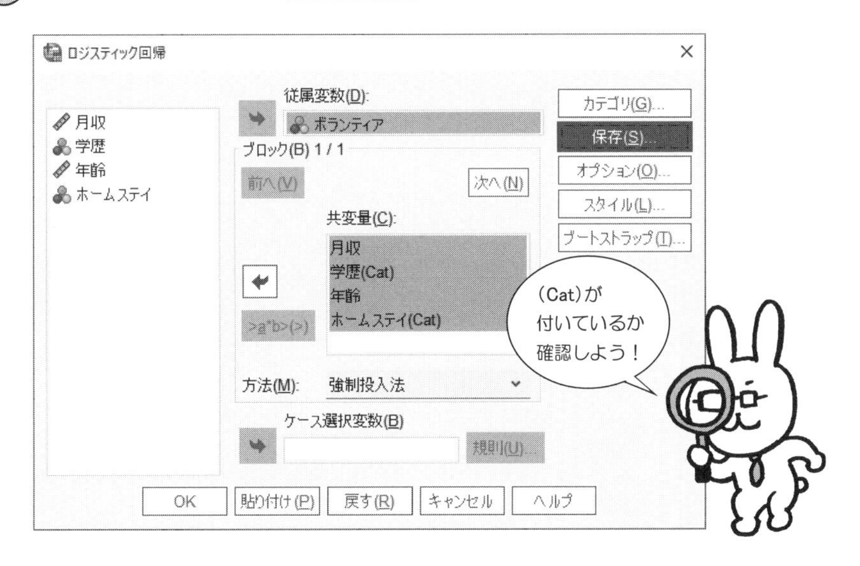

手順 9 次の保存の画面になったら，

予測値 のところの 確率(P) をチェックして， 続行 ．

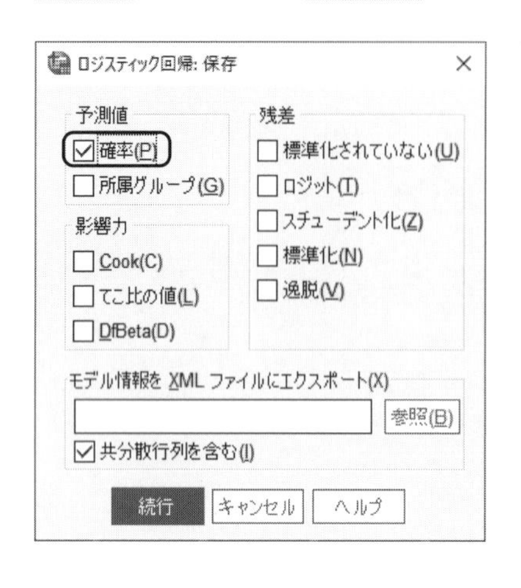

手順 10 次の画面に戻ったら， オプション(O) をクリック．

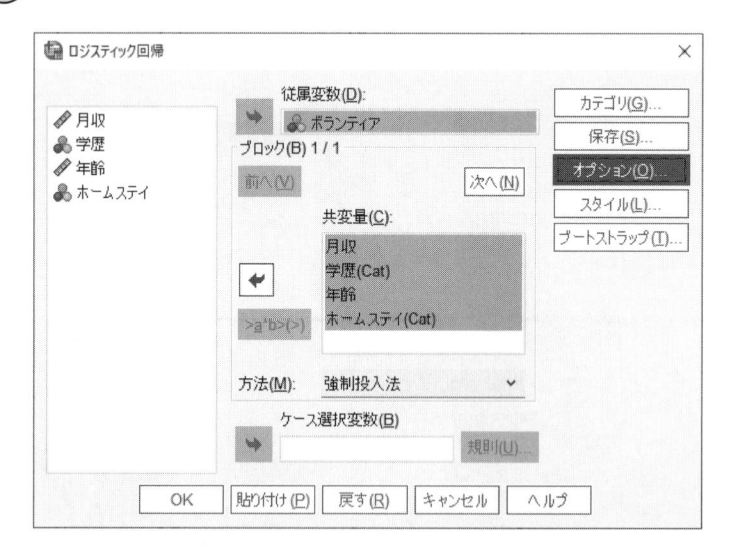

手順 11 オプションの画面になったら，

次のようにチェックして，［続行］します．

ロジスティック回帰: オプション

統計と作図

☐ 分類プロット(C)

☑ Hosmer-Lemeshow の適合度(H)

☐ 残差のケースごとの出力(W)

◉ 外れ値(O) 2 標準偏差以上(S)

◯ すべてのケース(A)

☐ 推定値の相関行列(R)

☐ 反復の記述(I)

☐ Exp の信頼区間(X): 95 %

表示

◉ ステップごと(E) ◯ 最後のステップ(L)

☐ 複雑な分析または大きなデータセット向けのメモリーを保持する(D)

☑ モデルに定数項を含める(S)

続行 キャンセル ヘルプ

手順 12 次の画面に戻ったら，［OK］ボタンを押します．

【SPSS による出力・その 1】

## ブロック 1: 方法 = 強制投入法

**モデルの要約**

| ステップ | -2 対数尤度 | Cox-Snell R2 乗 | Nagelkerke R2 乗 |
|---|---|---|---|
| 1 | 23.782[a] | .445 | .594 |

← ①

a. パラメータ推定値の変化が .001 未満であるため、反復回数 6 で推定が打ち切られました。

**Hosmer と Lemeshow の検定**

| ステップ | カイ 2 乗 | 自由度 | 有意確率 |
|---|---|---|---|
| 1 | 7.203 | 8 | .515 |

← ②

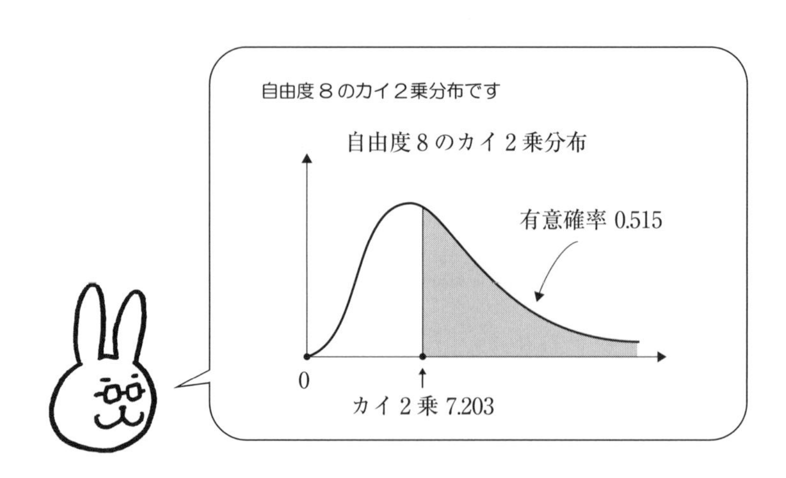

**【出力結果の読み取り方・その1】**

⬅① ２項ロジスティック回帰式の決定係数です．

この値が 1 に近いとき，

“２項ロジスティック回帰式の当てはまりが良い”

と考えられます．

このデータの場合，

- Cox-Snell R2 乗 = 0.445
- Nagalkerke R2 乗 = 0.594

なので，２項ロジスティック回帰式の当てはまりは悪くありません．

⬅② ２項ロジスティック回帰の適合度検定です．

次の仮説を検定しています．

仮説 $H_0$：２項ロジスティック回帰は適合している．

このとき，有意確率 0.515 ＞ 有意水準 0.05 なので，

仮説 $H_0$ は棄却されません．

したがって，

“この２項ロジスティック回帰は適合している”

と考えられます．

【SPSSによる出力・その2】

**分類テーブル**[a]

| 観測 | | | 予測 ボランティア いいえ | はい | 正解の割合 |
|---|---|---|---|---|---|
| ステップ 1 | ボランティア | いいえ | 12 | 4 | 75.0 |
| | | はい | 3 | 11 | 78.6 |
| | 全体のパーセント | | | | 76.7 |

a. カットオフ値は .500 です

**方程式中の変数**

| | | B | 標準誤差 | Wald | 自由度 | 有意確率 | Exp(B) |
|---|---|---|---|---|---|---|---|
| ステップ 1[a] | 月収 | .559 | .249 | 5.054 | 1 | .025 | 1.749 |
| | 学歴(1) | -2.181 | 1.463 | 2.224 | 1 | .136 | .113 |
| | 年齢 | -.635 | .336 | 3.571 | 1 | .059 | .530 |
| | ホームステイ(1) | 5.040 | 2.103 | 5.743 | 1 | .017 | 154.430 |
| | 定数 | 4.126 | 5.575 | .548 | 1 | .459 | 61.914 |

← ③（月収の行）

a. ステップ 1: 投入された変数 月収, 学歴, 年齢, ホームステイ

**【出力結果の読み取り方・その２】**

⬅③　２項ロジスティック回帰式です.

$$\log\left(\frac{\text{ボランティア志望の予測確率}}{1-\text{ボランティア志望の予測確率}}\right)$$

$$= 0.559\times[\text{月収}]-2.181\times[\text{学歴}(1)]-0.635\times[\text{年齢}]$$
$$+5.040\times[\text{ホームステイ}(1)]+4.126$$

●連続変数の場合

**［月収］**の限界効果 $= 0.3614\times(1-0.3614)\times 0.559$

$= 0.1290$

したがって，月収が１単位増加するときの限界効果は，0.1290なので，
月収が１万円増加すると，
ボランティア志望の予測確率が0.129ポイント増加します.

●ダミー変数の場合

**［ホームステイ］**の限界効果 $= 0.9209-0.0701$

$= 0.8508$

したがって，ホームステイ経験のある人とホームステイ経験のない人の差は0.8508なので，ホームステイ経験のある人はホームステイ経験のない人に比べて，
ボランティア志望の予測確率は0.851ポイント増加します.

## ●限界効果の求め方（連続変数の場合）――月収

**その❶**　p.145 の③の２項ロジスティック回帰式に，各変数の平均値を代入します．

$$= 0.559\times[\text{月収}]\text{の平均} - 2.181\times[\text{学歴}(1)]\text{の平均} - 0.635\times[\text{年齢}]\text{の平均} + 5.040\times[\text{ホームステイ}(1)]\text{の平均} + 4.126$$

$$= 0.559\times[17.027] - 2.181\times[0.57] - 0.635\times[23.6] + 5.040\times[0.4] + 4.126$$

$$= -0.5691$$

**その❷**　ボランティア志望の予測確率を計算をします．

$$\text{ボランティア志望の予測確率} = \frac{\exp(-0.5691)}{1+\exp(-0.5691)}$$

$$= 0.3614$$

**その❸**　0.3614 と（1 − 0.3614）と **［月収］** の係数 0.559 をかけ算します．

$$[\textbf{月収}]\ \text{限界効果} = 0.3614\times(1-0.3614)\times 0.559$$

$$= 0.1290$$

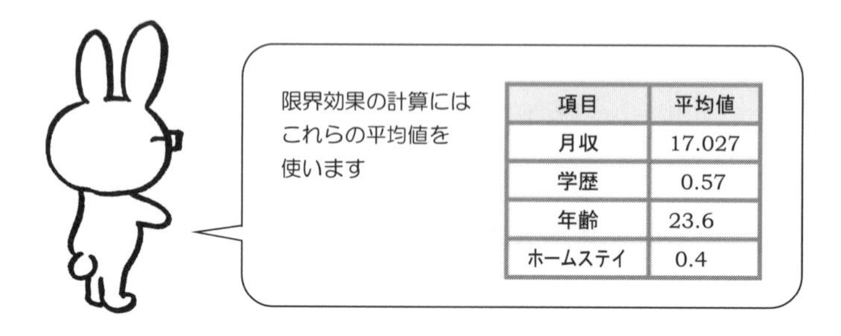


| 項目 | 平均値 |
|---|---|
| 月収 | 17.027 |
| 学歴 | 0.57 |
| 年齢 | 23.6 |
| ホームステイ | 0.4 |

●限界効果の求め方（ダミー変数の場合）——ホームステイ

**その❶**　ホームステイ経験のある人のボランティア志望の予測確率を計算します.

= 0.559×［月収］の平均 − 2.181×［学歴(1)］の平均 − 0.635×［年齢］の平均 + 5.040×［ホームステイ］経験ある + 4.126

$= 0.559 \times [17.027] - 2.181 \times [0.57] - 0.635 \times [23.6] + 5.040 \times [\ 1\ ] + 4.126$

$= 2.4549$

ボランティア志望の予測確率 $= \dfrac{\exp(2.4549)}{1 + \exp(2.4549)}$

$= 0.9209$

**その❷**　ホームステイ経験のない人のボランティア志望の予測確率を計算します.

= 0.559×［月収］の平均 − 2.181×［学歴(1)］の平均 − 0.635×［年齢］の平均 + 5.040×［ホームステイ］経験ない + 4.126

$= 0.559 \times [17.027] - 2.181 \times [0.57] - 0.635 \times [23.6] + 5.040 \times [\ 0\ ] + 4.126$

$= -2.5851$

ボランティア志望の予測確率 $= \dfrac{\exp(-2.5851)}{1 + \exp(-2.5851)}$

$= 0.0701$

**その❸**　ボランティア経験の限界効果

= ホームステイ経験のある人のボランティア志望の予測確率 − ホームステイ経験のない人のボランティア志望の予測確率

$= 0.9209 - 0.0701$

$= 0.8508$

**【SPSS による出力・その 3】**

| | 月収 | 学歴 | 年齢 | ホームステイ | ボランティア | PRE_1 | |
|---|---|---|---|---|---|---|---|
| 1 | 9.4 | 0 | 18 | 1 | 1 | .95241 | |
| 2 | 13.5 | 0 | 29 | 0 | 0 | .00119 | |
| 3 | 20.5 | 1 | 23 | 0 | 1 | .23285 | ← ④ |
| 4 | 11.6 | 0 | 19 | 1 | 1 | .97319 | |
| 5 | 27.0 | 1 | 23 | 0 | 1 | .91996 | |
| 6 | 10.6 | 1 | 24 | 1 | 0 | .08931 | |
| 7 | 22.0 | 1 | 25 | 0 | 0 | .16479 | |
| 8 | 8.2 | 0 | 21 | 1 | 1 | .60382 | ← ⑤ |
| 9 | 15.5 | 0 | 22 | 0 | 0 | .23654 | |
| 10 | 26.4 | 1 | 26 | 0 | 0 | .55039 | |
| 11 | 21.8 | 1 | 25 | 0 | 0 | .14997 | |
| 12 | 17.4 | 1 | 23 | 1 | 1 | .89229 | |
| 13 | 17.7 | 1 | 27 | 0 | 0 | .00498 | |
| 14 | 6.5 | 0 | 18 | 1 | 1 | .79820 | |
| 15 | 25.5 | 0 | 29 | 0 | 1 | .49406 | |
| 16 | 7.4 | 0 | 19 | 1 | 1 | .77618 | |
| 17 | 8.3 | 0 | 18 | 0 | 0 | .06548 | |
| 18 | 23.8 | 1 | 26 | 0 | 0 | .22246 | |
| 19 | 12.4 | 0 | 19 | 1 | 1 | .98269 | |
| 20 | 25.6 | 1 | 23 | 0 | 1 | .84011 | |
| 21 | 13.8 | 1 | 23 | 1 | 0 | .52539 | |
| 22 | 24.2 | 1 | 27 | 0 | 0 | .15943 | |
| 23 | 17.5 | 1 | 25 | 1 | 1 | .71112 | |
| 24 | 14.8 | 0 | 29 | 0 | 0 | .00246 | |
| 25 | 25.3 | 1 | 25 | 0 | 0 | .55526 | |
| 26 | 22.6 | 0 | 28 | 0 | 0 | .26690 | |
| 27 | 16.7 | 1 | 23 | 1 | 1 | .84851 | |
| 28 | 17.3 | 1 | 29 | 0 | 0 | .00112 | |
| 29 | 7.1 | 0 | 18 | 1 | 0 | .84690 | |
| 30 | 20.4 | 1 | 24 | 0 | 1 | .13206 | |
| 31 | | | | | | | |

↑ 予測確率

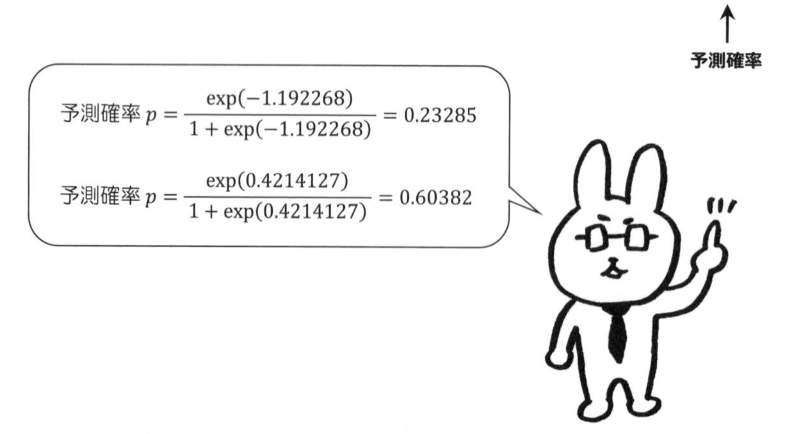

## 【出力結果の読み取り方・その3】

⬅④　No.3 の予測確率の計算は，次のようになります．

$$\log_e = \frac{p}{1-p} = 0.559 \times 20.5 - 2.181 \times 1 - 0.635 \times 23 + 5.040 \times 0 + 4.126$$

$$= -1.2005 \qquad \leftarrow -1.192268$$

$$p = \frac{\exp(-1.2005)}{1 + \exp(-1.2005)} = 0.2314$$

↑
予測確率
0.23285

p.150 のように
係数の有効数字を増やすと
矢印 ← のように
予測確率に一致します

⬅⑤　No.8 の予測確率の計算は，次のようになります．

$$\log_e = \frac{p}{1-p} = 0.559 \times 8.2 - 2.181 \times 0 - 0.635 \times 21 + 5.040 \times 1 + 4.126$$

# 第9章 プロビット分析によるアンケート処理

## 9.1 はじめに

SPSSのプロビット分析を使うと，アンケート調査の応答度数に対応する質問項目と共変量に対応する質問項目の関係式から，応答度数変数の **予測確率** や **限界効果** を計算することができます．

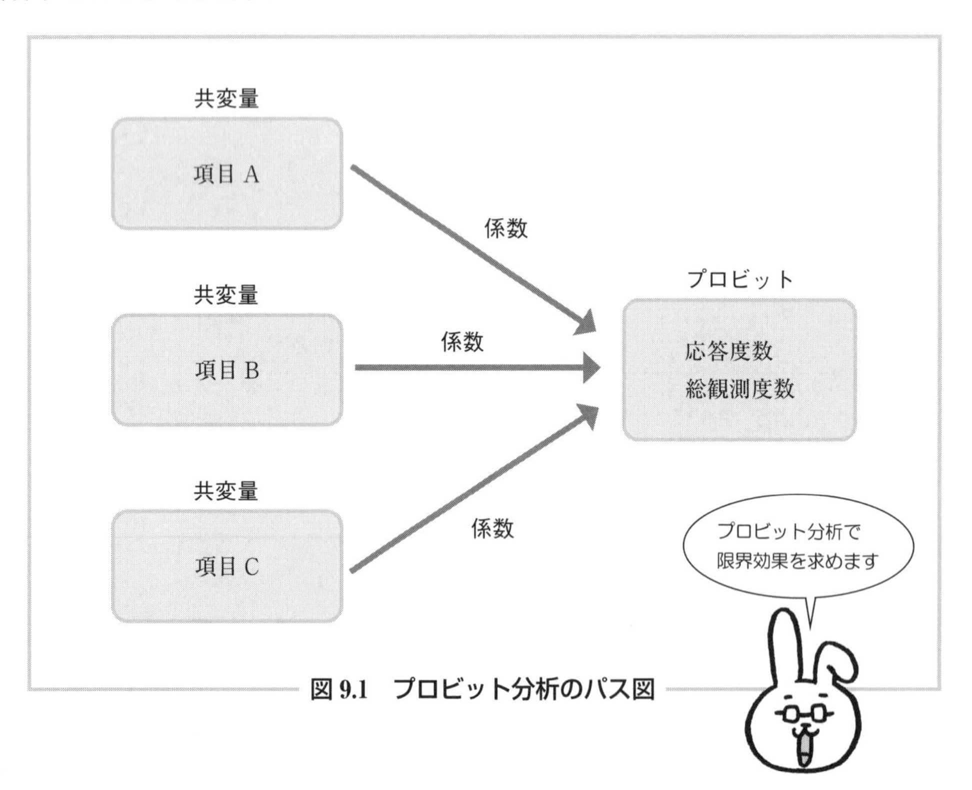


図9.1　プロビット分析のパス図

次のアンケート調査票の

［孤独］ と ［年収］［学歴］［友人］の **関係**

を探るため，

- ［孤独］を応答度数変数
- ［年収］［学歴］［友人］を共変量

として，プロビット分析をしてみましょう．

**表 9.1　アンケート調査票**

**項目 1　あなたの年収はいくらですか？**　［年収］

約（　　　　　）10 万円

**項目 2　あなたの最終学歴は？**　［学歴］

1．高卒　　　　2．大卒

**項目 3　親しい友人はいますか？**　［友人］

1．いる　　　　2．いない

**項目 4　あなたは孤独を感じていますか？**　［孤独］

1．はい　　　　2．いいえ

## ■プロビット分析の流れ

SPSS のプロビット分析の手順は，次のようになります．

**Step 1**

調査対象者にアンケート調査票を配布し，
回収後，その回答結果を SPSS データファイルに入力する

**Step 2**

SPSS の分析メニューから **回帰(R)** を選択し，
**プロビット(P)** を選択する

**Step 3**

**応答度数変数(S)**，**総観測度数変数(T)**，**共変量(C)** を設定する

**Step 4**

設定が終わったら，分析を実行!!

■ **SPSS の出力が出たら……**

SPSS の出力が出たら，次の点を確認しましょう !!

**Point 1**

カイ 2 乗検定からモデルの適合を調べる

**Point 2**

出力結果の中から，**パラメータ推定値** のところを見る

**Point 3**

プロビットモデル式から予測値や

限界効果を計算する

最後に，これらの結果をレポートや論文にまとめれば分析が完了します．

## ■プロビット分析をまとめるときは……

レポートにまとめてみましょう．まとめ方にはいろいろな表現があります．

たとえば……

…………………………………………………………………………………………

…………………………………………….

SPSSの出力を見ると，平均値のまわりでの年収の限界効果は－0.016であり，友人の限界効果は－0.531であることがわかる．

したがって，年収が1万円増加すると孤独である確率を0.016ポイント減少させ，友人がいる人は友人がいない人に比べて孤独である確率が0.531ポイント減少することがわかる．

このことから，……………………………………………………………………

…………………………………………………………………………………………

…………………………………………………………

**●SPSSのデータ入力の例**

ケース1の場合

　　年収…20，学歴…1，友人…0

と回答している人数を **調査人数** として
カウントします。
そのうち，項目4で「孤独」と答えている人数が
**孤独な人の人数** になります。

## ■アンケート調査の結果と SPSS のデータ入力

アンケート調査の結果を SPSS のデータビューに入力します.

プロビット分析を使って，孤独である予測確率や限界効果を調べます.

### 【データ入力】

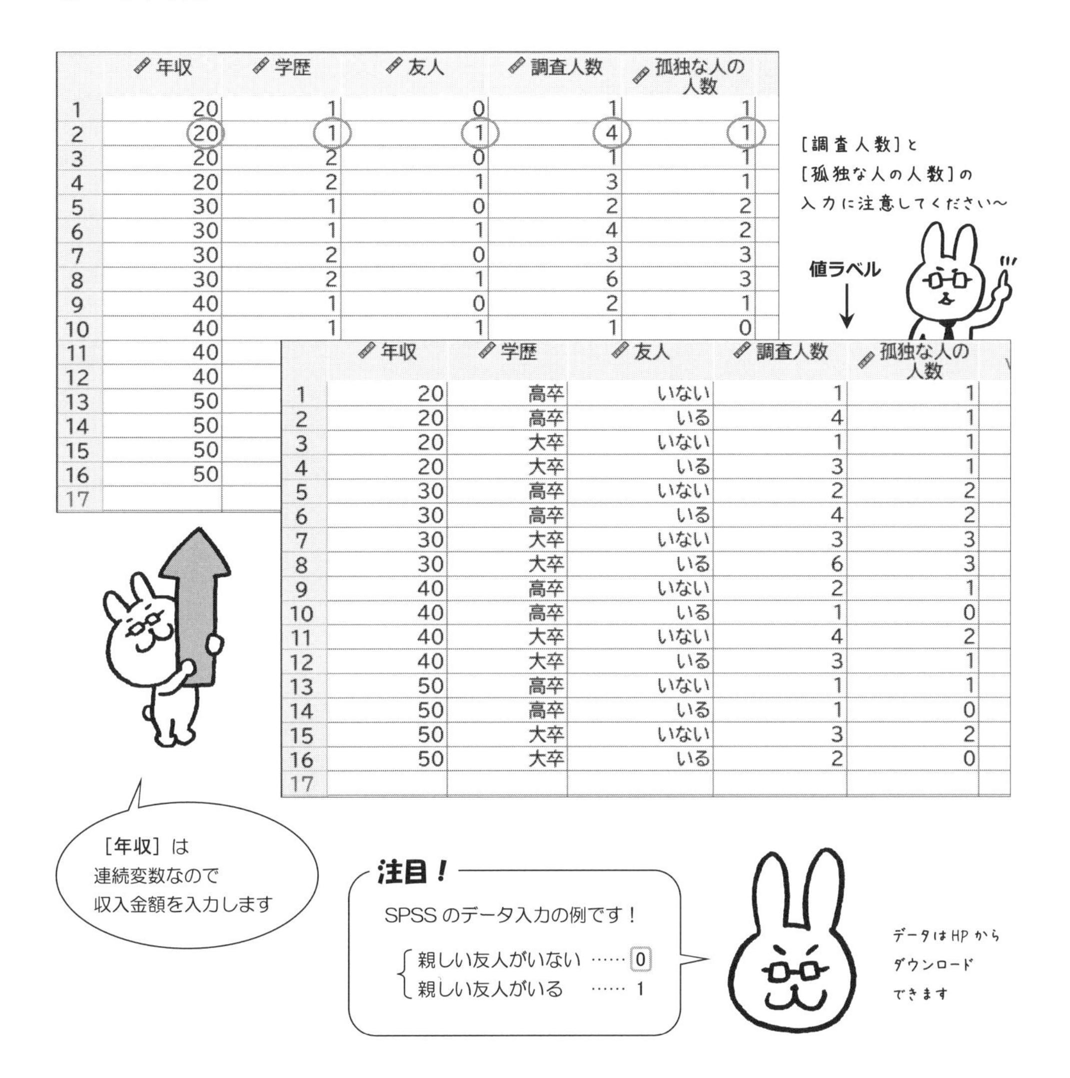

| | 年収 | 学歴 | 友人 | 調査人数 | 孤独な人の人数 |
|---|---|---|---|---|---|
| 1 | 20 | 1 | 0 | 1 | 1 |
| 2 | 20 | 1 | 1 | 4 | 1 |
| 3 | 20 | 2 | 0 | 1 | 1 |
| 4 | 20 | 2 | 1 | 3 | 1 |
| 5 | 30 | 1 | 0 | 2 | 2 |
| 6 | 30 | 1 | 1 | 4 | 2 |
| 7 | 30 | 2 | 0 | 3 | 3 |
| 8 | 30 | 2 | 1 | 6 | 3 |
| 9 | 40 | 1 | 0 | 2 | 1 |
| 10 | 40 | 1 | 1 | 1 | 0 |
| 11 | 40 | | | | |
| 12 | 40 | | | | |
| 13 | 50 | | | | |
| 14 | 50 | | | | |
| 15 | 50 | | | | |
| 16 | 50 | | | | |
| 17 | | | | | |

| | 年収 | 学歴 | 友人 | 調査人数 | 孤独な人の人数 |
|---|---|---|---|---|---|
| 1 | 20 | 高卒 | いない | 1 | 1 |
| 2 | 20 | 高卒 | いる | 4 | 1 |
| 3 | 20 | 大卒 | いない | 1 | 1 |
| 4 | 20 | 大卒 | いる | 3 | 1 |
| 5 | 30 | 高卒 | いない | 2 | 2 |
| 6 | 30 | 高卒 | いる | 4 | 2 |
| 7 | 30 | 大卒 | いない | 3 | 3 |
| 8 | 30 | 大卒 | いる | 6 | 3 |
| 9 | 40 | 高卒 | いない | 2 | 1 |
| 10 | 40 | 高卒 | いる | 1 | 0 |
| 11 | 40 | 大卒 | いない | 4 | 2 |
| 12 | 40 | 大卒 | いる | 3 | 1 |
| 13 | 50 | 高卒 | いない | 1 | 1 |
| 14 | 50 | 高卒 | いる | 1 | 0 |
| 15 | 50 | 大卒 | いない | 3 | 2 |
| 16 | 50 | 大卒 | いる | 2 | 0 |
| 17 | | | | | |



**注目！**

SPSS のデータ入力の例です！

親しい友人がいない …… 0
親しい友人がいる …… 1

## 9.2 プロビット分析のための手順

**手順 1** 分析(A) ⇒ 回帰(R) ⇒ プロビット(P) を選択します.

**手順 2** プロビット分析の画面になったら

孤独な人の人数 を 応答度数変数 の中へ移動して

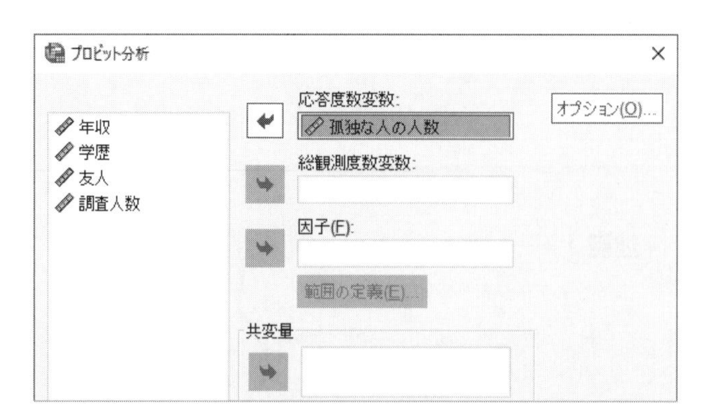

手順 3 調査人数 を 総観測度数変数 の中へ移動します．

手順 4 年収，学歴，友人 を 共変量 の中へ移動し，

OK ボタンを押します．

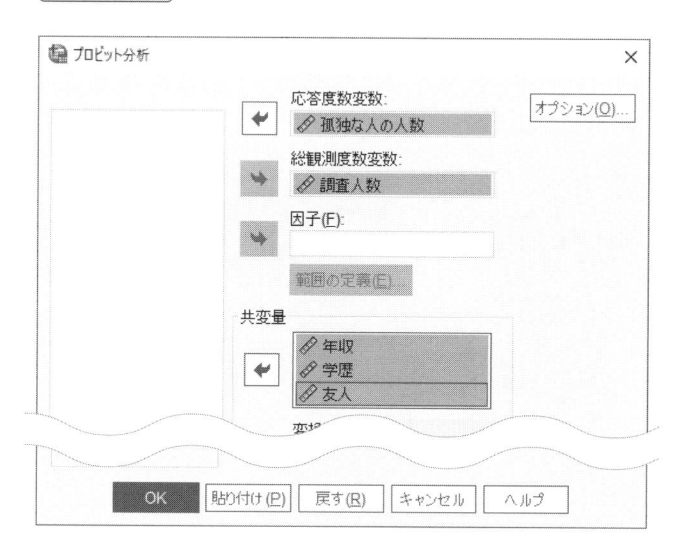

【SPSS による出力】

## プロビット分析

**パラメータ推定値**

| | パラメータ | 推定値 | 標準誤差 | Z | 有意確率 | 95% 信頼区間 下限 | 95% 信頼区間 上限 |
|---|---|---|---|---|---|---|---|
| PROBIT[a] | 年収 | -.039 | .025 | -1.546 | .122 | -.089 | .010 |
| | 学歴 | .112 | .448 | .251 | .802 | -.766 | .990 |
| | 友人 | -1.470 | .503 | -2.920 | .004 | -2.456 | -.483 |
| | 定数項 | 2.045 | 1.170 | 1.748 | .081 | .875 | 3.215 |

a. PROBIT モデル: PROBIT(p) = 定数項 + BX

← ①

**カイ 2 乗検定**

| | | カイ 2 乗 | 自由度[a] | 有意確率 |
|---|---|---|---|---|
| PROBIT | Pearson 適合度検定 | 6.891 | 12 | .865 |

a. 個別のケースに基づく統計量は、ケースの集計に基づく統計量とは異なります。

← ②

| 項目 | 平均値 |
|---|---|
| 年収 | 33.66 |
| 学歴 | 1.61 |
| 友人 | 0.59 |

**【出力結果の読み取り方】**

⬅① プロビットモデルの式は，次のようになります．

> PROBIT（孤独な人の予測確率）
> 　　　＝−0.039×［年収］＋0.112×［学歴］
> 　　　　　　　　　−1.470×［友人］＋2.045

この式を用いると，限界効果を求めることができます．

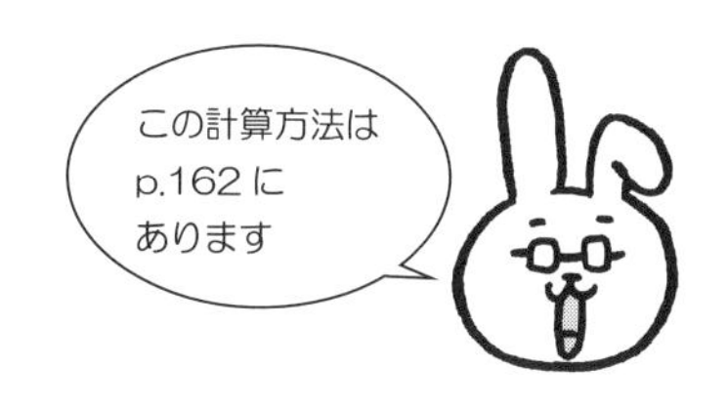


●連続変数の場合

［**年収**］の限界効果＝ 0.3985×(−0.039)
　　　　　　　　　　＝−0.0156

したがって，年収が 1 単位増加するときの限界効果は−0.0156 なので，
年収が 10 万円増加すると，孤独である確率が 0.016 ポイント減少します．

●ダミー変数の場合

［**友人**］の限界効果＝ 0.2886−0.8193
　　　　　　　　　　＝−0.5307

したがって，友人がいる人と，いない人の差は− 0.5307 なので，
友人がいる人は友人がいない人に比べて孤独である予測確率は
0.531 ポイント減少します．

⬅② モデルの適合検定です．

仮説 $H_0$：モデルは適合している

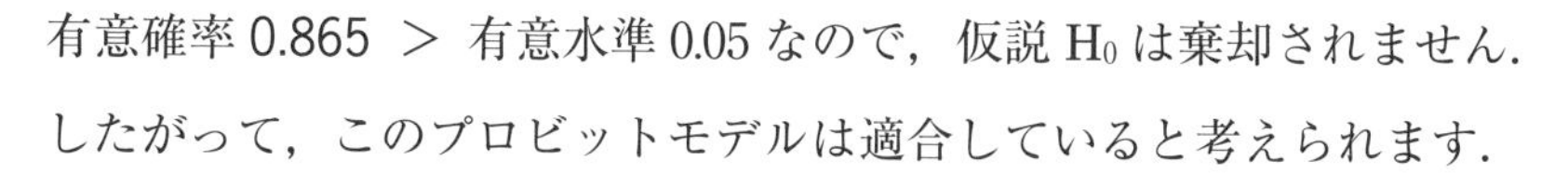
有意確率 0.865 > 有意水準 0.05 なので，仮説 $H_0$ は棄却されません．
したがって，このプロビットモデルは適合していると考えられます．

●限界効果の求め方（連続変数の場合）――年収

**その❶**　p.157 の①のプロビットモデル式に，各変数の平均値を代入します．

$= -0.039\times$［年収］の平均$+0.112\times$［学歴］の平均$-1.470\times$［友人］の平均$+2.045$

$= -0.039\times[33.66]+0.112\times[1.61]-1.470\times[0.59]+2.045$

$= 0.0453$

**その❷**　0.0453 を標準正規分布の確率密度関数 f(z) に代入します．

$$f(0.0453)=\frac{1}{\sqrt{2\pi}}e^{\frac{-(0.0453)^2}{2}}$$

$$=0.3985$$

0.3985＝NORM.S.DIST（0.0453, FALSE）

**その❸**　0.3985 と［**年収**］の係数（$-0.039$）をかけ算します．

［**年収**］の限界効果$=0.3985\times(-0.039)$

$=-0.0156$

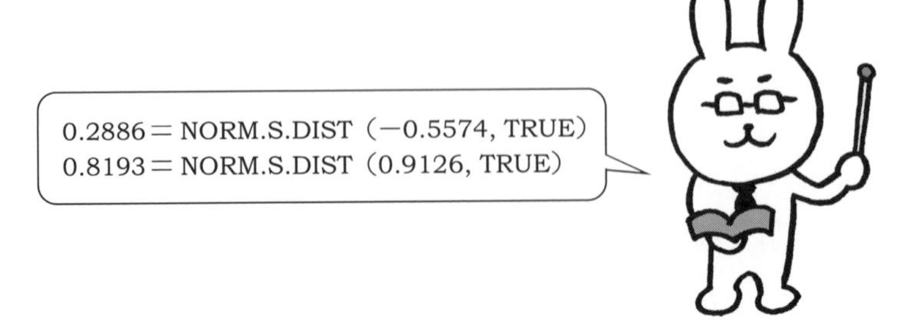

●限界効果の求め方（ダミー変数の場合）――友人

**その❶**　友人がいる人の孤独である予測確率を計算します.

= −0.039×［年収］の平均＋0.112×［学歴］の平均−1.470×［友人］いる＋2.045

= −0.039×［33.66］＋0.112×［1.61］−1.470×［ 1 ］＋2.045

= −0.5574

このとき，標準正規分布を利用して

［**孤独**］である予測確率＝0.2886

となります.

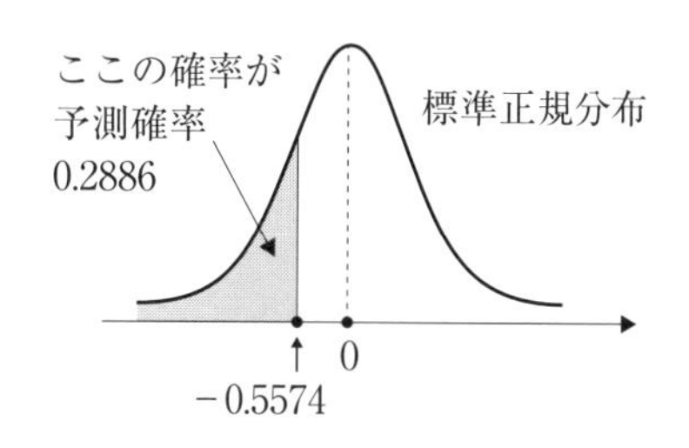


**その❷**　友人がいない人の孤独である予測確率を計算します.

= −0.039×［年収］の平均＋0.112×［学歴］の平均−1.470×［友人］いない＋2.045

= −0.039×［33.66］＋0.112×［1.61］−1.470×［ 0 ］＋2.045

=0.9126

このとき，標準正規分布を利用して

［**孤独**］である予測確率＝ 0.8193

となります.

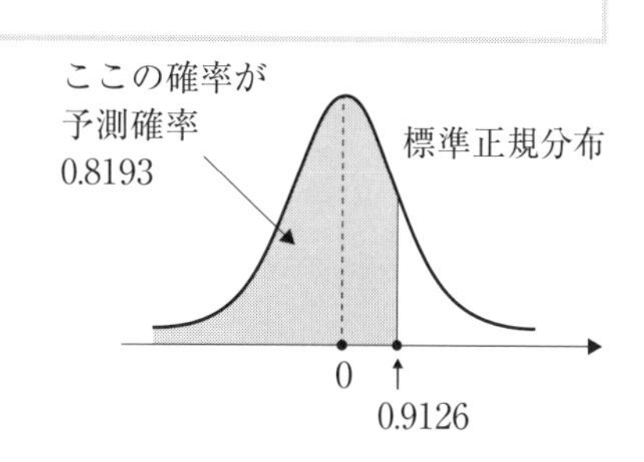


**その❸**　［**友人**］の限界効果

＝友人がいる人の孤独である予測確率

−友人がいない人の孤独である予測確率

＝0.2886−0.8193

＝−0.5307

# 第10章 カテゴリカル主成分分析によるアンケート処理

## 10.1 はじめに

SPSSのカテゴリカル主成分分析を使うと，アンケート調査のいくつかの質問項目を次のような **主成分** とよばれる1次式の形で総合化することができます．

第1 **主成分** ＝ $a_{1A}$ ×項目A + $a_{1B}$ ×項目B + $a_{1C}$ ×項目C

第2 **主成分** ＝ $a_{2A}$ ×項目A + $a_{2B}$ ×項目B + $a_{2C}$ ×項目C

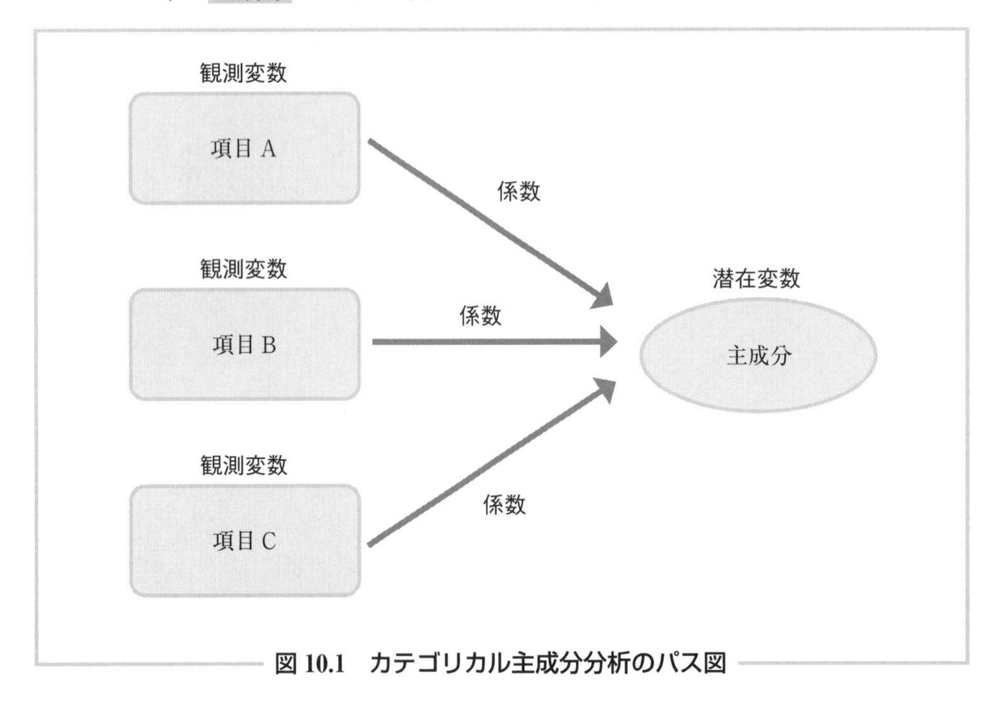


図10.1　カテゴリカル主成分分析のパス図

次のアンケート調査票の

［スマホ］　［パソコン］　［新聞］　［雑誌］

は，どのように **総合化** できるのか

カテゴリカル主成分分析を使って調べてみましょう．

**表 10.1　アンケート調査票**

**項目 1　あなたはスマホを見ますか？**　［スマホ］

1．見ない　2．少し見る

3．まあまあ見る　4．たくさん見る

**項目 2　あなたはパソコンを使いますか？**　［パソコン］

1．使わない　2．少し使う　3．とても使う

**項目 3　あなたは新聞を読みますか？**　［新聞］

1．いいえ　2．はい

**項目 4　あなたはどの雑誌を読みますか？**　［雑誌］

1．スポーツ系　2．マンガ系　3．ファッション系

4つの項目の総合化とは，次の式のことです

$a_1$×［スマホ］＋$a_1$×［パソコン］＋$a_1$×［新聞］＋$a_1$×［雑誌］

## ■カテゴリカル主成分分析の流れ

SPSS のカテゴリカル主成分分析の手順は，次のようになります．

**Step 1**

調査対象者にアンケート調査票を配布し，
回収後，その回答結果を SPSS データファイルに入力する

**Step 2**

SPSS の分析メニューから **次元分解(D)** を選択し，
**最適尺度法(O)** を選択する

**Step 3**

**分析変数(A)** を設定し，**尺度と重み付けの定義(D)** を設定する

**Step 4**

**出力(T)** と **オプション** の設定をする

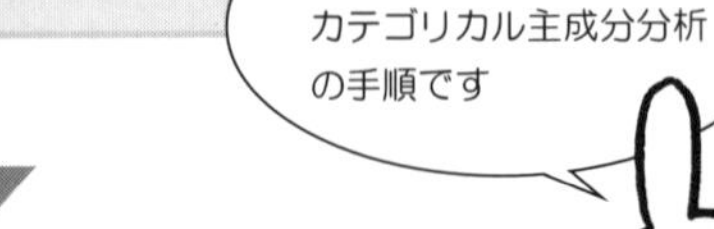

**Step 5**

**作図** の設定をしたら，最後に分析を実行!!

## ■ SPSSの出力が出たら……

SPSSの出力が出たら，次の点を確認しましょう!!

**Point 1**

**成分負荷** を確認する

**Point 2**

それぞれの項目の数値から主成分の意味付けをする

各主成分の係数が表示されます

**Point 3**

**オブジェクトスコア** や **オブジェクトポイント** を確認し，
調査対象者間の関係を解釈する

最後に，これらの結果をレポートや論文にまとめれば分析が完了します．

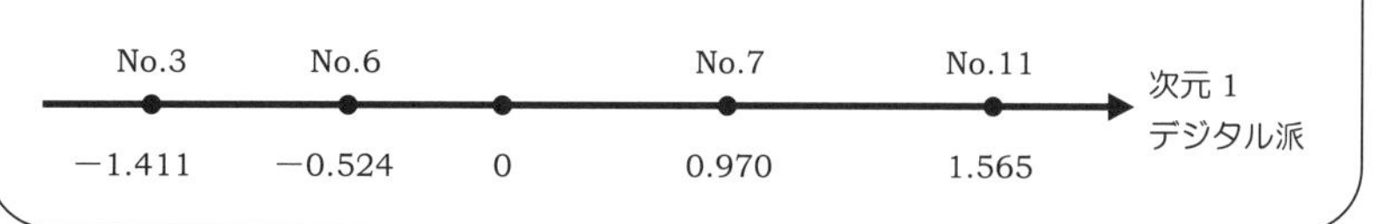

■カテゴリカル主成分分析をまとめるときは……

レポートにまとめてみましょう．まとめ方にはいろいろな表現があります．

たとえば……

………………………………………………………………………………………………

……………………………………………………．

SPSSの出力を見ると，第１主成分はスマホやパソコンの係数の絶対値が大きいので，“デジタル派”を表していることがわかる．

また，第２主成分は雑誌の係数の絶対値が大きいので，“アナログ派”を表していることがわかる．

このことから，……………………………………………………………………

………………………………………………………………………………………………

………………………………………………………………

## ■アンケート調査の結果と SPSS のデータ入力

アンケート調査の結果を SPSS のデータビューに入力します.

カテゴリカル主成分分析を使って,

［**スマホ**］［**パソコン**］［**新聞**］［**雑誌**］を 1 次式の形に総合化します.

**【データ入力】**



| | 調査対象者 | スマホ | パソコン | 新聞 | 雑誌 |
|---|---|---|---|---|---|
| 1 | 1 | 1 | 1 | 1 | 2 |
| 2 | 2 | 2 | 2 | 1 | 2 |
| 3 | 3 | 1 | 1 | 1 | 1 |
| 4 | 4 | 4 | 3 | 2 | 3 |
| 5 | 5 | 3 | 2 | 2 | 3 |
| 6 | 6 | 3 | 1 | 1 | 2 |
| 7 | 7 | 2 | 3 | 2 | 2 |
| 8 | 8 | 2 | 1 | 2 | 1 |
| 9 | 9 | 1 | 2 | 1 | 1 |
| 10 | 10 | 3 | 3 | 1 | 2 |
| 11 | 11 | 4 | 3 | 2 | 2 |
| 12 | 12 | 3 | 3 | 2 | 2 |
| 13 | | | | | |



| | 調査対象者 | スマホ | パソコン | 新聞 | 雑誌 |
|---|---|---|---|---|---|
| 1 | No.1 | 見ない | 使わない | いいえ | マンガ |
| 2 | No.2 | 少し見る | すこし使う | いいえ | マンガ |
| 3 | No.3 | 見ない | 使わない | いいえ | スポーツ |
| 4 | No.4 | たくさん見る | とても使う | はい | ファッション |
| 5 | No.5 | まあまあ見る | すこし使う | はい | ファッション |
| 6 | No.6 | まあまあ見る | 使わない | いいえ | マンガ |
| 7 | No.7 | 少し見る | とても使う | はい | マンガ |
| 8 | No.8 | 少し見る | 使わない | はい | スポーツ |
| 9 | No.9 | 見ない | すこし使う | いいえ | スポーツ |
| 10 | No.10 | まあまあ見る | とても使う | いいえ | マンガ |
| 11 | No.11 | たくさん見る | とても使う | はい | マンガ |
| 12 | No.12 | まあまあ見る | とても使う | はい | マンガ |
| 13 | | | | | |

## 10.2 カテゴリカル主成分分析のための手順

**手順 1** 分析(A) ⇒ 次元分解(D) ⇒ 最適尺度法(O) を選択します.

ファイル(F)　編集(E)　表示(V)　データ(D)　変換(T)　分析(A)　グラフ(G)　ユーティリティ(U)　拡張機能(X)　ウィンドウ(W)　ヘルプ(H)

検定力分析(W)
メタ分析
報告書(P)
記述統計(E)
ベイズ統計(Y)
テーブル(B)
平均値と比率の比較
一般線型モデル(G)
一般化線型モデル(Z)
混合モデル(X)
相関(C)
回帰(R)
対数線型(O)
分類(F)
次元分解(D)
尺度(A)
ノンパラメトリック検定(N)
時系列(T)

因子分析(F)...
コレスポンデンス分析(C)...
最適尺度法(O)...

| | 調査対象者 | スマホ | 雑誌 |
|---|---|---|---|
| 1 | 1 | 1 | 2 |
| 2 | 2 | 2 | 2 |
| 3 | 3 | 1 | 1 |
| 4 | 4 | 4 | 3 |
| 5 | 5 | 3 | 3 |
| 6 | 6 | 3 | 2 |
| 7 | 7 | 2 | 2 |
| 8 | 8 | 2 | 1 |
| 9 | 9 | 1 | 1 |
| 10 | 10 | 3 | 2 |
| 11 | 11 | 4 | 2 |
| 12 | 12 | 3 | 2 |

**手順 2** 最適尺度法の画面になったら

次のように選択したら, 定義(F) をクリックします.

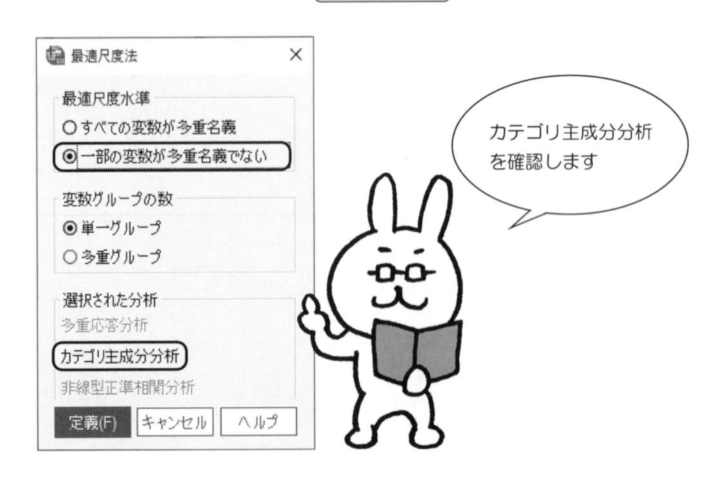

**手順 3** カテゴリカル主成分分析の画面になったら，スマホ を

分析変数 へ移動し， 尺度と重み付けの定義(D) をクリック．

**手順 4** 次の画面になったら， 最適尺度水準 の中の 順序 を

選択して， 続行 をクリックすると……

**手順 5** 続いて，パソコン を 分析変数 に移動して，

尺度と重み付けの定義(D) をクリック．

カテゴリ主成分分析

分析変数:
スマホ(1 順序)
パソコン(1 スプライン順序 2 2)

調査対象者
新聞
雑誌

尺度と重み付けの定義(D)...

補助変数:

尺度の定義...

ラベル付け変数(L):

解の次元(N): 2

離散化(C)...
欠損値(M)...
オプション(I)...
出力(T)...
保存(V)...
ブートストラップ(B)...

作図
オブジェクト(B)...
カテゴリ(G)...
ロード(O)...

OK　貼り付け(P)　戻す(R)　キャンセル　ヘルプ

**手順 6** パソコン は順序データなので，順序 を選択して，

続行 します．

カテゴリ主成分分析: 尺度と重み付けの定義

変数の重み(V): 1

最適尺度水準
スプライン順序　順序
スプライン名義　名義
多重名義　数値

スプライン
次数(D): 2　内側ノット(I) 2

続行　キャンセル　ヘルプ

**手順 7** 続いて，新聞 を 分析変数 に移動したら，
尺度と重み付けの定義(D) をクリック．

カテゴリ主成分分析

分析変数:
スマホ(1 順序)
パソコン(1 順序)
新聞(1 スプライン順序 2 2)
尺度と重み付けの定義(D)...
補助変数:
尺度の定義...
ラベル付け変数(L):
解の次元(N): 2

調査対象者
雑誌

離散化(C)...
欠損値(M)...
オプション(I)...
出力(T)...
保存(V)...
ブートストラップ(B)...
作図
オブジェクト(B)...
カテゴリ(G)...
ロード(O)...

OK 貼り付け(P) 戻す(R) キャンセル ヘルプ

**手順 8** 新聞 は名義データなので，名義 を選択します．
そして，続行 します．

カテゴリ主成分分析: 尺度と重み付けの定義

変数の重み(V): 1
最適尺度水準
スプライン順序 順序
スプライン名義 名義
多重名義 数値
スプライン
次数(D): 2 内側ノット(I) 2

続行 キャンセル ヘルプ

手順 9 さらに，雑誌 を 分析変数 に移動して，

尺度と重み付けの定義(D) をクリック．

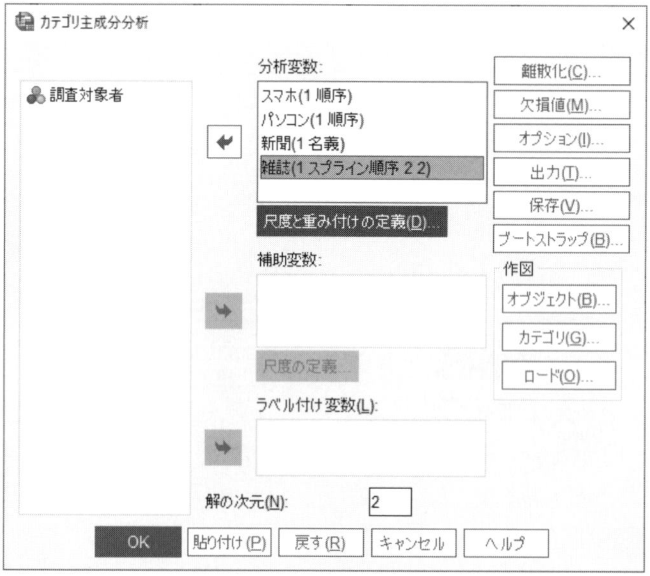

カテゴリ主成分分析

調査対象者

分析変数:
スマホ(1 順序)
パソコン(1 順序)
新聞(1 名義)
雑誌(1 スプライン順序 2 2)

尺度と重み付けの定義(D)...

補助変数:

尺度の定義...

ラベル付け変数(L):

解の次元(N): 2

離散化(C)... 欠損値(M)... オプション(I)... 出力(T)... 保存(V)... ブートストラップ(B)...

作図
オブジェクト(B)... カテゴリ(G)... ロード(O)...

OK 貼り付け(P) 戻す(R) キャンセル ヘルプ

手順 10 雑誌 は名義データなので， 名義 を選択します．

そして， 続行 します．

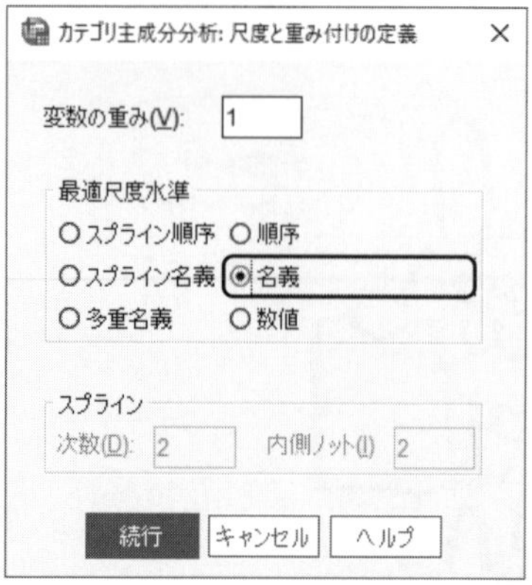

カテゴリ主成分分析: 尺度と重み付けの定義

変数の重み(V): 1

最適尺度水準
スプライン順序 順序
スプライン名義 名義
多重名義 数値

スプライン
次数(D): 2 内側ノット(I) 2

続行 キャンセル ヘルプ

雑誌も
名義データだね！

**手順 11** 次の画面になったら，調査対象者 を

ラベル付け変数(L) に移動して， 出力(T) をクリック．

**手順 12** 出力の画面では，次のようにチェックしてください．

**手順 13** さらに，……

数量化された変数(Q) の中の スマホ・パソコン・新聞・雑誌 を選び，

カテゴリ数量化(T) に移動します．

もう一度，スマホ・パソコン・新聞・雑誌 を選択して，

オブジェクトスコアオプション の中の カテゴリを含める(N) に移動．

続いて，調査対象者 を オブジェクトスコアのラベル(B) に移動して，

続行 します．

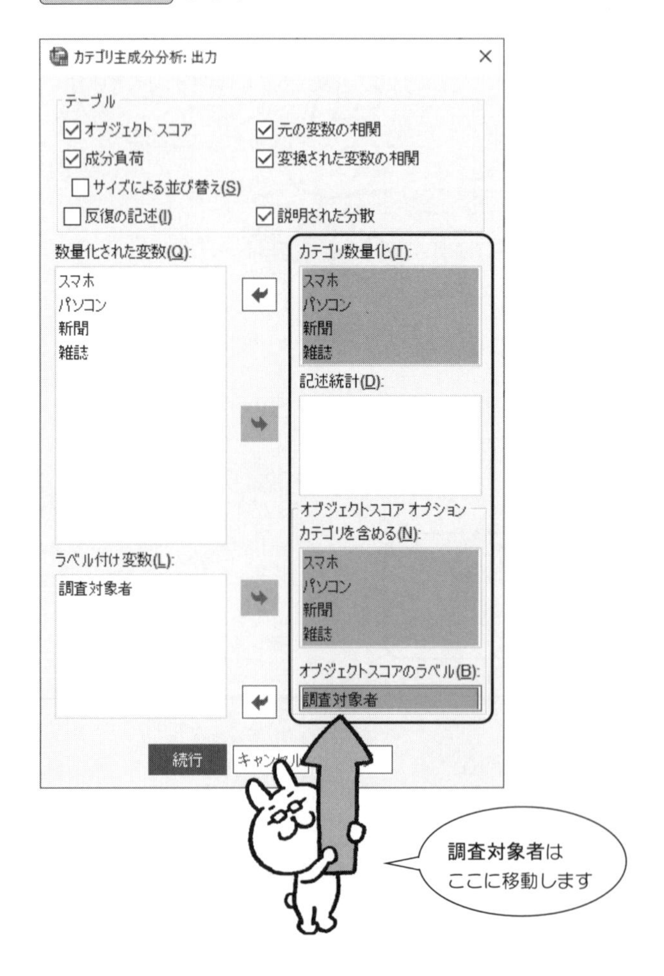

**手順 14** 次の画面に戻ったら，［オプション(I)］をクリック．

カテゴリ主成分分析

分析変数:
スマホ(1 順序)
パソコン(1 順序)
新聞(1 名義)
雑誌(1 名義)

離散化(C)...
欠損値(M)...
オプション(I)...
出力(T)...

**手順 15** オプションの画面では回転が大切です．

直交回転のときは ⦿バリマックス で［続行］．

斜交回転のときは ⦿プロマックス で［続行］．

回転をしないときはこのままで［続行］．

**手順 16** 次の画面に戻ったら，作図 の中の オブジェクト(B) をクリック．

**手順 17** 次のようにチェックをしたら，調査対象者 を移動して， 続行 ．

手順 18 次の画面に戻るので，保存(V) をクリックします．

カテゴリ主成分分析

分析変数:
スマホ(1 順序)
パソコン(1 順序)
新聞(1 名義)
雑誌(1 名義)

尺度と重み付けの定義(D)...

補助変数:

尺度の定義...

離散化(C)...
欠損値(M)...
オプション(I)...
出力(T)...
保存(V)...
ブートストラップ(B)...
作図
オブジェクト(B)...
カテゴリ(G)...
ロード(O)...

手順 19 オブジェクトスコアをデータファイルに保存したいときには

次のように選択して，続行 します．

手順 18 の画面に戻ったら，OK を押します．

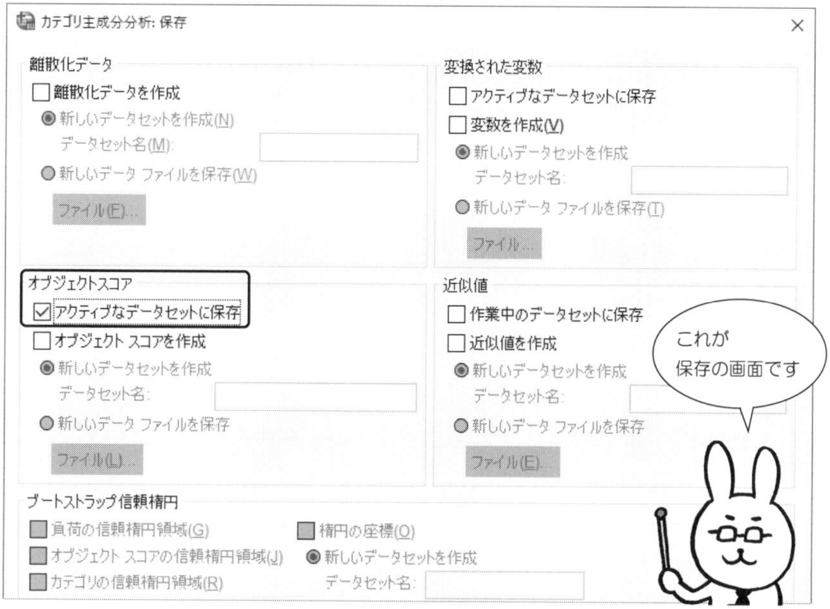

カテゴリ主成分分析: 保存

離散化データ
☐ 離散化データを作成
◉ 新しいデータセットを作成(N)
データセット名(M):
○ 新しいデータ ファイルを保存(W)
ファイル(F)...

変換された変数
☐ アクティブなデータセットに保存
☐ 変数を作成(V)
◉ 新しいデータセットを作成
データセット名:
○ 新しいデータ ファイルを保存(T)
ファイル...

オブジェクトスコア
☑ アクティブなデータセットに保存
☐ オブジェクト スコアを作成
◉ 新しいデータセットを作成
データセット名:
○ 新しいデータ ファイルを保存
ファイル(L)...

近似値
☐ 作業中のデータセットに保存
☐ 近似値を作成
◉ 新しいデータセットを作成
データセット名:
○ 新しいデータ ファイルを保存
ファイル(E)...

ブートストラップ信頼楕円
☐ 負荷の信頼楕円領域(G)
☐ オブジェクト スコアの信頼楕円領域(J)
☐ カテゴリの信頼楕円領域(R)
☐ 楕円の座標(O)
◉ 新しいデータセットを作成
データセット名:

これが
保存の画面です

【SPSS による出力・その 1】

## 成分負荷

**成分負荷**

| | 次元 | |
|---|---|---|
| | 1 | 2 |
| スマホ | .895 | -.078 |
| パソコン | .863 | .246 |
| 新聞 | .790 | -.491 |
| 雑誌 | .261 | .931 |

変数主成分の正規化

← ①

**スマホa**

| カテゴリ | 度数 | 数量化 | 重心座標 次元 1 | 重心座標 次元 2 | ベクトル座標 次元 1 | ベクトル座標 次元 2 |
|---|---|---|---|---|---|---|
| 見ない | 3 | -1.464 | -1.325 | -.062 | -1.310 | .114 |
| 少し見る | 3 | .155 | .136 | -.049 | .139 | -.012 |
| まあまあ見る | 4 | .160 | .169 | .291 | .143 | -.012 |
| たくさん見る | 2 | 1.643 | 1.445 | -.417 | 1.470 | -.128 |

変数主成分の正規化

a. 最適スケーリング水準: 順序。

← ②

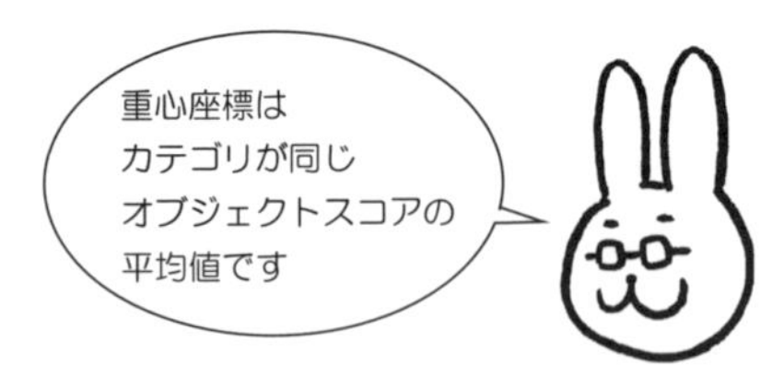


**パソコンa**

| カテゴリ | 度数 | 数量化 | 重心座標 次元 1 | 重心座標 次元 2 | ベクトル座標 次元 1 | ベクトル座標 次元 2 |
|---|---|---|---|---|---|---|
| 使わない | 4 | -.867 | -.791 | -.061 | -.748 | -.213 |
| すこし使う | 3 | -.816 | -.645 | -.409 | -.704 | -.201 |
| とても使う | 5 | 1.183 | 1.020 | .294 | 1.021 | .291 |

変数主成分の正規化

a. 最適スケーリング水準: 順序。

← ②

## 【出力結果の読み取り方・その1】

⬅① 第1主成分は，次元1の値を係数として

| 0.895×[スマホ]+0.863×[パソコン]+0.790×[新聞]+0.261×[雑誌] |
|---|

となります．

［**スマホ**］や［**パソコン**］の係数の絶対値が大きいので，たとえば

第1主成分は“デジタル派”と名前を付けます．

第2主成分は，次元2の値を係数として

主成分の名前の
付け方は研究者に
まかされています

| − 0.078×[スマホ]+0.246×[パソコン]− 0.491×[新聞]+ 0.931×[雑誌] |
|---|

となります．

［**雑誌**］の係数の絶対値が大きいので，たとえば

第2主成分は“アナログ派”と名前を付けます．

⬅② ［**スマホ**］と［**パソコン**］の数量化とベクトル座標です．

- 数量化

$$\frac{3\times(-1.464)+3\times 0.153+4\times 0.160+2\times 1.643}{12}=0 \quad \leftarrow 平均$$

$$\frac{3\times(-1.464)^2+3\times 0.155^2+4\times 0.160^2+2\times 1.643^2}{12}=1 \quad \leftarrow 分散$$

- 成分負荷×数量化＝ベクトル座標

$0.895\times(-1.464)=-1.310$

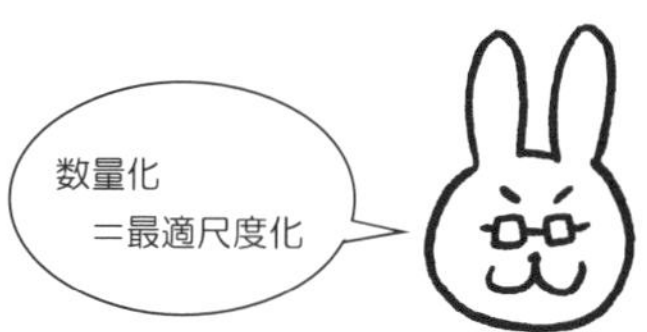

## 【SPSS による出力・その 2】

**新聞[a]**

| カテゴリ | 度数 | 数量化 | 重心座標 次元 1 | 重心座標 次元 2 | ベクトル座標 次元 1 | ベクトル座標 次元 2 |
|---|---|---|---|---|---|---|
| いいえ | 6 | -1.000 | -.790 | .491 | -.790 | .491 |
| はい | 6 | 1.000 | .790 | -.491 | .790 | -.491 |

変数主成分の正規化

a. 最適スケーリング水準: 名義。

**雑誌[a]**

| カテゴリ | 度数 | 数量化 | 重心座標 次元 1 | 重心座標 次元 2 | ベクトル座標 次元 1 | ベクトル座標 次元 2 |
|---|---|---|---|---|---|---|
| スポーツ | 3 | -1.173 | -.953 | -.911 | -.307 | -1.092 |
| マンガ | 7 | .845 | .224 | .786 | .221 | .787 |
| ファッション | 2 | -1.199 | .644 | -1.385 | -.313 | -1.116 |

← ③

変数主成分の正規化

a. 最適スケーリング水準: 名義。

**変換された変数の相関**

| | スマホ | パソコン | 新聞 | 雑誌 |
|---|---|---|---|---|
| スマホ | 1.000 | .638 | .653 | .159 |
| パソコン | .638 | 1.000 | .508 | .366 |
| 新聞 | .653 | .508 | 1.000 | -.172 |
| 雑誌 | .159 | .366 | -.172 | 1.000 |
| 次元 | 1 | 2 | 3 | 4 |
| 固有値 | 2.237 | 1.175 | .325 | .263 |

← ④（相関行列）

← ⑤（固有値）

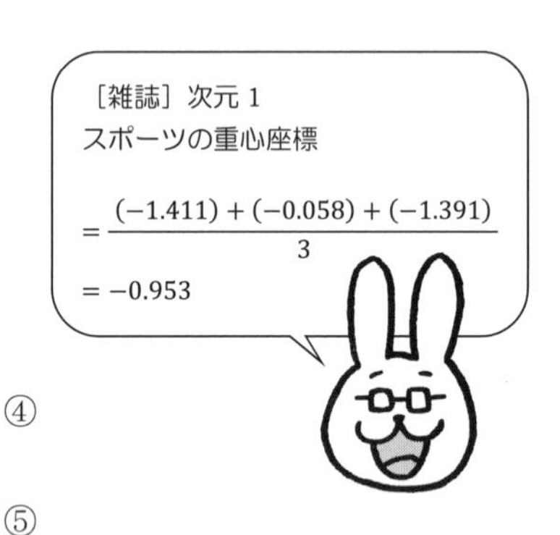

**【出力結果の読み取り方・その 2】**

⬅③ ［**雑誌**］の数量化とベクトル座標です.

- 数量化

$$\frac{3\times(-1.173)+7\times0.845+2\times(-1.199)}{12}=0 \quad \leftarrow \text{平均}$$

$$\frac{3\times(-1.173)^2+7\times0.845^2+2\times(-1.199)^2}{12}=1 \quad \leftarrow \text{分散}$$

- 成分負荷 × 数量化 = ベクトル座標

$0.261 \times (-1.173) = -0.307$

⬅④ 数量化された項目の相関係数とその相関行列です.

⬅⑤ 相関行列の固有値です.

p.180 の成分負荷の 2 乗和が固有値と一致します.

$(0.895)^2 + (0.863)^2 + (0.790)^2 + (0.261)^2 = 2.237$

$(-0.078)^2 + (0.246)^2 + (0.491)^2 + (0.931)^2 = 1.175$

固有値の合計が項目の個数と一致します.

$2.237 + 1.175 + 0.325 + 0.263 = 4$

この相関行列の固有ベクトルが成分負荷に対応します

【SPSS による出力・その 3】

## オブジェクト

**オブジェクト スコア**

| 調査対象者 | 次元 1 | 次元 2 | スマホ | パソコン | 新聞 | 雑誌 |
|---|---|---|---|---|---|---|
| No.1 | -1.173 | 1.003 | 見ない | 使わない | いいえ | マンガ |
| No.2 | -.506 | .907 | 少し見る | すこし使う | いいえ | マンガ |
| No.3 | -1.411 | -.600 | 見ない | 使わない | いいえ | スポーツ |
| No.4 | 1.325 | -1.225 | たくさん見る | とても使う | はい | ファッション |
| No.5 | -.037 | -1.546 | まあまあ見る | すこし使う | はい | ファッション |
| No.6 | -.524 | .896 | まあまあ見る | 使わない | いいえ | マンガ |
| No.7 | .970 | .490 | 少し見る | とても使う | はい | マンガ |
| No.8 | -.058 | -1.543 | 少し見る | 使わない | はい | スポーツ |
| No.9 | -1.391 | -.589 | 見ない | すこし使う | いいえ | スポーツ |
| No.10 | .267 | 1.325 | まあまあ見る | とても使う | いいえ | マンガ |
| No.11 | 1.565 | .392 | たくさん見る | とても使う | はい | マンガ |
| No.12 | .972 | .489 | まあまあ見る | とても使う | はい | マンガ |

変数主成分の正規化

← ⑥

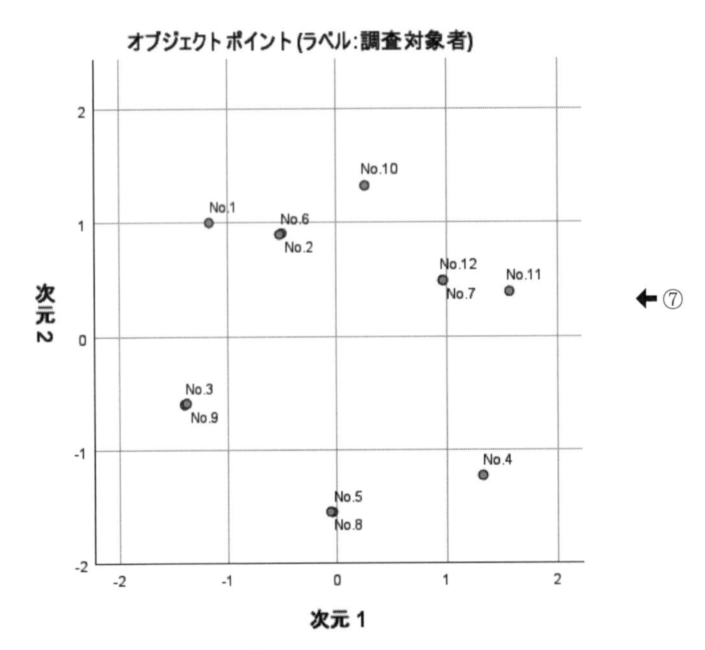


変数主成分の正規化

← ⑦

【出力結果の読み取り方・その3】

⬅⑥　オブジェクトスコアと主成分得点は，次のように対応しています．

| | オブジェクトスコア | | 第1主成分（次元1） | |
|---|---|---|---|---|
| | 次元1 | 次元2 | 第1主成分得点 | 標準化 |
| No.1 | −1.173 | 1.003 | −2.626 | −1.174 |
| No.2 | −0.506 | 0.907 | −1.134 | −0.507 |
| No.3 | −1.411 | −0.600 | −3.154 | −1.410 |
| No.4 | 1.325 | −1.225 | 2.967 | 1.326 |
| No.5 | −0.037 | −1.546 | −0.085 | −0.038 |
| No.6 | −0.524 | 0.896 | −1.174 | −0.525 |
| No.7 | 0.970 | 0.490 | 2.170 | 0.970 |
| No.8 | −0.058 | −1.543 | −0.126 | −0.056 |
| No.9 | −1.391 | −0.589 | −3.110 | −1.390 |
| No.10 | 0.267 | 1.325 | 0.595 | 0.266 |
| No.11 | 1.565 | 0.392 | 3.502 | 1.565 |
| No.12 | 0.972 | 0.489 | 2.174 | 0.972 |



⬅⑦　オブジェクトスコアを平面上に図示しています．

横軸（＝次元1）が第1主成分，縦軸（＝次元2）が第2主成分です．

この図を見ながら，調査対象者と調査対象者の関係を調べます．

2つのオブジェクトポイントが近ければ，その調査対象者たちは互いに似た反応を示していることになります．

## 【SPSS による出力・その4】

**モデルの要約**

| 次元 | Cronbach の アルファ | 説明された分散 合計 (固有値) | 分散の % |
|---|---|---|---|
| 1 | .738 | 2.237 | 55.931 |
| 2 | .197 | 1.175 | 29.365 |
| 総計 | .943[a] | 3.412 | 85.296 |

a. Cronbach のアルファ合計は、固有値合計に基づいています。

← ⑧

**説明された分散**

| | 重心座標 次元 1 | 重心座標 次元 2 | 重心座標 平均値 | 合計 (ベクトル座標) 次元 1 | 合計 (ベクトル座標) 次元 2 | 合計 (ベクトル座標) 総計 |
|---|---|---|---|---|---|---|
| スマホ | .801 | .059 | .430 | .801 | .006 | .807 |
| パソコン | .746 | .079 | .413 | .745 | .061 | .805 |
| 新聞 | .624 | .241 | .432 | .624 | .241 | .864 |
| 雑誌 | .326 | .888 | .607 | .068 | .867 | .936 |
| 合計 | 2.496 | 1.266 | 1.881 | 2.237 | 1.175 | 3.412 |
| 分散の % | 62.410 | 31.656 | 47.033 | 55.931 | 29.365 | 85.296 |

**【出力結果の読み取り方・その4】**

⬅⑧　次元1の固有値2.237の占める割合が55.931％です．

固有値は分散と一致します．

したがって，分散の％とは固有値の％のことです．

つまり……

もともと，変数は次の4つ

［スマホ］　［パソコン］　［新聞］　［雑誌］

なので，数量化された分散の合計は

| ［スマホ］ | | ［パソコン］ | | ［新聞］ | | ［雑誌］ | | |
|---|---|---|---|---|---|---|---|---|
| 1 | + | 1 | + | 1 | + | 1 | = | 4 |

となります．

したがって，

分散の合計＝ 4 ＝固有値の合計

となり，この固有値の合計 4 のうち，次元1の固有値が2.237なので

次元1の固有値の占める割合は

$$\frac{\text{次元1の固有値}}{\text{固有値の合計}} \times 100\% = \frac{2.237}{4} \times 100\% = 55.931\%$$

となります．

このことを

説明された分散の％が55.931％

といっているわけです．

# 第11章 ウィルコクスンの順位和検定によるアンケート処理

## 11.1 はじめに

SPSS のウィルコクスンの順位和検定を使うと，アンケート調査の

2つの グループ間の差 を調べることができます.

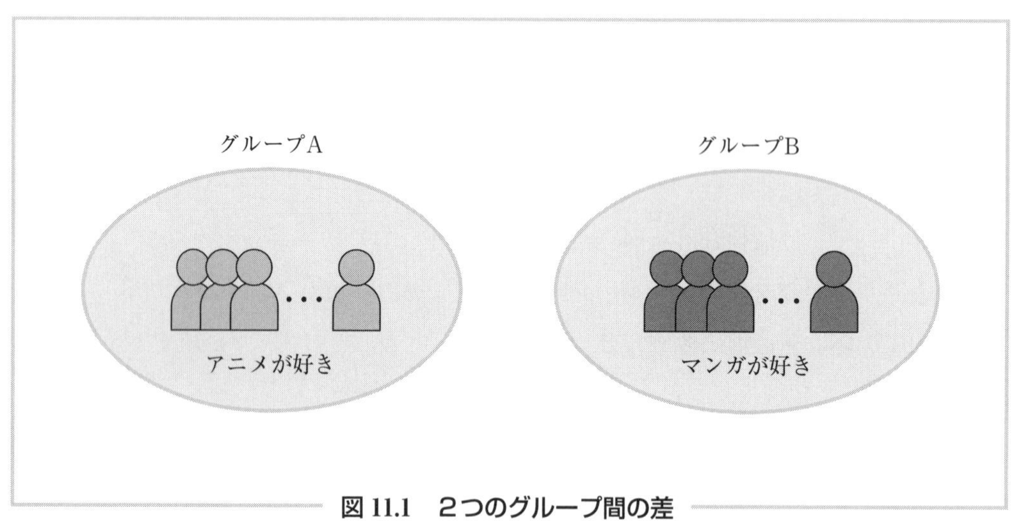


図 11.1　2つのグループ間の差

次のアンケート調査票の

| グループ1 | グループ2 |
| --- | --- |
| アニメ好き | マンガ好き |

について，［サラダ］の好き嫌いに差があるかどうか，
ウィルコクスンの順位和検定を使って調べてみましょう．

**表 11.1　アンケート調査票**

**項目1　あなたはどちらが好きですか？**　　［グループ］

1．アニメ　　2．マンガ

**項目2　あなたはタンパク質が好きですか？**　　［タンパク質］

1．とても嫌い　　2．まあまあ嫌い
3．まあまあ好き　　4．とても好き

**項目3　あなたはどのタイプですか？**　　［タイプ］

1．文系　　2．スポーツ系
3．経済系　　4．理数系

**項目4　あなたはサラダが好きですか？**　　［サラダ］

1．とても嫌い　　2．まあまあ嫌い
3．まあまあ好き　　4．とても好き

## ■ウィルコクスンの順位和検定の流れ

SPSS のウィルコクスンの順位和検定の手順は，次のようになります．

**Step 1**

アンケート調査票を調査回答者に配布し，
回収後，その回答結果を SPSS のデータファイルに入力する

**Step 2**

SPSS の分析のメニューから **ノンパラメトリック検定(N)** を選択し，
**独立サンプル(I)** を選択する

**Step 3**

**目的** の中の **分析のカスタマイズ(C)** を選択する

**Step 4**

**フィールド** を設定し，**設定** の中の
**Mann-Whitney の U(2 サンプル)(H)** を
選択したら，分析を実行!!

Wilcoxon rank sum Test
= Mann-Whitney Test

## ■ SPSS の出力が出たら……

SPSS の出力が出たら，次の点を確認しましょう !!

最後に，これらの結果をレポートや論文にまとめれば分析が完了します.

### ■ウィルコクスンの順位和検定をまとめるときは……

レポートにまとめてみましょう．まとめ方にはいろいろな表現があります．

たとえば……

> ………………………………………………………………………………………
>
> ……………………………………………………．
>
> SPSS の出力を見ると，仮説が棄却されるので，アニメ好きか，マンガ好きかで，サラダの好き嫌いに差があることがわかる．
>
> このことから，………………………………………………………………
>
> ………………………………………………………………………………………
>
> ……………………………………………………………

## ■アンケート調査の結果と SPSS のデータ入力

アンケート調査の結果を SPSS のデータビューに入力します.

ウィルコクスンの順位和検定を使って,

2つのグループ間の 差 を調べてみましょう.

### 【データ入力】

２つのグループ間に
差があるかどうかを
調べます

「グループ」
…名義データ
「サラダ」
…順序データ

| | 調査対象者 | グループ | タンパク質 | タイプ | サラダ |
|---|---|---|---|---|---|
| 1 | 1 | 1 | 2 | 1 | 2 |
| 2 | 2 | 1 | 1 | 2 | 1 |
| 3 | 3 | 1 | 3 | 1 | 3 |
| 4 | 4 | 1 | 4 | 1 | 4 |
| 5 | 5 | 1 | 1 | 2 | 1 |
| 6 | 6 | 1 | 3 | 3 | 2 |
| 7 | 7 | 1 | 2 | 1 | 4 |
| 8 | 8 | 1 | 4 | 2 | 4 |
| 9 | 9 | 1 | 4 | 2 | 4 |
| 10 | 10 | 1 | 4 | 2 | 4 |
| 11 | 11 | | | | |
| 12 | 12 | | | | |
| 13 | 13 | | | | |
| 14 | 14 | | | | |
| 15 | 15 | | | | |
| 16 | 16 | | | | |
| 17 | 17 | | | | |
| 18 | | | | | |

| | 調査対象者 | グループ | タンパク質 | タイプ | サラダ |
|---|---|---|---|---|---|
| 1 | No.1 | アニメ | まあまあ嫌い | 文系 | まあまあ嫌い |
| 2 | No.2 | アニメ | とても嫌い | スポーツ系 | とても嫌い |
| 3 | No.3 | アニメ | まあまあ好き | 文系 | まあまあ好き |
| 4 | No.4 | アニメ | とても好き | 文系 | とても好き |
| 5 | No.5 | アニメ | とても嫌い | スポーツ系 | とても嫌い |
| 6 | No.6 | アニメ | まあまあ好き | 経済系 | まあまあ嫌い |
| 7 | No.7 | アニメ | まあまあ嫌い | 文系 | とても好き |
| 8 | No.8 | アニメ | とても好き | スポーツ系 | とても好き |
| 9 | No.9 | アニメ | とても好き | スポーツ系 | とても好き |
| 10 | No.10 | アニメ | とても好き | スポーツ系 | とても好き |
| 11 | No.11 | マンガ | とても好き | 理数系 | まあまあ嫌い |
| 12 | No.12 | マンガ | とても嫌い | スポーツ系 | まあまあ好き |
| 13 | No.13 | マンガ | とても嫌い | 文系 | とても嫌い |
| 14 | No.14 | マンガ | まあまあ好き | 理数系 | とても嫌い |
| 15 | No.15 | マンガ | まあまあ嫌い | スポーツ系 | とても嫌い |
| 16 | No.16 | マンガ | まあまあ好き | 理数系 | まあまあ嫌い |
| 17 | No.17 | マンガ | まあまあ好き | スポーツ系 | まあまあ嫌い |
| 18 | No.18 | マンガ | まあまあ嫌い | スポーツ系 | まあまあ嫌い |
| 19 | No.19 | マンガ | まあまあ好き | 経済系 | とても嫌い |
| 20 | No.20 | マンガ | まあまあ好き | 理数系 | とても嫌い |
| 21 | | | | | |

データは HP から
ダウンロード
できます！

↑
値ラベル

## 11.2 ウィルコクスンの順位和検定のための手順

**手順 1** データを入力したら，分析(A) のメニューから ノンパラメトリック検定(N) を選択し，続いて，サブメニューから 独立サンプル(I) を選択します．

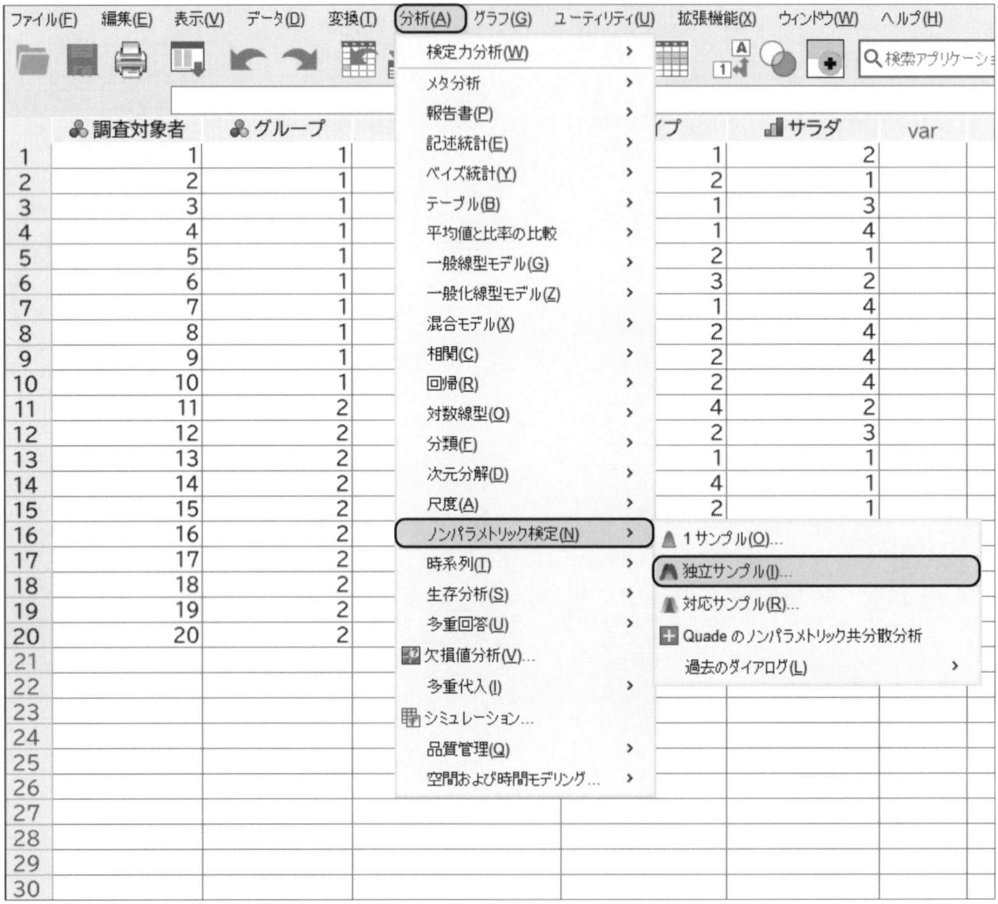

**手順②** 独立サンプルの画面になったら

○ 分析のカスタマイズ(C)

をチェックします.

そして, フィールド をクリック.

**手順 3** フィールドの画面になったら

サラダ　を　検定フィールド(T)

グループ　を　グループ(G)

に移動します.

そして，設定 をクリック.

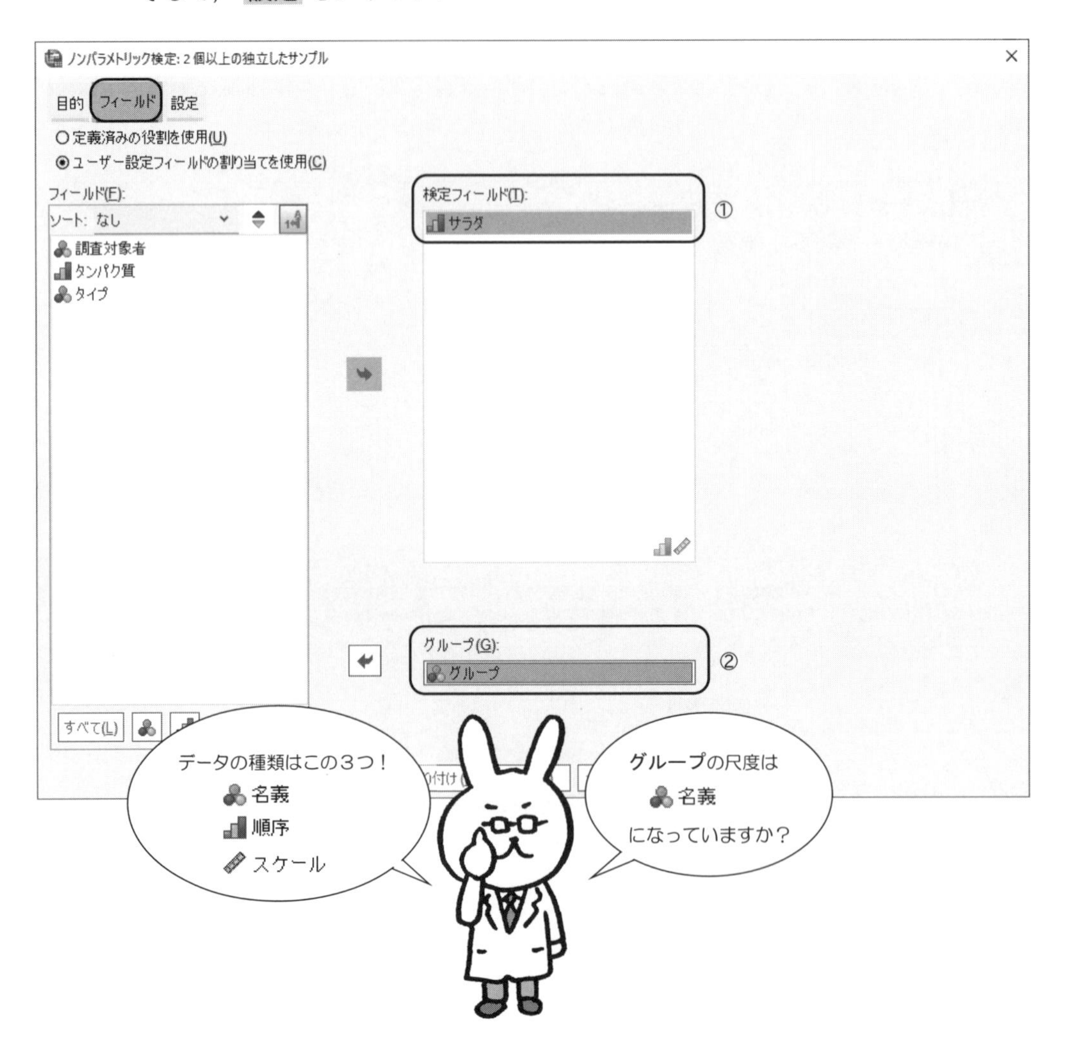

**手順 4** 設定の画面になったら

○ 検定のカスタマイズ(C)

をクリックしたあと

□ Mann-Whitney の U(2サンプル)(H)

をチェックして，実行 ボタンを押します.

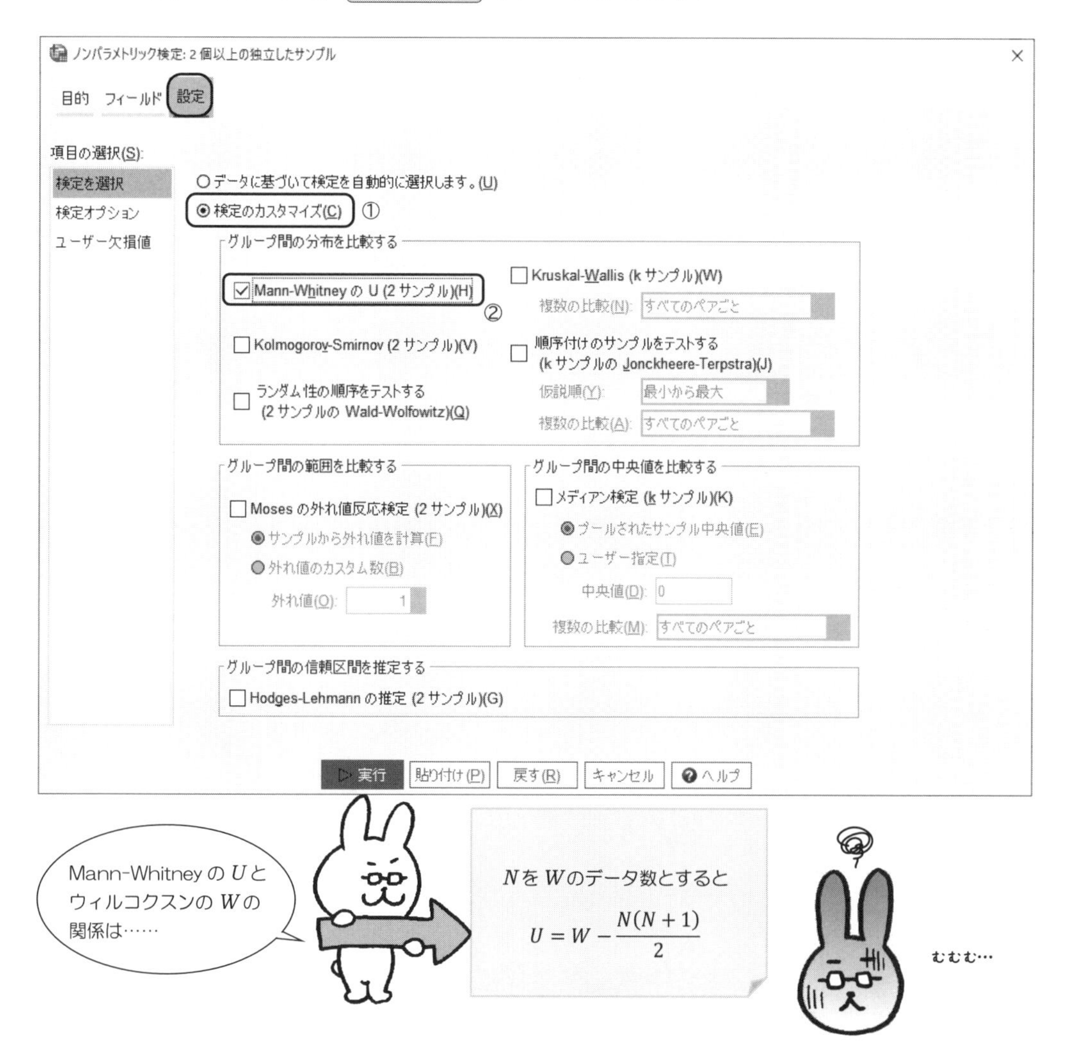

**【SPSS による出力】**

## ノンパラメトリック検定

**仮説検定の要約**

| | 帰無仮説 | 検定 | 有意確率[a,b] | 決定 |
|---|---|---|---|---|
| 1 | サラダ の分布は グループ の カテゴリで同じです。 | 独立サンプルによる Mann-Whitney の U の検定 | .029[c] | 帰無仮説を棄却します。 |

a. 有意水準は .050 です。

b. 漸近的な有意確率が表示されます。

c. この検定の正確な有意確率が表示されます。

**独立サンプルによる Mann-Whitney の U の検定の要約**

| | | |
|---|---|---|
| 合計数 | 20 | |
| Mann-Whitney の U | 21.500 | |
| Wilcoxon の W | 76.500 | ← ① |
| 検定統計量 | 21.500 | |
| 標準誤差 | 12.660 | |
| 標準化された検定統計量 | -2.251 | |
| 漸近有意確率 (両側検定) | .024 | ← ② |
| 正確な有意確率 (両側検定) | .029 | ← ③ |

「タンパク質」についても調べてみよう！

$$21.5 = 76.5 - \frac{10 \times (10 + 1)}{2}$$

## 【出力結果の読み取り方】

⬅① ウィルコクスンの順位和検定の検定統計量です.

$$76.5 = \underbrace{4 + 4 + 4 + 4 + 4}_{5\text{人}} + \underbrace{10.5 + 10.5 + 10.5 + 10.5}_{4\text{人}} + \underbrace{14.5}_{1\text{人}}$$

⬅② 標準正規分布で近似した両側有意確率 0.024 です.
この確率を**漸近有意確率**といいます.

⬅③ 順位和の分布から直接求めた両側有意確率です.
この確率を**正確有意確率**といいます.

出力結果を見ると,

正確有意確率 0.029 ≦ 有意水準 0.05

なので,

仮説 $H_0$：2つのグループ間に差はない

は棄却されます. したがって,

“アニメのグループとマンガのグループについて,
[**サラダ**] の好き嫌いに差がある”

ことがわかります.

# 第12章 クラスカル・ウォリスの検定によるアンケート処理

## 12.1 はじめに

SPSSのクラスカル・ウォリスの検定を使うと，アンケート調査の3つ以上の **グループの間の差** を調べることができます．

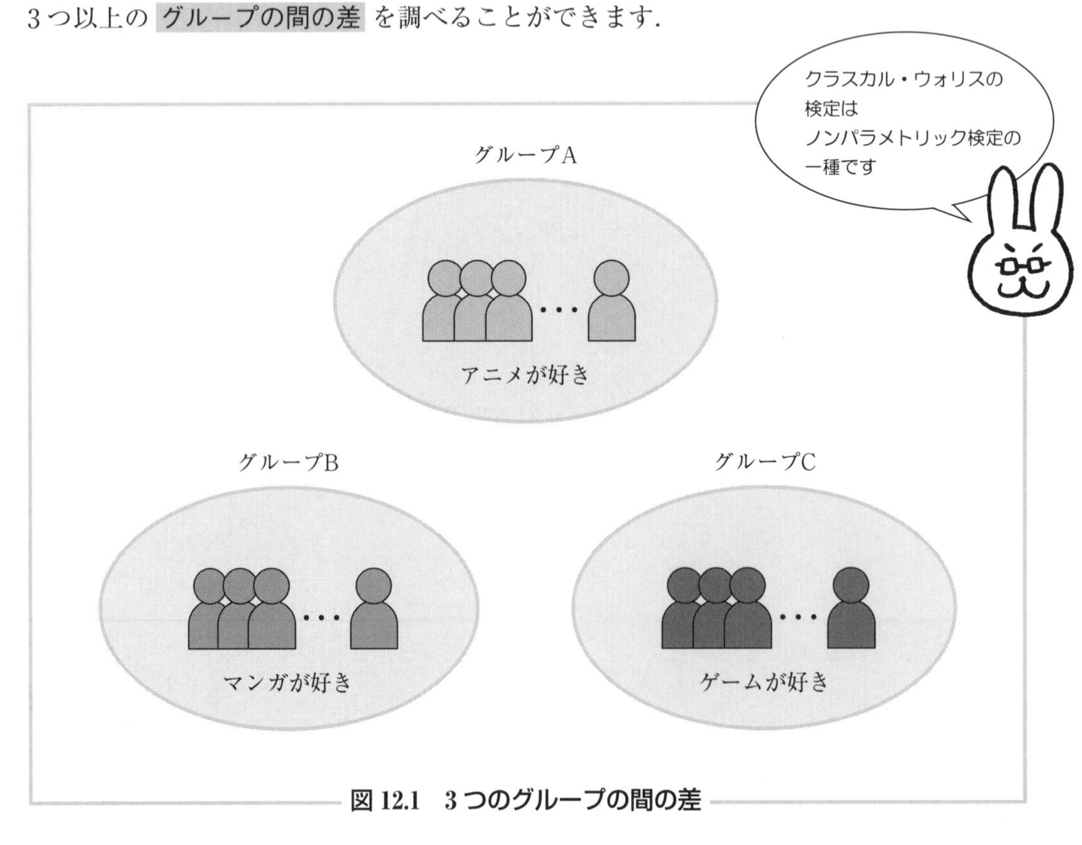


図12.1　3つのグループの間の差

次のアンケート調査票の

| グループ1 | グループ2 | グループ3 |
|---|---|---|
| アニメ好き | マンガ好き | ゲーム好き |

について，［サラダ］の好き嫌いに差があるかどうか，

クラスカル・ウォリスの検定を使って調べてみましょう．

**表 12.1　アンケート調査票**

**項目1　あなたはどれが好きですか？**　**［グループ］**

1．アニメ　　2．マンガ　　3．ゲーム

**項目2　あなたはタンパク質が好きですか？**　**［タンパク質］**

1．とても嫌い　　2．まあまあ嫌い

3．まあまあ好き　　4．とても好き

**項目3　あなたはどのタイプですか？**　**［タイプ］**

1．文系　　2．スポーツ系

3．経済系　　4．理数系

**項目4　あなたはサラダが好きですか？**　**［サラダ］**

1．とても嫌い　　2．まあまあ嫌い

3．まあまあ好き　　4．とても好き

このアンケートから知りたいことは何でしょう？

どの項目について3つのグループ間に差があるかどうか調べます！

■**クラスカル・ウォリスの検定の流れ**

SPSS のクラスカル・ウォリスの検定の手順は，次のようになります．

**Step 1**

アンケート調査票を調査回答者に配布し，
回収後，その回答結果を SPSS のデータファイルに入力する

**Step 2**

SPSS の分析のメニューから **ノンパラメトリック検定(N)** を選択し，
**独立サンプル(I)** を選択する

**Step 3**

**目的** の中の **分析のカスタマイズ(C)** を選択する

**Step 4**

**フィールド** を設定し，**設定** の中の
**Kruskal-Wallis(k サンプル)(W)** を選択したら，分析を実行!!

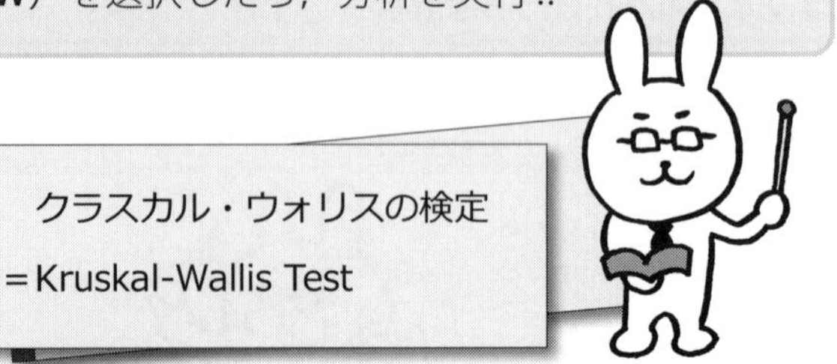

## ■ SPSS の出力が出たら……

SPSS の出力が出たら，次の点を確認しましょう !!

**Point 1**

**仮説検定の要約** を確認する

「帰無仮説を棄却します.」とあれば，検定フィールドの項目について，

グループ間に差があるといえる

**Point 2**

独立サンプルによる Kruskal-Wallis の検定の要約を見て

有意確率を確認する

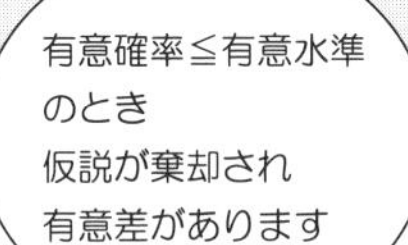


**Point 3**

グループ間に差があるか検討する

**Point 4**

グループ間に差があるときは，どのグループとどのグループの間で

差があるか検討する　←多重比較

最後に，これらの結果をレポートや論文にまとめれば分析が完了します.

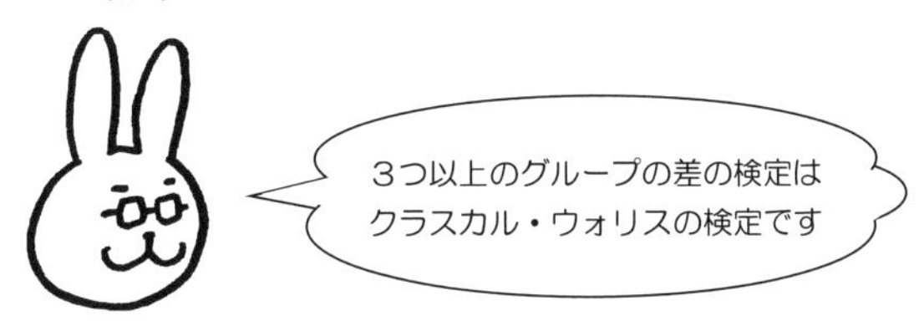

■クラスカル・ウォリスの検定をまとめるときは……

レポートにまとめてみましょう．まとめ方にはいろいろな表現があります．たとえば……

…………………………………………………………………………………………………………………………………………………………………………………………………．

SPSSの出力を見ると，クラスカル・ウォリスの検定では仮説が棄却されているので，３つのグループ間でサラダの好き嫌いに差があることがわかる．

また，ボンフェローニの多重比較によって，有意差のある２つのグループの組合せを調べると，マンガとアニメ，マンガとゲームの組合せで，サラダの好き嫌いに差があることがわかる．

このことから，……………………………………………………………………………………………………………………………………………………………………………………………………

## ■アンケート調査の結果と SPSS のデータ入力

アンケート調査の結果を SPSS のデータビューに入力します.

クラスカル・ウォリスの検定を使って,

3つのグループ間の 差 を調べてみましょう.

### 【データ入力】

| | 調査対象者 | グループ | タンパク質 | タイプ | サラダ |
|---|---|---|---|---|---|
| 1 | 1 | 1 | 1 | 2 | 1 |
| 2 | 2 | 1 | 2 | 1 | 4 |
| 3 | 3 | 1 | 3 | 3 | 2 |
| 4 | 4 | 1 | 4 | 2 | 4 |
| 5 | 5 | 1 | 1 | 2 | 1 |
| 6 | 6 | 1 | 4 | 1 | 4 |
| 7 | 7 | 1 | 2 | 1 | 2 |
| 8 | 8 | 1 | 4 | 2 | 4 |
| 9 | 9 | 1 | 3 | 1 | 3 |
| 10 | 10 | 1 | 4 | 2 | 4 |
| 11 | 11 | | | | |
| 12 | 12 | | | | |
| 13 | 13 | | | | |
| 14 | 14 | | | | |
| 15 | 15 | | | | |
| 16 | 16 | | | | |
| 17 | 17 | | | | |
| 18 | 18 | | | | |
| 19 | 19 | | | | |
| 20 | 20 | | | | |
| 21 | 21 | | | | |
| 22 | 22 | | | | |
| 23 | 23 | | | | |
| 24 | 24 | | | | |
| 25 | 25 | | | | |
| 26 | 26 | | | | |
| 27 | 27 | | | | |
| 28 | 28 | | | | |
| 29 | | | | | |

3つのグループ間に
差があるかどうかを
調べます

| | 調査対象者 | グループ | タンパク質 | タイプ | サラダ |
|---|---|---|---|---|---|
| 1 | No.1 | アニメ | とても嫌い | スポーツ系 | とても嫌い |
| 2 | No.2 | アニメ | まあまあ嫌い | 文系 | とても好き |
| 3 | No.3 | アニメ | まあまあ好き | 経済系 | まあまあ嫌い |
| 4 | No.4 | アニメ | とても好き | スポーツ系 | とても好き |
| 5 | No.5 | アニメ | とても嫌い | スポーツ系 | とても嫌い |
| 6 | No.6 | アニメ | とても好き | 文系 | とても好き |
| 7 | No.7 | アニメ | まあまあ嫌い | 文系 | まあまあ嫌い |
| 8 | No.8 | アニメ | とても好き | スポーツ系 | とても好き |
| 9 | No.9 | アニメ | まあまあ好き | 文系 | まあまあ好き |
| 10 | No.10 | アニメ | とても好き | スポーツ系 | とても好き |
| 11 | No.11 | マンガ | とても嫌い | スポーツ系 | まあまあ好き |
| 12 | No.12 | マンガ | まあまあ嫌い | スポーツ系 | とても嫌い |
| 13 | No.13 | マンガ | とても好き | 理数系 | まあまあ嫌い |
| 14 | No.14 | マンガ | まあまあ好き | 理数系 | まあまあ嫌い |
| 15 | No.15 | マンガ | まあまあ好き | 経済系 | とても嫌い |
| 16 | No.16 | マンガ | まあまあ嫌い | スポーツ系 | まあまあ嫌い |
| 17 | No.17 | マンガ | とても嫌い | 文系 | とても嫌い |
| 18 | No.18 | マンガ | まあまあ好き | 理数系 | とても嫌い |
| 19 | No.19 | マンガ | まあまあ好き | 理数系 | とても嫌い |
| 20 | No.20 | マンガ | まあまあ好き | スポーツ系 | まあまあ嫌い |
| 21 | No.21 | ゲーム | とても好き | 文系 | とても好き |
| 22 | No.22 | ゲーム | まあまあ好き | 経済系 | まあまあ好き |
| 23 | No.23 | ゲーム | まあまあ嫌い | 経済系 | とても好き |
| 24 | No.24 | ゲーム | まあまあ嫌い | 文系 | まあまあ嫌い |
| 25 | No.25 | ゲーム | まあまあ嫌い | スポーツ系 | まあまあ好き |
| 26 | No.26 | ゲーム | とても嫌い | スポーツ系 | まあまあ好き |
| 27 | No.27 | ゲーム | とても好き | スポーツ系 | まあまあ嫌い |
| 28 | No.28 | ゲーム | まあまあ好き | 経済系 | とても好き |
| 29 | No.29 | ゲーム | まあまあ好き | 理数系 | とても好き |
| 30 | No.30 | ゲーム | まあまあ好き | 文系 | まあまあ嫌い |
| 31 | | | | | |

データビューは
画面の左下に！

データはHPから
ダウンロード
できます

## 12.2 クラスカル・ウォリスの検定のための手順

**手順 1** データを入力したら，分析(A) のメニューから ノンパラメトリック検定(N) を選択し，続いて，サブメニューから 独立サンプル(I) を選択します．

ファイル(F) 編集(E) 表示(V) データ(D) 変換(T) 分析(A) グラフ(G) ユーティリティ(U) 拡張機能(X) ウィンドウ(W) ヘルプ(H)

検索アプリケーション

検定力分析(W)
メタ分析
報告書(P)
記述統計(E)
ベイズ統計(Y)
テーブル(B)
平均値と比率の比較
一般線型モデル(G)
一般化線型モデル(Z)
混合モデル(X)
相関(C)
回帰(R)
対数線型(O)
分類(F)
次元分解(D)
尺度(A)
ノンパラメトリック検定(N)
時系列(T)
生存分析(S)
多重回答(U)
欠損値分析(V)...
多重代入(I)
シミュレーション...
品質管理(Q)
空間および時間モデリング...

1 サンプル(O)...
独立サンプル(I)...
対応サンプル(R)...
Quade のノンパラメトリック共分散分析
過去のダイアログ(L)

| | 調査対象者 | グループ | タン | | サラダ | var | var | var |
|---|---|---|---|---|---|---|---|---|
| 1 | 1 | 1 | | | 1 | | | |
| 2 | 2 | 1 | | | 4 | | | |
| 3 | 3 | 1 | | | 2 | | | |
| 4 | 4 | 1 | | | 4 | | | |
| 5 | 5 | 1 | | | 1 | | | |
| 6 | 6 | 1 | | | 4 | | | |
| 7 | 7 | 1 | | | 2 | | | |
| 8 | 8 | 1 | | | 4 | | | |
| 9 | 9 | 1 | | | 3 | | | |
| 10 | 10 | 1 | | | 4 | | | |
| 11 | 11 | 2 | | | 3 | | | |
| 12 | 12 | 2 | | | 1 | | | |
| 13 | 13 | 2 | | | 2 | | | |
| 14 | 14 | 2 | | | 2 | | | |
| 15 | 15 | 2 | | | 1 | | | |
| 16 | 16 | 2 | | | | | | |
| 17 | 17 | 2 | | | | | | |
| 18 | 18 | 2 | | | | | | |
| 19 | 19 | 2 | | | | | | |
| 20 | 20 | 2 | | | | | | |
| 21 | 21 | 3 | | | | | | |
| 22 | 22 | 3 | | | | | | |
| 23 | 23 | 3 | | | 4 | | | |
| 24 | 24 | 3 | | | 2 | | | |
| 25 | 25 | 3 | | | 3 | | | |
| 26 | 26 | 3 | | | 3 | | | |
| 27 | 27 | 3 | 4 | 2 | 2 | | | |
| 28 | 28 | 3 | 3 | 3 | 4 | | | |
| 29 | 29 | 3 | 3 | 4 | 4 | | | |
| 30 | 30 | 3 | 3 | 1 | 2 | | | |
| 31 | | | | | | | | |

手順② 独立サンプルの画面になったら

○ 分析のカスタマイズ(C)

をチェックします.

そして, フィールド をクリック.

手順 3 フィールドの画面になったら

サラダ　　を　検定フィールド(T)

グループ　を　グループ(G)

に移動します.

そして, 設定 をクリック.

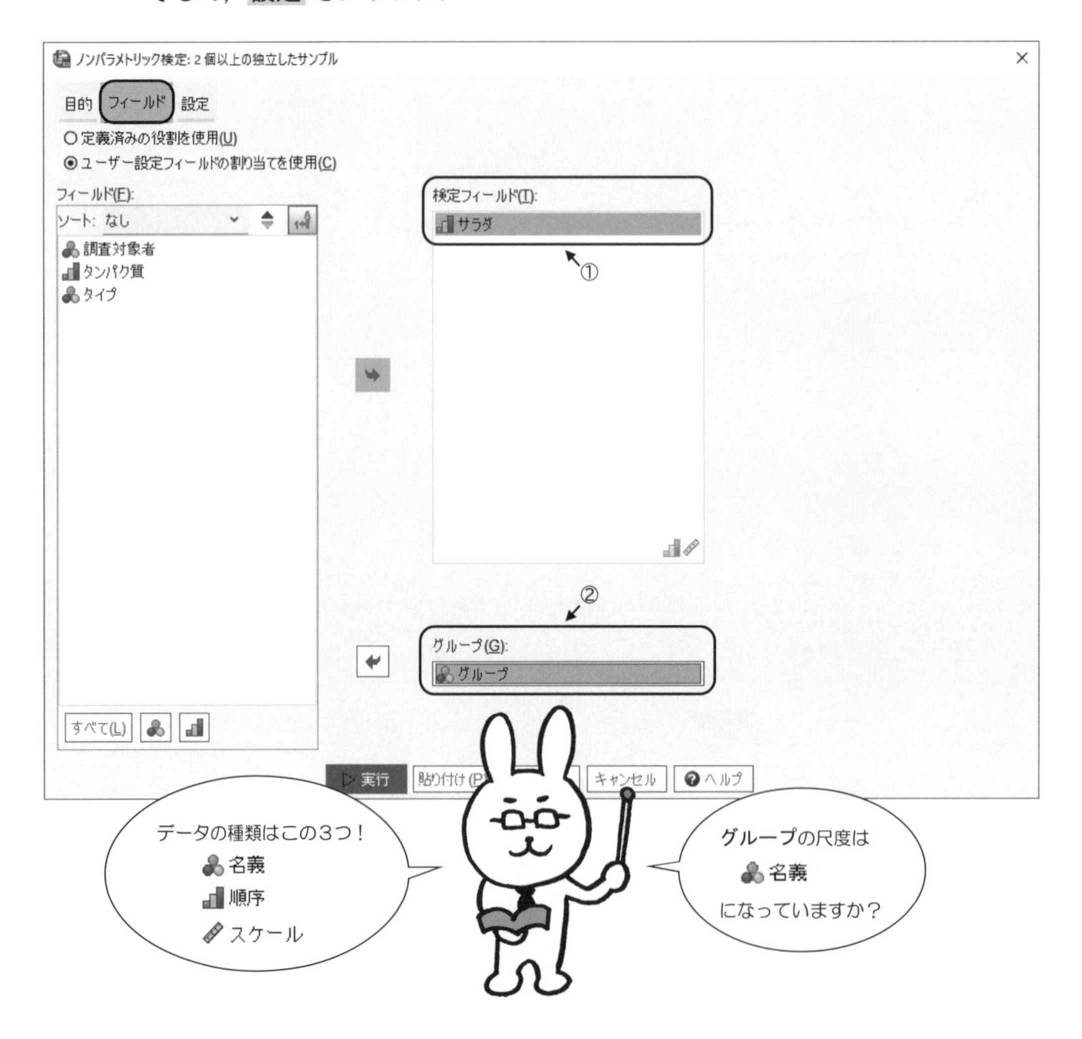

手順 4 設定の画面になったら

○ 検定のカスタマイズ(C)

をクリックしたあと

□ Kruskal-Wallis(kサンプル)(W)

をチェックして， 実行 ボタンを押します．

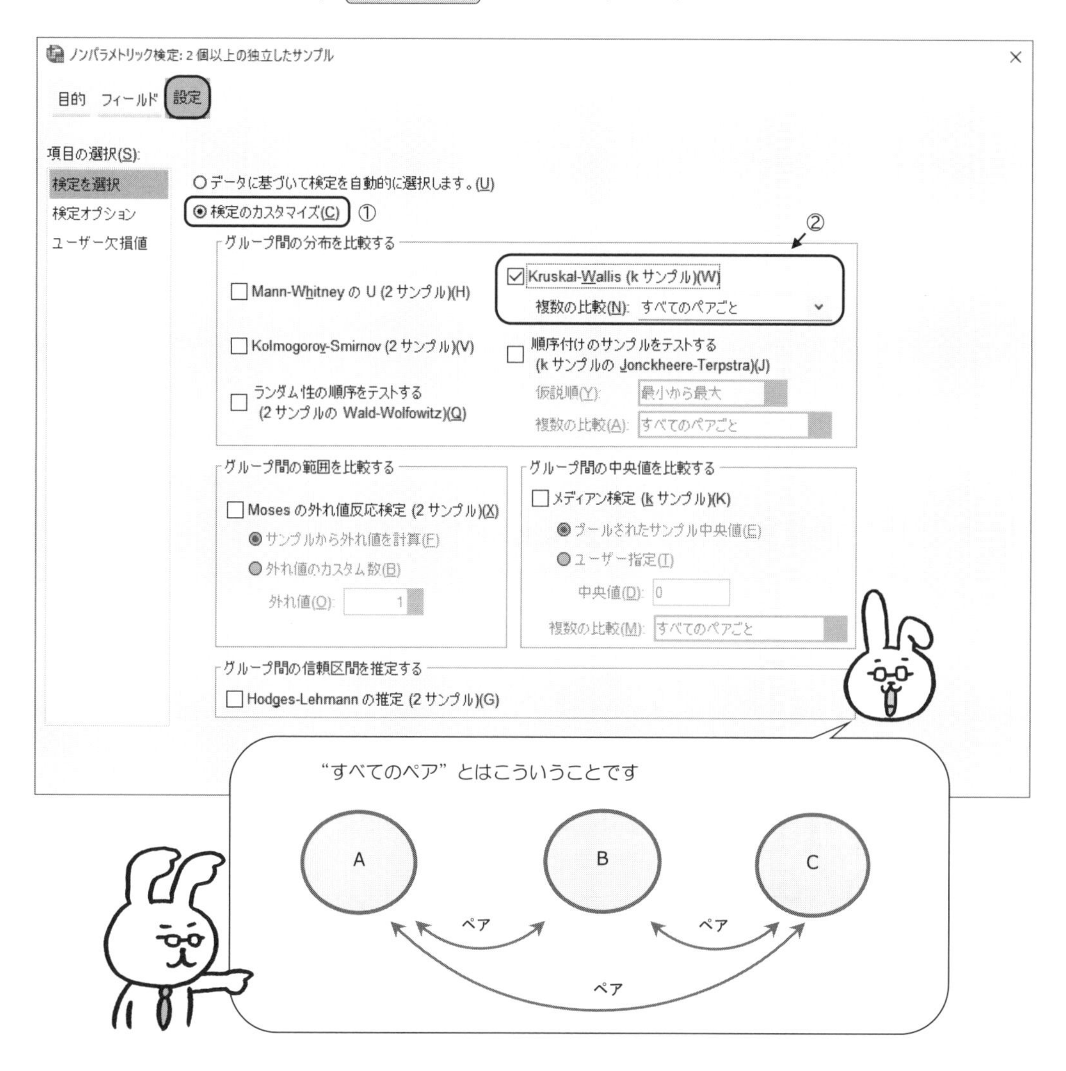

【SPSS による出力】

## ノンパラメトリック検定

**仮説検定の要約**

| | 帰無仮説 | 検定 | 有意確率[a,b] | 決定 |
|---|---|---|---|---|
| 1 | サラダ の分布は グループ の カテゴリで同じです。 | 独立サンプルによる Kruskal-Wallis の検定 | .007 | 帰無仮説を 棄却します。 ← ① |

a. 有意水準は .050 です。

b. 漸近的な有意確率が表示されます。

**独立サンプルによる Kruskal-Wallis の検定の要約**

| | |
|---|---|
| 合計数 | 30 |
| 検定統計量 | 9.804[a] ← ② |
| 自由度 | 2 |
| 漸近有意確率 (両側検定) | .007 ← ③ |

a. 検定統計量は同順位の調整が行われています。

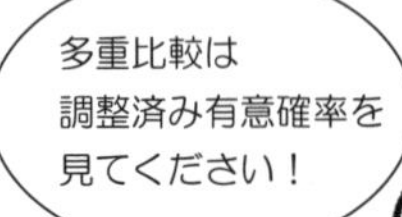

**グループ のペアごとの比較**

| Sample 1-Sample 2 | 検定統計量 | 標準誤差 | 標準化検定統計量 | 有意確率 | 調整済み有意確率[a] |
|---|---|---|---|---|---|
| マンガ-アニメ | 9.400 | 3.796 | 2.476 | .013 | .040 |
| マンガ-ゲーム | -11.000 | 3.796 | -2.898 | .004 | .011 ← ④ |
| アニメ-ゲーム | -1.600 | 3.796 | -.421 | .673 | 1.000 |

各行は、サンプル 1 とサンプル 2 の分布が同じであるという帰無仮説を検定します。
漸近有意確率 (両側検定) が表示されます。有意水準は .050 です。

a. Bonferroni 訂正により、複数のテストに対して、有意確率の値が調整されました。

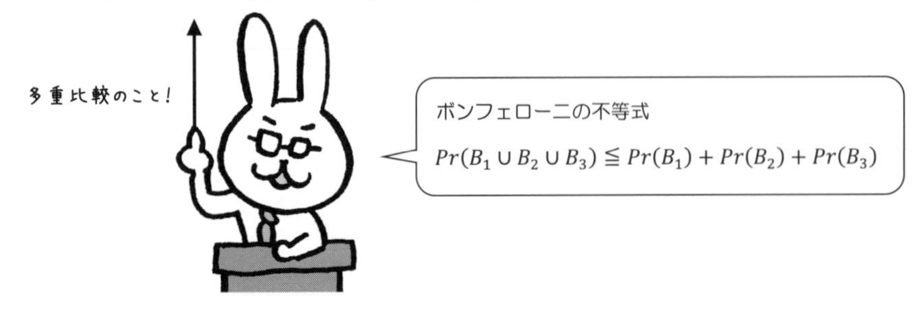

**【出力結果の読み取り方】**

⬅① Kruskal-Wallis の検定は，

仮説 $H_0$：3 つのグループの分布の **位置** は同じ

を検定しています．

⬅② 検定統計量が 9.804 であることがわかります．

⬅③ 漸近有意確率が 0.007 になっています．したがって，

漸近有意確率 0.007 ≦ 有意水準 0.05

となるので，仮説 $H_0$ は棄てられます．

つまり，3 つのグループ間で，

［サラダ］の好き嫌いに差があることがわかりました．

⬅④ ノンパラメトリック検定の多重比較です．

調整済み有意確率のところを見ると，

2 つのグループの組合せの中で，有意差があるのは

- マンガ と アニメ
- マンガ と ゲーム

であることがわかります．

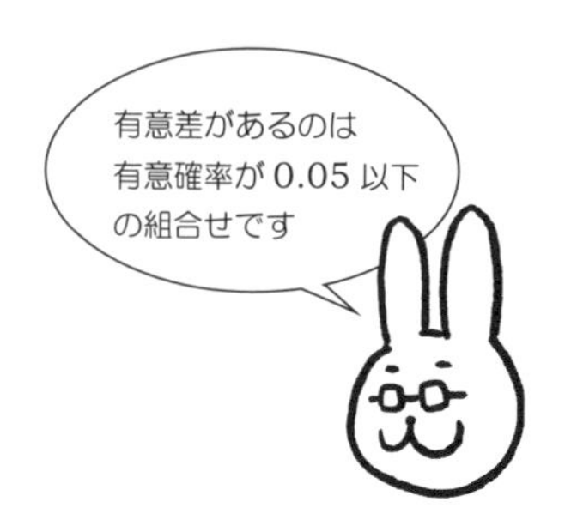

# 第13章 クラスター分析によるアンケート処理

## 13.1 はじめに

SPSSのクラスター分析を使うと，調査回答者を
いくつかのグループに分類することができます．

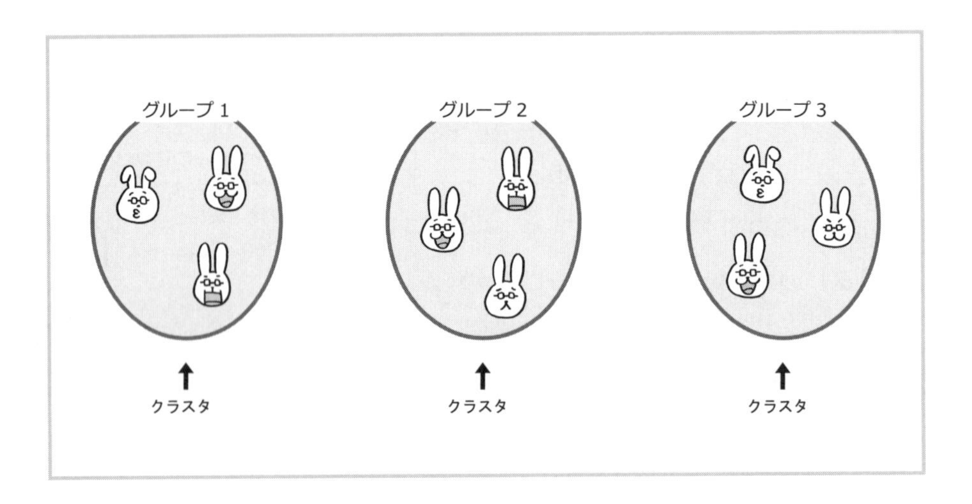


このグループのことを，**クラスタ**といいます．

SPSSのクラスター分析には，次の2つの手法があります．

- 大規模ファイルのクラスター分析
- 階層クラスター分析

●大規模ファイルのクラスター分析では，はじめに分類したい
クラスタの個数を決めておきます． ➡ p.219

●階層クラスター分析では，作成された樹形図を見ながら，
クラスタの分類を決めます． ➡ p.228

T 大学の 40 人の学生に対し，
次のようなアンケート調査をおこないました．

**表 13.1　アンケート調査票**

質問項目 1　あなたは合理的ですか？　[合理的]
1．はい　　2．いいえ

質問項目 2　あなたは気分屋ですか？　[気分屋]
1．はい　　2．いいえ

質問項目 3　あなたは個性的ですか？　[個性的]
1．はい　　2．いいえ

質問項目 4　あなたは現実派ですか？　[現実派]
1．はい　　2．いいえ

質問項目 5　あなたは堅実派ですか？　[堅実派]
1．はい　　2．いいえ

質問項目 6　あなたの血液型は？　[血液型]
1. A 型　　2. B 型　　3. O 型　　4. AB 型

## ■クラスター分析の流れ

SPSS のクラスター分析の流れは，次のようになります．

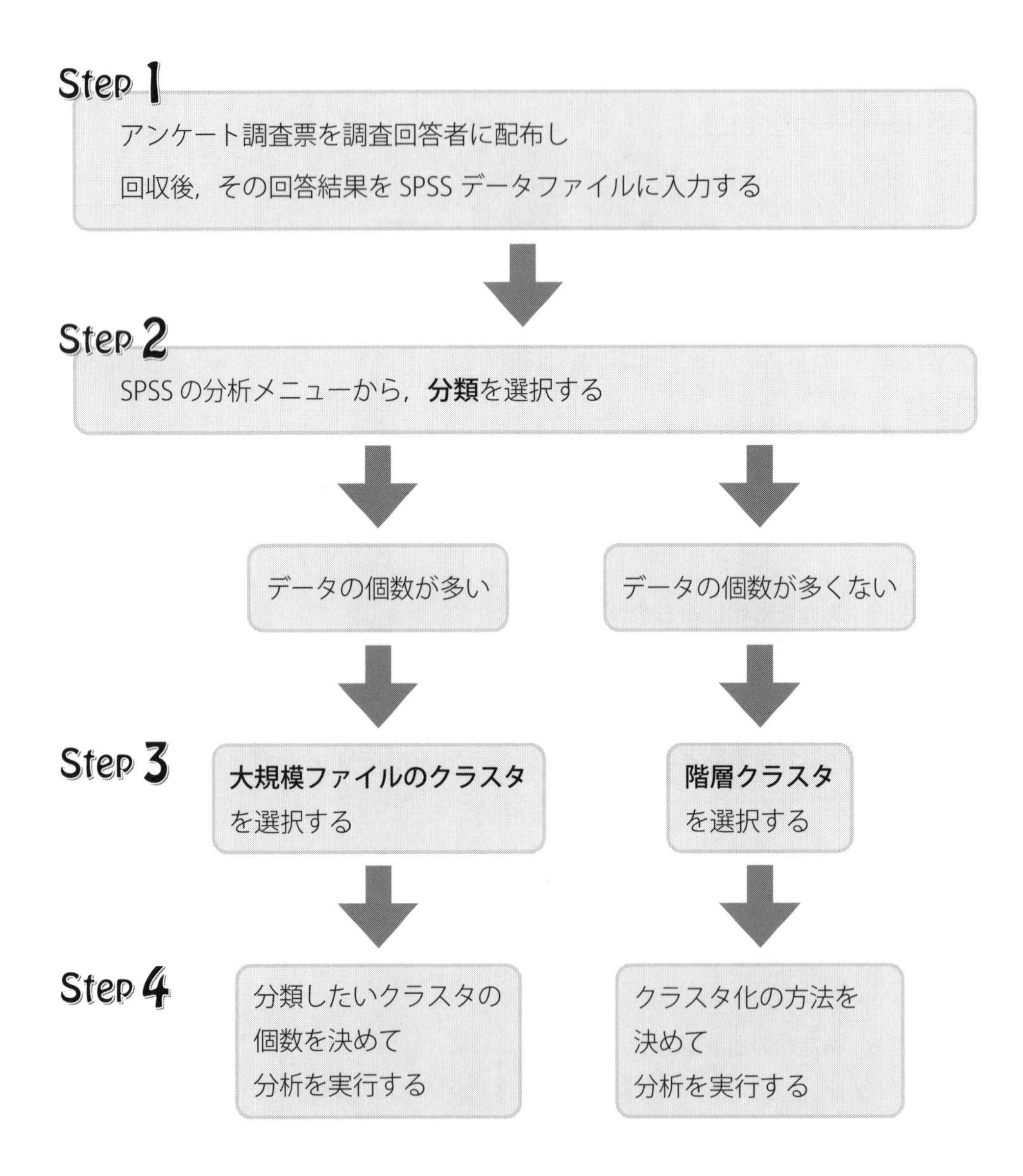

## ■ SPSS の出力が出たら……

SPSS の出力が出たら，次の点を確認します !!

●大規模ファイルのクラスタの場合

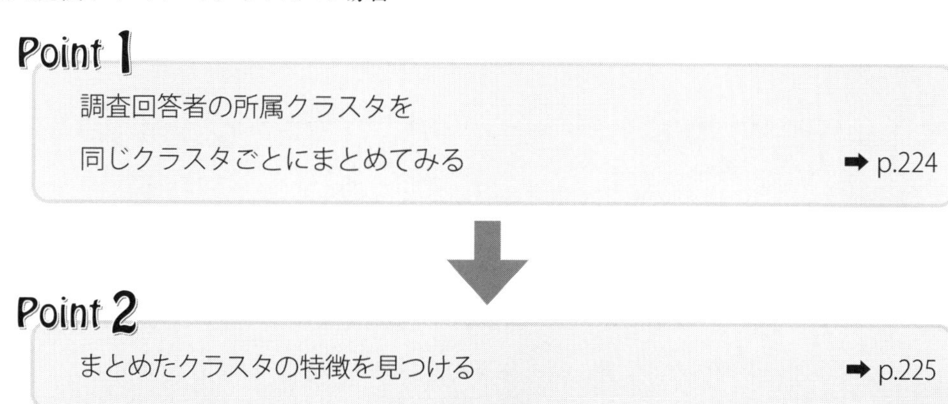


●階層クラスタの場合

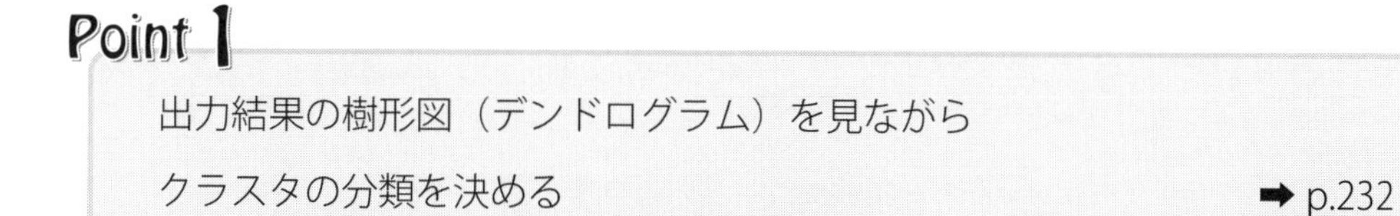

## ■クラスター分析をまとめるときは……

レポートにまとめてみましょう．

まとめ方には，いろいろな表現があります．

たとえば……

……………………………………………………………………………………………………

……………………………………………….

　このようなことから，血液型と性格についての議論がたびたびなされてきた．

　クラスター分析の結果を，コクランの一致係数を使って，血液型と性格の関連を調べたところ，有意確率が 0.006 となり，血液型と性格の間にはある程度の関連があると思えるが，血液型によって性格が決まるとは考えにくいのではないだろうか．

　このことから，…………………………………………………………………

……………………………………………………………………………………………………

……………………………………………………………

## ■アンケート調査の結果と SPSS のデータ入力

アンケート調査の結果を SPSS のデータビューに入力します.

血液型の変数の型は文字列と数値をそれぞれ用意します.

### 【データ入力】

| | 調査回答者 | 合理的 | 気分屋 | 個性的 | 現実的 | 堅実派 | 血液型文字 | 血液型数値 |
|---|---|---|---|---|---|---|---|---|
| 1 | 1 | 2 | 2 | 2 | 2 | 1 | A | 1 |
| 2 | 2 | 1 | 1 | 2 | 1 | 2 | A | 1 |
| 3 | 3 | 2 | 1 | 2 | 2 | 1 | A | 1 |
| 4 | 4 | 2 | 2 | 2 | 2 | 2 | [illegible] | 1 |
| 5 | 5 | 2 | 1 | 1 | 2 | 2 | [illegible] | 1 |
| 6 | 6 | 1 | 1 | 2 | 1 | 2 | A | 1 |
| 7 | 7 | 2 | 1 | 2 | 2 | 2 | A | 1 |
| 8 | 8 | 2 | 2 | 1 | 1 | 2 | A | 1 |
| 9 | 9 | 2 | 1 | 2 | 2 | 2 | A | 1 |
| 10 | 10 | 2 | 1 | 2 | 1 | 1 | A | 1 |
| 11 | 11 | 1 | 1 | 1 | 1 | 1 | A | 1 |
| 12 | 12 | 2 | 1 | 2 | 1 | 1 | A | 1 |
| 13 | 13 | 1 | 1 | 1 | 2 | 1 | A | 1 |
| 14 | 14 | 2 | 1 | 2 | 2 | 1 | A | 1 |
| 15 | 15 | 2 | 1 | 1 | 2 | 2 | A | 1 |
| 16 | 16 | 1 | 1 | 2 | 2 | 1 | A | 1 |
| 17 | 17 | 2 | 1 | 1 | 2 | 2 | B | 2 |
| 18 | 18 | 2 | 1 | 1 | 2 | 2 | B | 2 |
| 19 | 19 | 1 | 1 | 2 | 2 | 2 | B | 2 |
| 20 | 20 | 2 | 1 | 1 | 2 | 2 | B | 2 |
| 21 | 21 | 2 | 1 | 1 | 1 | 2 | B | 2 |
| 22 | 22 | 2 | 2 | 2 | 1 | 1 | B | 2 |
| 23 | 23 | 1 | 2 | 2 | 2 | 2 | B | 2 |
| 24 | 24 | 1 | 1 | 2 | 1 | 2 | B | 2 |
| 25 | 25 | 2 | 2 | 1 | 1 | 2 | O | 3 |
| 26 | 26 | 2 | 2 | 2 | 1 | 2 | O | 3 |
| 27 | 27 | 2 | 1 | 2 | 1 | 2 | O | 3 |
| 28 | 28 | 2 | 1 | 2 | 1 | 2 | O | 3 |
| 29 | 29 | 2 | 1 | 1 | 2 | 1 | O | 3 |
| 30 | 30 | 2 | 2 | 2 | 1 | 1 | O | 3 |
| 31 | 31 | 1 | 1 | 1 | 1 | 1 | O | 3 |
| 32 | 32 | 1 | 2 | 1 | 1 | 1 | O | 3 |
| 33 | 33 | 2 | 1 | 2 | 1 | 2 | O | 3 |
| 34 | 34 | 2 | 2 | 2 | [illegible] | [illegible] | [illegible] | 3 |
| 35 | 35 | 2 | 1 | 1 | [illegible] | [illegible] | [illegible] | 3 |
| 36 | 36 | 1 | 2 | 1 | [illegible] | [illegible] | [illegible] | 3 |
| 37 | 37 | 2 | 1 | 1 | [illegible] | [illegible] | [illegible] | 4 |
| 38 | 38 | 1 | 2 | 1 | [illegible] | [illegible] | [illegible] | 4 |
| 39 | 39 | 1 | 1 | 2 | 1 | [illegible] | AB | 4 |
| 40 | 40 | 1 | 2 | 1 | 1 | [illegible] | AB | 4 |
| 41 | | | | | | | | |

データは HP から
ダウンロード
できます

血液型文字は
変数の型 → 文字列
です

## 13.2 大規模ファイルのクラスター分析の手順

手順 1 分析(A) をクリックすると，次のメニューが現れるので，

分類(F) ⇒ 大規模ファイルのクラスタ(K) を選択します.

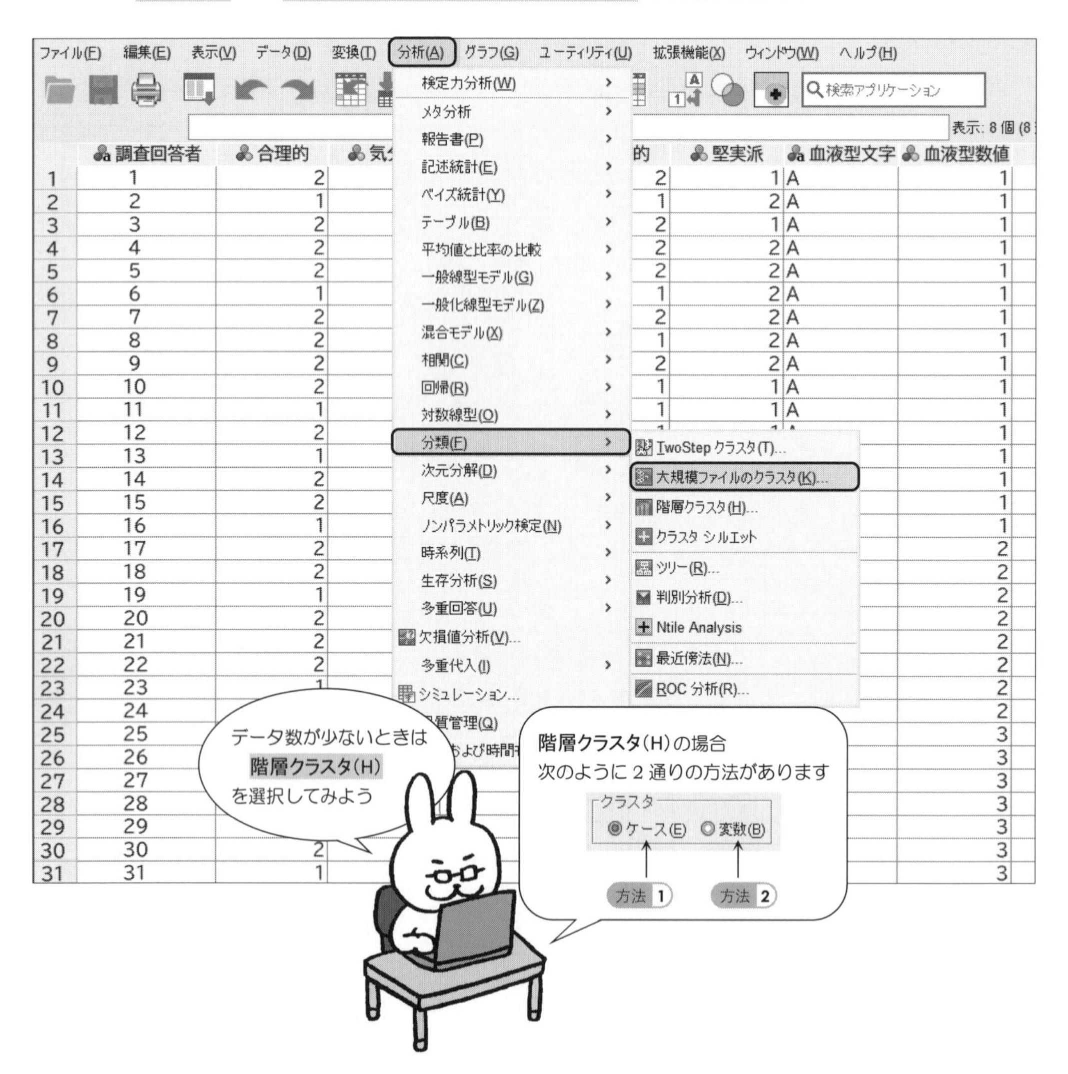

**手順 2** 次の画面になったら，合理的 から 堅実派 までを 変数(V) のワクへ移動．

次に，クラスタの個数(U) を 4 とします．

方法 のところは ⊙反復と分類(T) のままにしておきます．

大規模ファイルのクラスタ分析

調査回答者
血液型文字
血液型数値

変数(V):
合理的
気分屋
個性的
現実的
堅実派

反復(I)...
保存(S)...
オプション(O)...

ケースのラベル(B):

クラスタの個数(U): 4

方法
⊙ 反復と分類 ○ 分類のみ

クラスタ中心
□ 初期値を読み取り:
○ 開いているデータセット
⊙ 外部データ ファイル ファイル(F)...
□ 最終値を書き込み:
⊙ 新しいデータセット(D)
○ データ ファイル ファイル(L)...

OK 貼り付け(P) 戻す(R) キャンセル ヘルプ

**手順 3** 保存(S) をクリックして，次の画面になったら

□ 所属クラスタ

をチェック．そして，続行 ．

手順 4 次の画面にもどったら，あとは， OK ボタンをクリック！

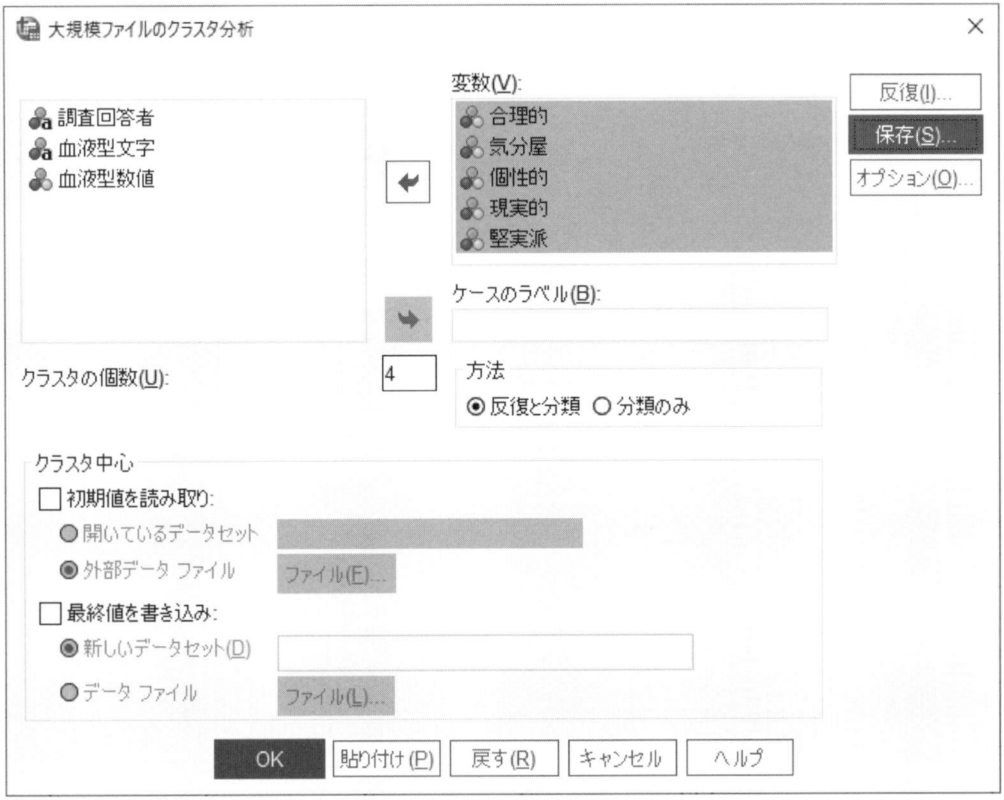

大規模ファイルのクラスタ分析

調査回答者
血液型文字
血液型数値

変数(V):
合理的
気分屋
個性的
現実的
堅実派

反復(I)...
保存(S)...
オプション(O)...

ケースのラベル(B):

クラスタの個数(U): 4

方法
反復と分類　分類のみ

クラスタ中心
初期値を読み取り:
開いているデータセット
外部データ ファイル　ファイル(F)...
最終値を書き込み:
新しいデータセット(D)
データ ファイル　ファイル(L)...

OK　貼り付け(P)　戻す(R)　キャンセル　ヘルプ

【SPSS による出力・その 1】

## 大規模ファイルのクラスタ分析

**初期クラスタ中心**

| | クラスタ | | | |
|---|---|---|---|---|
| | 1 | 2 | 3 | 4 |
| 合理的 | 2 | 1 | 1 | 2 |
| 気分屋 | 2 | 1 | 1 | 2 |
| 個性的 | 2 | 2 | 1 | 1 |
| 現実的 | 2 | 1 | 2 | 1 |
| 堅実派 | 1 | 2 | 1 | 2 |

**反復の記述[a]**

| | クラスタ中心での変化 | | | |
|---|---|---|---|---|
| 反復 | 1 | 2 | 3 | 4 |
| 1 | .736 | .395 | .782 | .408 |
| 2 | .090 | .000 | .093 | .000 |
| 3 | .000 | .000 | .000 | .000 |

a. クラスタ中心の変化がないか、または変化が少量のため、収束が完了しました。任意の中心の最大絶対座標変化は .000 です。現在の反復は 3 です。初期中心間の最小距離は 1.732 です。

**最終クラスタ中心**

| | クラスタ | | | |
|---|---|---|---|---|
| | 1 | 2 | 3 | 4 |
| 合理的 | 2 | 1 | 2 | 2 |
| 気分屋 | 1 | 1 | 1 | 2 |
| 個性的 | 2 | 2 | 1 | 1 |
| 現実的 | 2 | 1 | 2 | 1 |
| 堅実派 | 1 | 2 | 1 | 2 |

## 【SPSS による出力・その 2】

**各クラスタのケース数**

| | | |
|---|---|---|
| クラスタ | 1 | 13.000 |
| | 2 | 8.000 |
| | 3 | 13.000 |
| | 4 | 6.000 |
| 有効数 | | 40.000 |
| 欠損 | | .000 |

| | 調査回答者 | | 堅実派 | 血液型文字 | 血液型数値 | QCL_1 |
|---|---|---|---|---|---|---|
| 1 | 1 | 2 | 1 | A | 1 | 1 |
| 2 | 2 | 1 | 2 | A | 1 | 2 |
| 3 | 3 | 2 | 1 | A | 1 | 1 |
| 4 | 4 | 2 | 2 | A | 1 | 1 |
| 5 | 5 | 2 | 2 | A | 1 | 3 |
| 6 | 6 | 1 | 2 | A | 1 | 2 |
| 7 | 7 | 2 | 2 | A | 1 | 1 |
| 8 | 8 | 1 | 2 | A | 1 | 4 |
| 9 | 9 | 2 | 2 | A | 1 | 1 |
| 10 | 10 | 1 | 1 | A | 1 | 1 |
| 11 | 11 | 1 | 1 | A | 1 | 3 |
| 12 | 12 | 1 | 1 | A | 1 | 1 |

## 【ケースの並べ替え】

データ ⇒ ケースの並べ替え を利用すると

クラスタ QCL_1 の列は，次のようになります．

クラスタ ↓　　QCL-1 に対応した変数 ↓

| | 調査回答者 | 堅実派 | 血液型文字 | 血液型数値 | QCL_1 | 性格 |
|---|---|---|---|---|---|---|
| 1 | 1 | 1 | A | 1 | 1 | 1 |
| 2 | 3 | 1 | A | 1 | 1 | 1 |
| 3 | 4 | 2 | A | 1 | 1 | 1 |
| 4 | 7 | 2 | A | 1 | 1 | 1 |
| 5 | 9 | 2 | A | 1 | 1 | 1 |
| 6 | 10 | 1 | A | 1 | 1 | 1 |
| 7 | 12 | 1 | A | 1 | 1 | 1 |
| 8 | 14 | 1 | A | 1 | 1 | 1 |
| 9 | 16 | 1 | A | 1 | 1 | 1 |
| 10 | 22 | 1 | B | 2 | 1 | 1 |
| 11 | 23 | 2 | B | 2 | 1 | 1 |
| 12 | 30 | 1 | O | 3 | 1 | 1 |
| 13 | 34 | 1 | O | 3 | 1 | 1 |
| 14 | 2 | 2 | A | 1 | 2 | 2 |
| 15 | 6 | 2 | A | 1 | 2 | 2 |
| 16 | 19 | 2 | B | 2 | 2 | 2 |
| 17 | 24 | 2 | B | 2 | 2 | 2 |
| 18 | 27 | 2 | O | 3 | 2 | 2 |
| 19 | 28 | 2 | O | 3 | 2 | 2 |
| 20 | 33 | 2 | O | 3 | 2 | 2 |
| 21 | 39 | 2 | AB | 4 | 2 | 2 |
| 22 | 5 | 2 | A | 1 | 3 | 4 |
| 23 | 11 | 1 | A | 1 | 3 | 4 |
| 24 | 13 | 1 | A | 1 | 3 | 4 |
| 25 | 15 | 2 | A | 1 | 3 | 4 |
| 26 | 17 | 2 | B | 2 | 3 | 4 |
| 27 | 18 | 2 | B | 2 | 3 | 4 |
| 28 | 20 | 2 | B | 2 | 3 | 4 |
| 29 | 29 | 1 | O | 3 | 3 | 4 |
| 30 | 31 | 1 | O | 3 | 3 | 4 |
| 31 | 32 | 1 | O | 3 | 3 | 4 |
| 32 | 37 | 2 | AB | 4 | 3 | 4 |
| 33 | 38 | 1 | AB | 4 | 3 | 4 |
| 34 | 40 | 1 | AB | 4 | 3 | 4 |
| 35 | 8 | 2 | A | 1 | 4 | 3 |
| 36 | 21 | 2 | B | 2 | 4 | 3 |
| 37 | 25 | 2 | O | 3 | 4 | 3 |
| 38 | 26 | 2 | O | 3 | 4 | 3 |
| 39 | 35 | 2 | O | 3 | 4 | 3 |
| 40 | 36 | 2 | O | 3 | 4 | 3 |
| 41 | | | | | | |

## 【クラスタごとに分類】

クラスタ QCL_1 と血液型をクロス集計表にまとめると…

**表 13.2　クラスタ QCL_1 と血液型のクロス集計表**

| | クラスタ 1 | クラスタ 2 | クラスタ 3 | クラスタ 4 |
|---|---|---|---|---|
| A型 | 9 | 2 | 4 | 1 |
| B型 | 2 | 2 | 3 | 1 |
| O型 | 2 | 3 | 3 | 4 |
| AB型 | 0 | 1 | 3 | 0 |
| 合計 | 13 | 8 | 13 | 6 |
| | ↑<br>A = 1 | ↑<br>B = 2 | ↑<br>AB = 4 | ↑<br>O = 3 |

このクロス集計表を見ると，次のような対応が考えられます．

- クラスタ 1 … A 型タイプの性格
- クラスタ 2 … B 型タイプの性格
- クラスタ 3 … AB 型タイプの性格
- クラスタ 4 … O 型タイプの性格

そこで，この対応で変換した変数名を 性格 と名付けて

血液型 と 性格 の一致係数を調べてみます．

**【Cohen の一致係数】**

Cohen の一致係数の手順は，次のようになります．

手順 1 分析のメニューから，次のように選択します．

尺度(A) ⇒ 重み付きカッパ(K)．

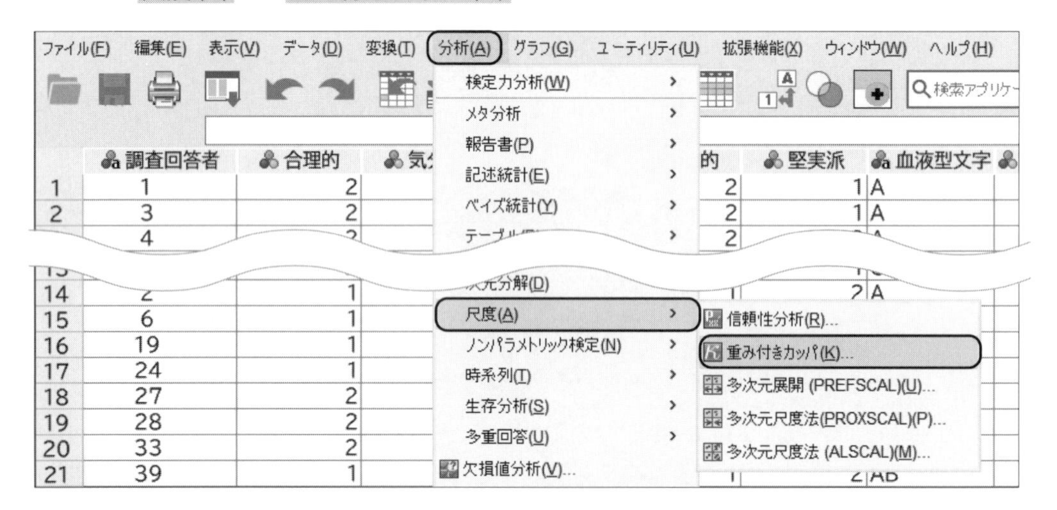


手順 2 重み付きカッパの画面になったら，血液型数値 と

性格 を ペアごとの評価者(W) へ移動して，OK ．

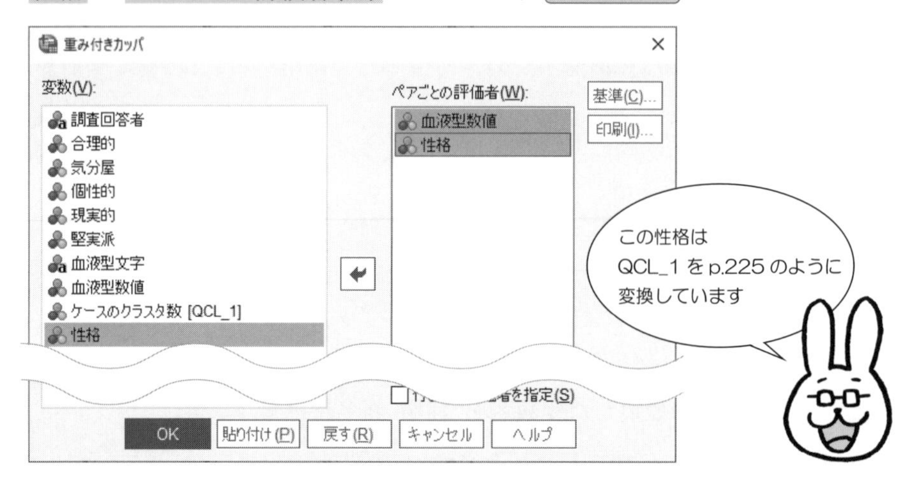

SPSSの出力は，次のようになります．

**Cohen の重み付きカッパ**

| 評価 | 重み付きカッパ | 漸近 標準誤差 | 漸近 Z^c | 有意確率 | 95% 漸近信頼区間 下限 | 95% 漸近信頼区間 上限 |
|---|---|---|---|---|---|---|
| 血液型数値 - 性格 | .299 | .112 | 2.722 | .006 | .079 | .519 |

c. 重み付きカッパをゼロとする帰無仮説と仮定して漸近標準誤差を推定します。

Cohen のカッパは
**記述統計 →クロス集計表 →統計量**
のなかの **カッパ** で計算できます

Cohenの重み付きカッパは0.299なので，
血液型と性格の間には“少しの一致”が
みられます．

重み付きカッパの有意確率は0.006（≦ 0.05）なので

仮説 $H_0$：重み付きカッパ＝ 0

は棄却されます．

したがって，**血液型** と **性格** の間には
少し関連があると考えられます．

カッパの値の評価の一例は
次のようになります

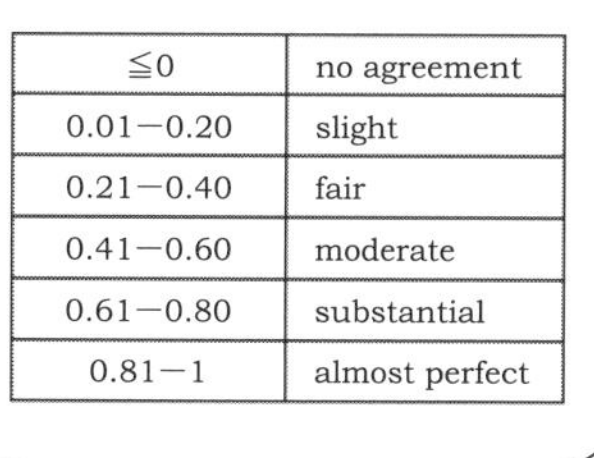

| ≦0 | no agreement |
|---|---|
| 0.01−0.20 | slight |
| 0.21−0.40 | fair |
| 0.41−0.60 | moderate |
| 0.61−0.80 | substantial |
| 0.81−1 | almost perfect |

# 13.3 階層クラスター分析の手順

**手順 1** データを入力したら，分析(A) をクリック，続いて，

メニューの中の 分類(F) ⇒ 階層クラスタ(H) 選択します．

ファイル(F)　編集(E)　表示(V)　データ(D)　変換(T)　分析(A)　グラフ(G)　ユーティリティ(U)　拡張機能(X)　ウィンドウ(W)　ヘルプ(H)

検索アプリケーション

表示: 10 個 (10 変数

- 検定力分析(W)
- メタ分析
- 報告書(P)
- 記述統計(E)
- ベイズ統計(Y)
- テーブル(B)
- 平均値と比率の比較
- 一般線型モデル(G)
- 一般化線型モデル(Z)
- 混合モデル(X)
- 相関(C)
- 回帰(R)
- 対数線型(O)
- 分類(F)
  - TwoStep クラスタ(T)...
  - 大規模ファイルのクラスタ(K)...
  - 階層クラスタ(H)...
  - クラスタ シルエット
  - ツリー(R)...
  - 判別分析(D)...
  - Ntile Analysis
  - 最近傍法(N)...
  - ROC 分析(R)...
- 次元分解(D)
- 尺度(A)
- ノンパラメトリック検定(N)
- 時系列(T)
- 生存分析(S)
- 多重回答(U)
- 欠損値分析(V)...
- 多重代入(I)
- シミュレーション...
- 品質管理(Q)
- 空間および時間モデリング...

| | 調査回答者 | 合理的 | 気分 | | 的 | 堅実派 | 血液型文字 | 血液型数値 |
|---|---|---|---|---|---|---|---|---|
| 1 | 1 | 2 | | | 2 | 1 | A | 1 |
| 2 | 3 | 2 | | | 2 | 1 | A | 1 |
| 3 | 4 | 2 | | | 2 | 2 | A | 1 |
| 4 | 7 | 2 | | | 2 | 2 | A | 1 |
| 5 | 9 | 2 | | | 2 | 2 | A | 1 |
| 6 | 10 | 2 | | | 1 | 1 | A | 1 |
| 7 | 12 | 2 | | | 1 | 1 | A | 1 |
| 8 | 14 | 2 | | | 2 | 1 | A | 1 |
| 9 | 16 | 1 | | | 2 | 1 | A | 1 |
| 10 | 22 | 2 | | | 1 | 1 | B | 2 |
| 11 | 23 | 1 | | | 2 | 2 | B | 2 |
| 12 | 30 | 2 | | | | | | 3 |
| 13 | 34 | 2 | | | | | | 3 |
| 14 | 2 | 1 | | | | | | 1 |
| 15 | 6 | 1 | | | | | | 1 |
| 16 | 19 | 1 | | | | | | 2 |
| 17 | 24 | 1 | | | | | | 2 |
| 18 | 27 | 2 | | | | | | 3 |
| 19 | 28 | 2 | | | | | | 3 |
| 20 | 33 | 2 | | | | | | 3 |
| 21 | 39 | 1 | | | | | | 4 |
| 22 | 5 | 2 | | | | | | 1 |
| 23 | 11 | 1 | | | | | | 1 |
| 24 | 13 | 1 | | | 2 | 1 | A | 1 |
| 25 | 15 | 2 | | | 2 | 2 | A | 1 |
| 26 | 17 | 2 | | | 2 | 2 | | 2 |
| 27 | 18 | 2 | 1 | 1 | 2 | 2 | | 2 |
| 28 | 20 | 2 | 1 | 1 | | 2 | | 2 |
| 29 | 29 | 2 | 1 | 1 | | 1 | O | 3 |
| 30 | 31 | 1 | 1 | 1 | | 1 | O | 3 |
| 31 | 32 | 1 | 2 | 1 | | 1 | O | 3 |
| 32 | 37 | 2 | 1 | 1 | 2 | 2 | AB | 4 |
| 33 | 38 | 1 | 2 | 1 | 1 | 1 | AB | 4 |
| 34 | 40 | 1 | 2 | 1 | 1 | 1 | AB | 4 |
| 35 | 8 | 2 | 2 | 1 | 1 | 2 | A | 1 |
| 36 | 21 | 2 | 1 | 1 | 1 | 2 | B | 2 |
| 37 | 25 | 2 | 2 | 1 | 1 | 2 | O | 3 |
| 38 | 26 | 2 | 2 | 2 | 1 | 2 | O | 3 |
| 39 | 35 | 2 | 1 | 1 | 1 | 2 | O | 3 |
| 40 | 36 | 1 | 2 | 1 | 1 | 2 | O | 3 |
| 41 | | | | | | | | |

ここで選ぶのは
階層クラスタ(H)

**手順 2** 階層クラスタ分析の画面になったら，合理的 から 堅実派 までを 変数(V) へ，血液型文字を ケースのラベル(C) へ．
続いて，統計量(S) をクリックします．

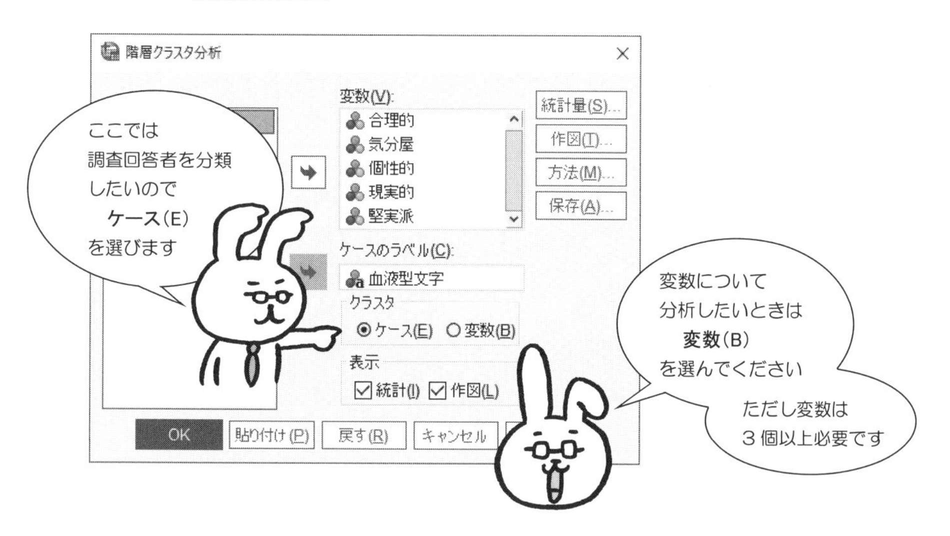


**手順 3** 次の 統計 の画面になったら，このまま 続行 ．
手順２の画面にもどったら，作図(T) をクリック．

手順④ 次の 作図 の画面になったら，

□ 樹形図 をチェックして，［続行］．

手順2の画面に戻るので，［方法(M)］．をクリック．

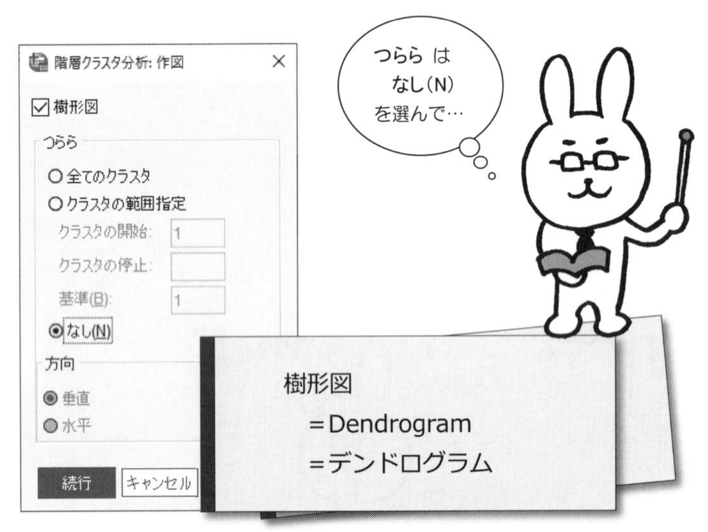


手順⑤ 次の 方法 の画面になったら， クラスタ化の方法 の中の Ward 法を選択．

そして，［OK］．選択し，［続行］．

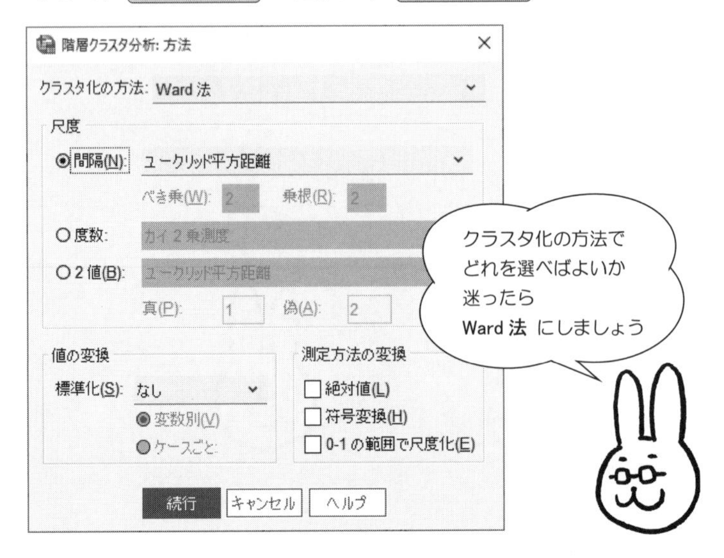

**クラスタ凝集経過工程**

| 段階 | 結合されたクラスタ | | 係数 | クラスタ初出の段階 | | 次の段階 |
|---|---|---|---|---|---|---|
| | クラスタ 1 | クラスタ 2 | | クラスタ 1 | クラスタ 2 | |
| 1 | 36 | 39 | .000 | 0 | 0 | 27 |
| 2 | 35 | 37 | .000 | 0 | 0 | 24 |
| 3 | 33 | 34 | .000 | 0 | 0 | 4 |
| 4 | 31 | 33 | .000 | 0 | 3 | 28 |
| 5 | 28 | 32 | .000 | 0 | 0 | 7 |
| 6 | 23 | 30 | .000 | 0 | 0 | 28 |
| 7 | 27 | 28 | .000 | 0 | 5 | 8 |
| 8 | 26 | 27 | .000 | 0 | 7 | 9 |
| 9 | 25 | 26 | .000 | 0 | 8 | 10 |
| 10 | 22 | 25 | .000 | 0 | 9 | 37 |
| 11 | 17 | 21 | .000 | 0 | 0 | 14 |
| 12 | 19 | 20 | .000 | 0 | 0 | 13 |
| 13 | 18 | 19 | .000 | 0 | 12 | 27 |
| 14 | 15 | 17 | .000 | 0 | 11 | 15 |
| 15 | 14 | 15 | .000 | 0 | 14 | 33 |
| 16 | 12 | 13 | .000 | 0 | 0 | 17 |
| 17 | 10 | 12 | .000 | 0 | 16 | 26 |
| 18 | 2 | 8 | .000 | 0 | 0 | 25 |
| 19 | 6 | 7 | .000 | 0 | 0 | 31 |
| 20 | 4 | 5 | .000 | 0 | 0 | 30 |
| 21 | 3 | 38 | .500 | 0 | 0 | 32 |
| 22 | 24 | 29 | 1.000 | 0 | 0 | 29 |
| 23 | 11 | 16 | 1.500 | 0 | 0 | 30 |
| 24 | 35 | 40 | 2.167 | 2 | 0 | 34 |
| 25 | 2 | 9 | 2.833 | 18 | 0 | [illegible] |
| 26 | 1 | 10 | 3.583 | 0 | 17 | [illegible] |
| 27 | 18 | 36 | 4.783 | 13 | 1 | [illegible] |
| 28 | 23 | 31 | 5.983 | 6 | 4 | 34 |
| 29 | 2 | 24 | 7.217 | 25 | 22 | 36 |
| 30 | 4 | 11 | 8.467 | 20 | 23 | 32 |
| 31 | 1 | 6 | 9.883 | 26 | 19 | 36 |
| 32 | 3 | 4 | 11.300 | 21 | 30 | 35 |
| 33 | 14 | 18 | 13.878 | 15 | 27 | 35 |
| 34 | 23 | 35 | 16.886 | 28 | 24 | 38 |
| 35 | 3 | 14 | 20.508 | 32 | 33 | 37 |
| 36 | 1 | 2 | 24.487 | 31 | 29 | 38 |
| 37 | 3 | 22 | 30.468 | 35 | 10 | 39 |
| 38 | 1 | 23 | 37.784 | 36 | 34 | 39 |
| 39 | 1 | 3 | 47.150 | 38 | 37 | 0 |

## 【SPSS による出力】——階層クラスター分析

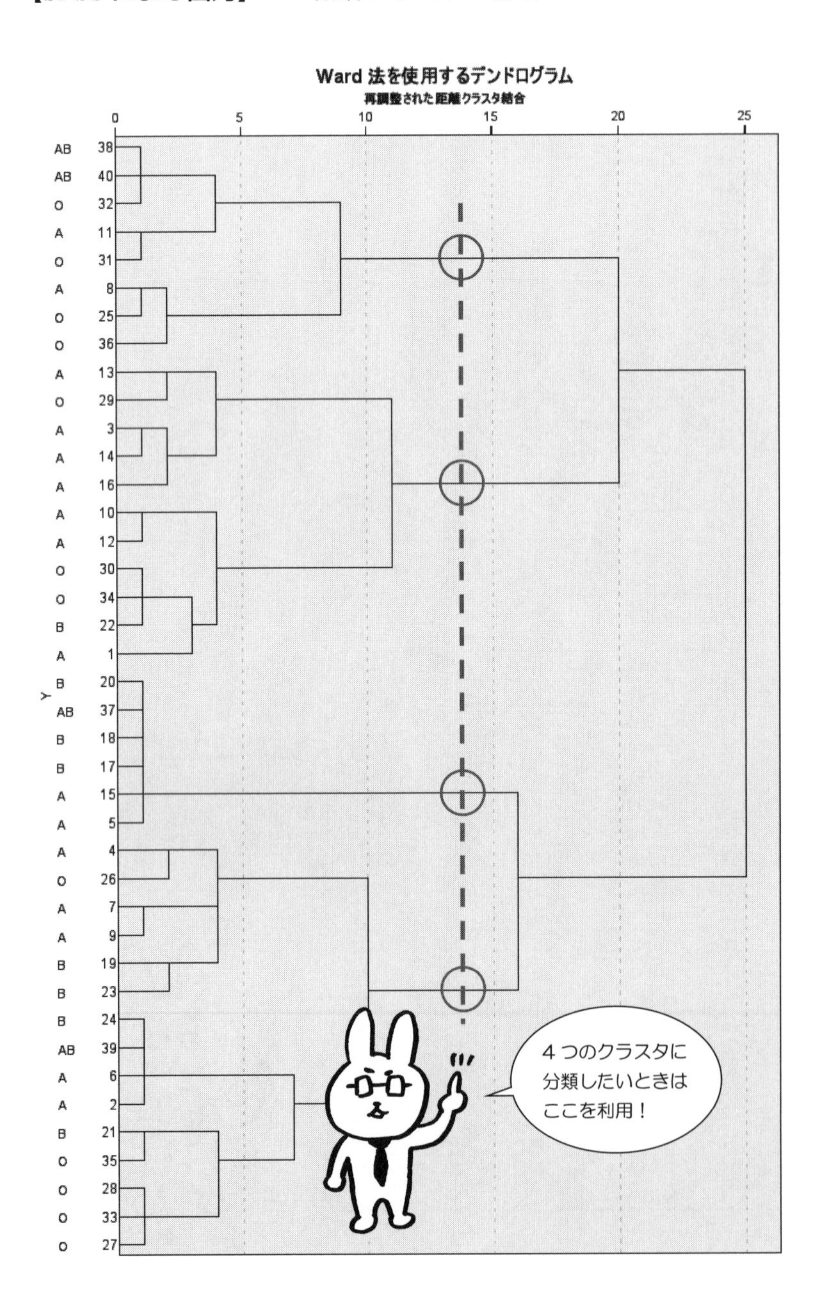

【出力結果の読み取り方】

⬅これが樹形図（デンドログラム）です.

# 第14章 コンジョイント分析によるアンケート処理

## 14.1 はじめに

SPSSのコンジョイント分析を使うと，アンケート調査の質問項目の中で，

“調査回答者はどの質問項目を **重要視** しているか”

を調べることができます.

したがって，コンジョイント分析は

- 市場調査
- マーケティング・リサーチ

の分野でよく利用されています.

コンジョイント分析は

“消費者の選好を分析する統計手法”

ともいわれています.

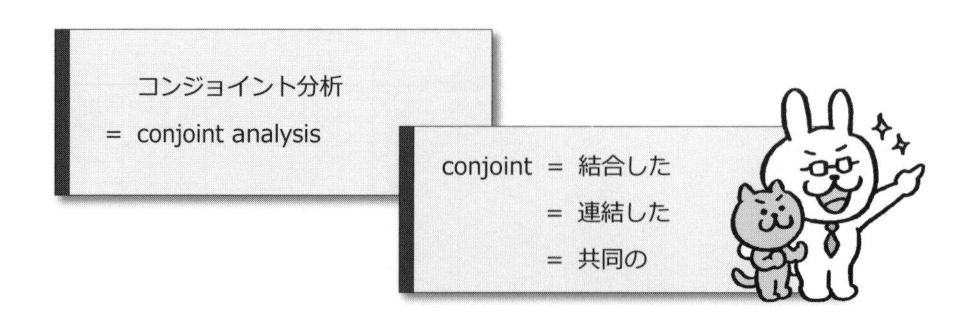

次のアンケート調査票の，

［宿泊費］［アクセス］［雰囲気］［サービス］［施設］［食事］

のうち，観光客（調査回答者）は，どの項目を **重要視** しているか，
コンジョイント分析を使って探ってみましょう．

**表 14.1　アンケート調査票**

項目１　あなたはリゾートホテルの宿泊費を重視しますか？　［宿泊費］
　１．重視する　　２．重視しない

項目２　あなたは駅からのアクセスを重視しますか？　［アクセス］
　１．重視する　　２．重視しない

項目３　あなたはリゾートホテルの客室内の雰囲気を重視しますか？　［雰囲気］
　１．重視する　　２．重視しない

項目４　あなたはリゾートホテルのサービスを重視しますか？　［サービス］
　１．重視する　　２．重視しない

項目５　あなたはリゾートホテルの施設を重視しますか？　［施設］
　１．重視する　　２．重視しない

項目６　あなたはリゾートホテルの食事を重視しますか？　［食事］
　１．重視する　　２．重視しない

## ■コンジョイント分析でわかること

コンジョイント分析をおこなうと，次のようなことがわかります．

（1） コンジョイント分析をおこなうと，

> 観光客（調査回答者）1人ひとりについて，
> 6つの項目のうち，どの項目を重視しているのか？

を調べることができます．

SPSS の
コンジョイント分析では
調査回答者ごとに
重要度を計算することが
できます

（2） コンジョイント分析をおこなうと，

> 観光客（調査回答者）全体について
> 6つの項目のうち，どの項目を重視しているのか？

を調べることができます．

（3） 性別ごとに，コンジョイント分析をおこなうと

> 女性や男性は
> 宿泊費から食事までのうち，どの項目を重要度しているのか？

を比較検討することができます．

（4） 年代ごとに，コンジョイント分析をおこなうと

> それぞれの年代の観光客は
> 宿泊費から食事までのうち，どの項目を重視しているのか？

を比較検討することができます．

## ■コンジョイント分析と重回帰分析の関係

コンジョイント分析のモデルは，次のような形をしています．

$$y=\text{定数}+\begin{Bmatrix}\text{係数}\times\text{項目 }1\text{ のカテゴリ }1\\ \text{係数}\times\text{項目 }1\text{ のカテゴリ }2\end{Bmatrix}+\cdots\cdots+\begin{Bmatrix}\text{係数}\times\text{項目 }p\text{ のカテゴリ }1\\ \text{係数}\times\text{項目 }p\text{ のカテゴリ }2\end{Bmatrix}$$

したがって，コンジョイント分析のモデルは

線型重回帰式

$$y=\text{定数}+\text{係数}\times\boxed{\text{独立変数 }1}+\cdots+\text{係数}\times\boxed{\text{独立変数 }p}$$

の独立変数がカテゴリカルデータの場合に対応しています．

次のように，コンジョイント分析のユーティリティ推定値の幅と

重回帰分析の非標準化係数は，一致します．

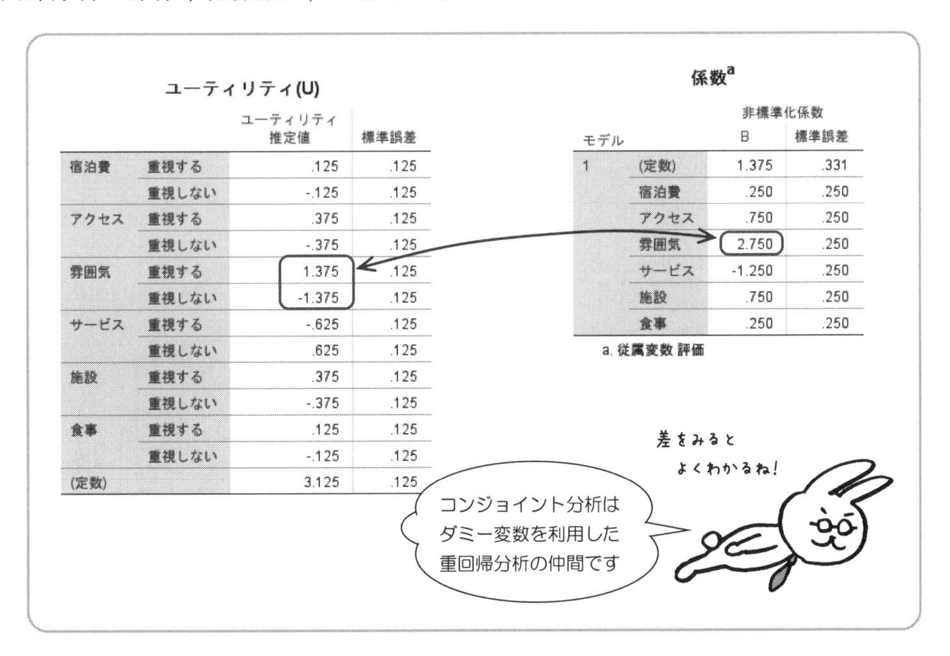

**ユーティリティ(U)**

| | | ユーティリティ推定値 | 標準誤差 |
|---|---|---|---|
| 宿泊費 | 重視する | .125 | .125 |
| | 重視しない | -.125 | .125 |
| アクセス | 重視する | .375 | .125 |
| | 重視しない | -.375 | .125 |
| 雰囲気 | 重視する | 1.375 | .125 |
| | 重視しない | -1.375 | .125 |
| サービス | 重視する | -.625 | .125 |
| | 重視しない | .625 | .125 |
| 施設 | 重視する | .375 | .125 |
| | 重視しない | -.375 | .125 |
| 食事 | 重視する | .125 | .125 |
| | 重視しない | -.125 | .125 |
| (定数) | | 3.125 | .125 |

**係数[a]**

| モデル | | 非標準化係数 B | 標準誤差 |
|---|---|---|---|
| 1 | (定数) | 1.375 | .331 |
| | 宿泊費 | .250 | .250 |
| | アクセス | .750 | .250 |
| | 雰囲気 | 2.750 | .250 |
| | サービス | -1.250 | .250 |
| | 施設 | .750 | .250 |
| | 食事 | .250 | .250 |

a. 従属変数 評価

### ■コンジョイントカード

コンジョイント分析は，ふつうのアンケート調査とは異なり

コンジョイントカード

とよばれるものを利用しておこなわれます．

コンジョイントカードとは，次のようなカードのことです．

コンジョイントカード No.1

リゾートホテルを選択する際に，

次の選択肢の組合せを，どの程度評価しますか？

| | |
|---|---|
| 宿泊費 ………………… | 重視する |
| アクセス …………… | 重視しない |
| 客室内の雰囲気 …… | 重視しない |
| サービス …………… | 重視しない |
| 施設 ………………… | 重視しない |
| 食事 ………………… | 重視する |

5段階で，この組合せを評価してください．

評価５点：　最も高い評価

評価１点：　最も低い評価

このカードの評価は　（　　　　　　　）点

コンジョイントカード No.10

リゾートホテルを選択する際に，
次の選択肢の組合せを，どの程度評価しますか？

宿泊費 ……………… 重視する
アクセス …………… 重視する
客室内の雰囲気 …… 重視しない
サービス …………… 重視する
施設 ………………… 重視する
食事 ………………… 重視する

5段階で，この組合せを評価してください．

評価5点：　最も高い評価
評価1点：　最も低い評価

このカードの評価は　（　　　　　　　）点

このようなコンジョイントカードは，SPSSで作成します．

調査回答者の方にコンジョイントカードを配り

**5段階評価　や　順位付け**

をしてもらいます．

ここでは，5段階評価の場合を取り上げています．

## ■コンジョイント分析の流れ

SPSS のコンジョイント分析の手順は，次のようになります．

コンジョイントカード用シンタックスを作成し，保存する

Step 2

コンジョイントカード用シンタックスを実行し
コンジョイントカードを作成し，保存する

Step 3

コンジョイントカードを調査回答者に配布して，評価してもらう

Step 4

評価結果を SPSS に入力する

Step 5

コンジョイント分析用シンタックスを作成し，分析を実行!!

## ■ SPSS の出力が出たら……

SPSS の出力が出たら，次の点を確認しましょう *!!*

**Point 1**

調査回答者１人ひとりの重要度を確認する

**Point 2**

調査回答者のグループ１（例：女性）の重要度を確認する

**Point 3**

調査回答者のグループ２（例：男性）の重要度を確認する

**Point 4**

調査回答者のグループ全体の重要度を確認する

最後に，これらの結果をレポートや論文にまとめれば分析が完了します．

### ■コンジョイント分析をまとめるときは……

レポートにまとめてみましょう．まとめ方にはいろいろな表現があります．

たとえば……

……………………………………………………………………………………………

………………………………………….

SPSS の出力を見ると，調査回答者 $F_1$ さんの重要度が大きいのは，雰囲気とサービスなので，調査回答者 $F_1$ さんは，リゾートホテルを選ぶとき，ホテルの雰囲気とサービスを重視していることがわかる．

また，

女性と男性の全体の重要度では食事と施設を重視している

女性グループの重要度では雰囲気を最も重視している

男性グループの重要度ではサービスを最も重視している

ことがわかる．

このことから，…………………………………………………………………

……………………………………………………………………………………………

……………………………………………………….

## ■コンジョイントカードの評価の結果と SPSS のデータ入力

調査回答者によるコンジョイントカードの評価の点数は，
次のように SPSS のデータビューに入力します．

**【データ入力】**——5段階評価の場合

| | 性別 | 調査回答者 | カード1 | カード2 | カード3 | カード4 | カード5 | カード6 | カード7 | カード8 | カード9 | カード10 |
|---|---|---|---|---|---|---|---|---|---|---|---|---|
| 1 | 1 | F1 | 2 | 1 | 3 | 5 | 5 | 5 | 1 | 3 | 5 | 1 |
| 2 | 1 | F2 | 5 | 1 | 4 | 5 | 5 | 3 | 2 | 4 | 2 | 4 |
| 3 | 1 | F3 | 3 | 4 | 1 | 3 | 1 | 5 | 3 | 2 | 3 | 3 |
| 4 | 1 | F4 | 5 | 1 | 4 | 5 | 5 | 3 | 2 | 4 | 2 | 4 |
| 5 | 1 | F5 | 2 | 4 | 2 | 3 | 3 | 4 | 2 | 1 | 1 | 2 |
| 6 | 2 | M1 | 3 | 4 | 1 | 2 | 2 | 5 | 3 | 1 | 2 | 3 |
| 7 | 2 | M2 | 2 | 4 | 4 | 4 | 1 | 3 | 5 | 3 | 4 | 1 |
| 8 | 2 | M3 | 2 | 3 | 1 | 3 | 2 | 4 | 3 | 4 | 4 | 1 |
| 9 | 2 | M4 | 4 | 5 | 3 | 4 | 2 | 4 | 4 | 2 | 3 | 3 |
| 10 | 2 | M5 | 3 | 4 | 1 | 3 | 1 | 5 | 5 | 2 | 3 | 3 |

## 14.2 コンジョイント分析のための手順

**手順 1** はじめに，分析したいデータを画面上に表示しておきます．

| | 性別 | 調査回答者 | カード1 | カード2 | カード3 | カード4 | カード5 | カード6 | カード7 | カード8 | カード9 | カード10 |
|---|---|---|---|---|---|---|---|---|---|---|---|---|
| 1 | 1 | F1 | 2 | 1 | 3 | 5 | 5 | 5 | 1 | 3 | 5 | 1 |
| 2 | 1 | F2 | 5 | 1 | 4 | 5 | 5 | 3 | 2 | 4 | 2 | 4 |
| 3 | 1 | F3 | 3 | 4 | 1 | 3 | 1 | 5 | 3 | 2 | 3 | 3 |
| 4 | 1 | F4 | 5 | 1 | 4 | 5 | 5 | 3 | 2 | 4 | 2 | 4 |
| 5 | 1 | F5 | 2 | 4 | 2 | 3 | 3 | 4 | 2 | 1 | 1 | 2 |
| 6 | 2 | M1 | 3 | 4 | 1 | 2 | 2 | 5 | 3 | 1 | 2 | 3 |
| 7 | 2 | M2 | 2 | 4 | 4 | 4 | 1 | 3 | 5 | 3 | 4 | 1 |
| 8 | 2 | M3 | 2 | 3 | 1 | 3 | 2 | 4 | 3 | 4 | 4 | 1 |
| 9 | 2 | M4 | 4 | 5 | 3 | 4 | 2 | 4 | 4 | 2 | 3 | 3 |
| 10 | 2 | M5 | 3 | 4 | 1 | 3 | 1 | 5 | 5 | 2 | 3 | 3 |

５段階評価（SCORE）の場合です！

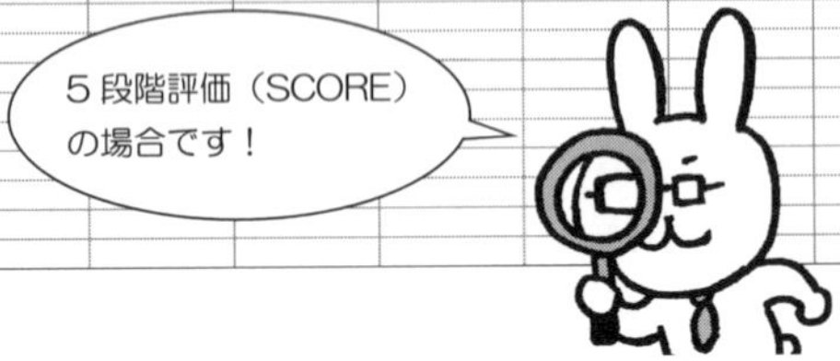

**手順 2** 次に，コンジョイント分析を実行するためのシンタックスを作成するので，

ファイル(F) ⇒ 新規作成(N) ⇒ シンタックス(S) を選択します．

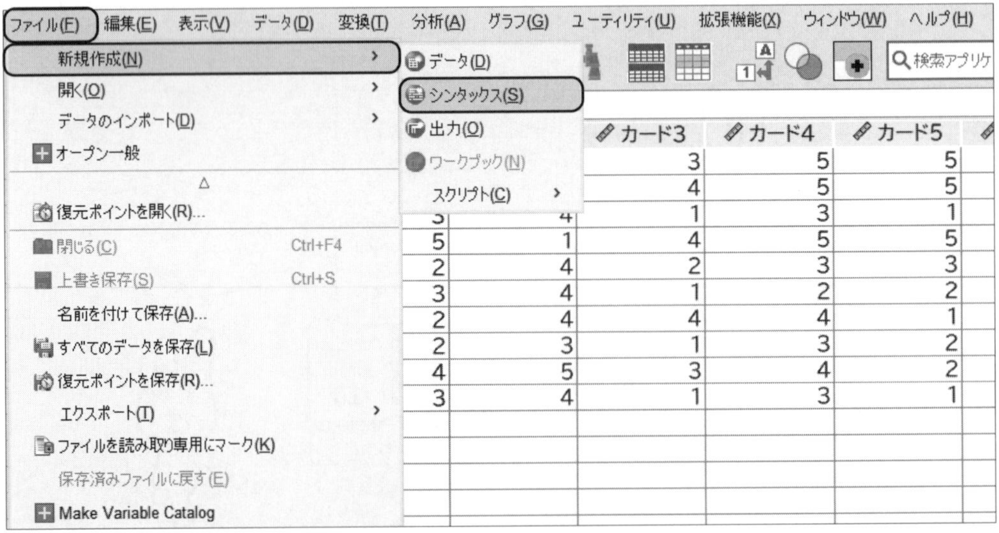

ファイル(F) 編集(E) 表示(V) データ(D) 変換(T) 分析(A) グラフ(G) ユーティリティ(U) 拡張機能(X) ウィンドウ(W) ヘルプ(H)

新規作成(N) ＞ データ(D) / シンタックス(S) / 出力(O) / ワークブック(N) / スクリプト(C)

開く(O)
データのインポート(D)
オープン一般
復元ポイントを開く(R)...
閉じる(C) Ctrl+F4
上書き保存(S) Ctrl+S
名前を付けて保存(A)...
すべてのデータを保存(L)
復元ポイントを保存(R)...
エクスポート(T)
ファイルを読み取り専用にマーク(K)
保存済みファイルに戻す(E)
Make Variable Catalog

**手順 3** シンタックスのウィンドウが表示されたら，

コンジョイントカードの場所とファイル名を入力します．

CONJOINT PLAN= 'C:\Users\XXXXX\Desktop\ホテルコンジョイントカード.sav'

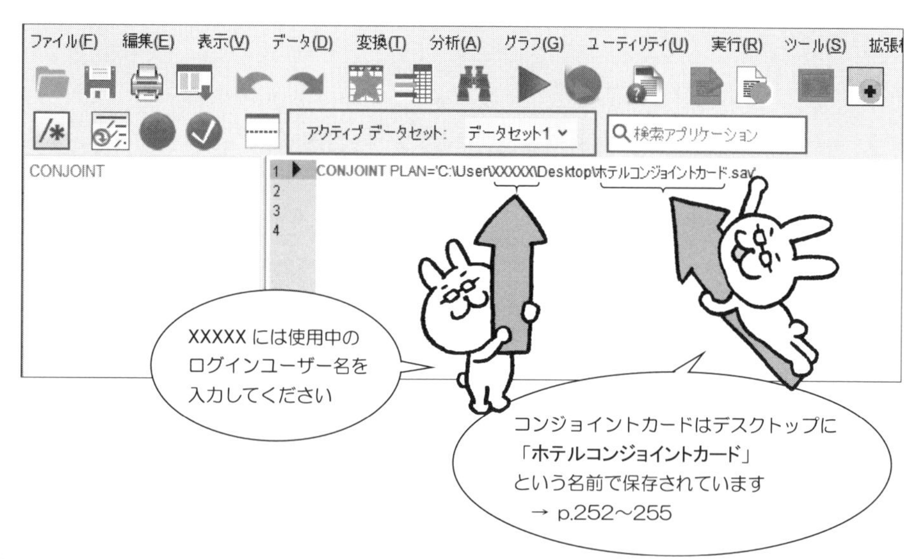


**手順 4** 続いて，分析したいデータがすでに画面上に用意されているので

/DATA = ＊

と入力します．

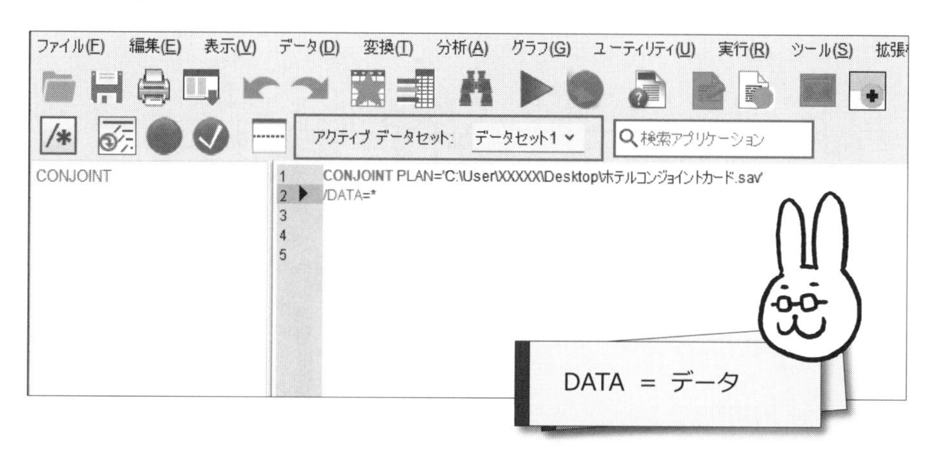

**手順 5** コンジョイントカードは5段階評価の10枚なので，

/SCORE＝カード1 to カード10

と入力します．

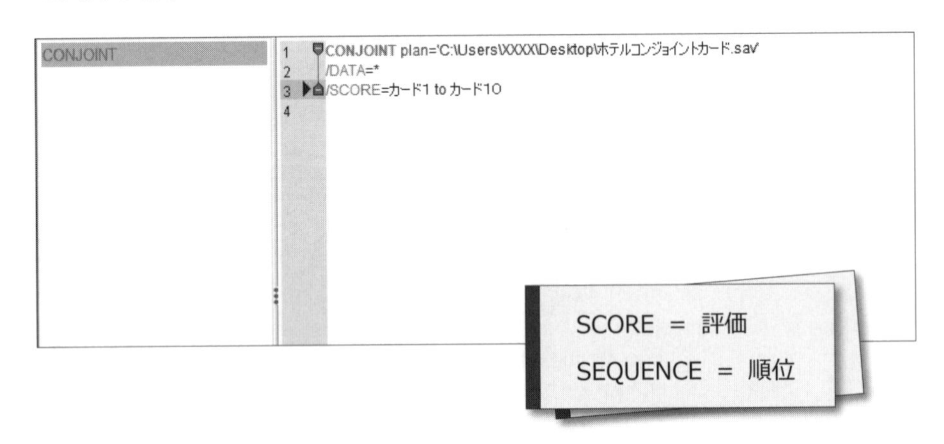


**手順 6** 続いて，調査回答者と項目名を次のように

/SUBJECT＝調査回答者

/FACTORS＝宿泊費 アクセス 雰囲気 サービス 施設 食事（DISCRETE）

と入力します．

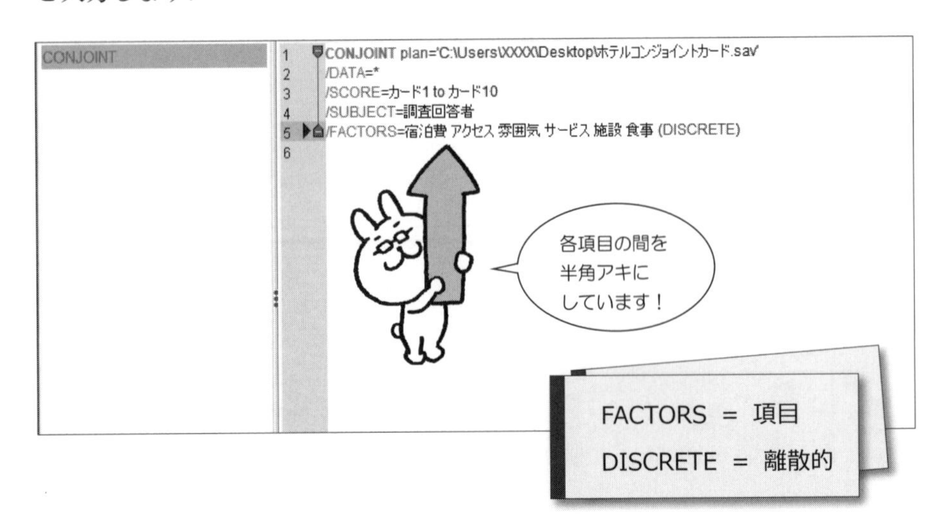

**手順 7** 続いて，

/PRINT ALL.

と入力します．

**手順 8** 最後に，このシンタックスを実行します．

メニューバーの

実行(R) ⇒ すべて(A)

を選択すると，シンタックスが実行されます．

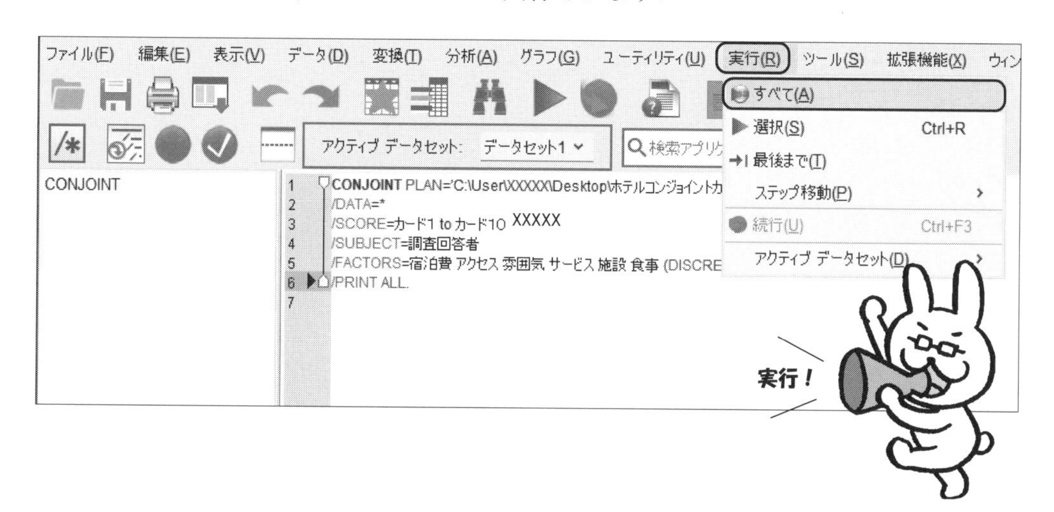

【SPSS による出力・その 1】

## 被験者 1: F1 ←①

**ユーティリティ(U)**

| | | ユーティリティ推定値 | 標準誤差 |
|---|---|---|---|
| 宿泊費 | 重視する | .125 | .125 |
| | 重視しない | -.125 | .125 |
| アクセス | 重視する | .375 | .125 |
| | 重視しない | -.375 | .125 |
| 雰囲気 | 重視する | 1.375 | .125 |
| | 重視しない | -1.375 | .125 |
| サービス | 重視する | -.625 | .125 |
| | 重視しない | .625 | .125 |
| 施設 | 重視する | .375 | .125 |
| | 重視しない | -.375 | .125 |
| 食事 | 重視する | .125 | .125 |
| | 重視しない | -.125 | .125 |
| (定数) | | 3.125 | .125 |

←②

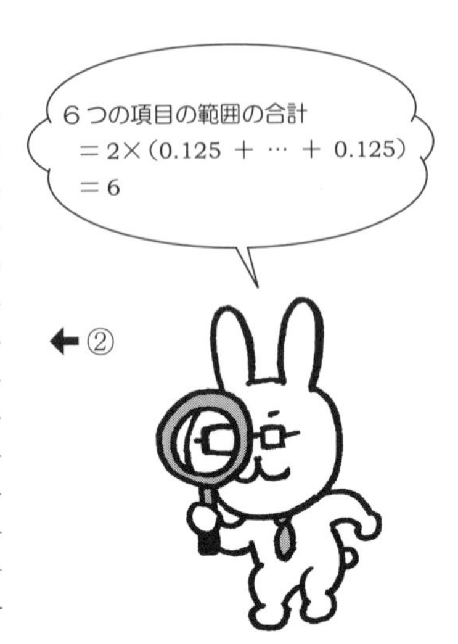


**重要度値**

| | |
|---|---|
| 宿泊費 | 4.167 |
| アクセス | 12.500 |
| 雰囲気 | 45.833 |
| サービス | 20.833 |
| 施設 | 12.500 |
| 食事 | 4.167 |

←③

**相関分析[a]**

| | 値 | 有意確率 |
|---|---|---|
| Pearson の R | .997 | .000 |
| Kendall のタウ | .941 | .001 |
| ホールドアウトに対する Kendall のタウ | 1.000 | . |

a. 観測嗜好値と予測嗜好値の相関

←④ ←⑤

**【出力結果の読み取り方・その1】**

⬅① 女性の調査回答者 F1 さんのコンジョイント分析の結果です.

⬅② ユーティリティ推定値の「重視する」と「重視しない」の **差** が大きいほど，重要な項目です.

**［雰囲気］**の範囲 … $1.375-(-1.375)=2.75$

**［サービス］**の範囲 … $0.625-(-0.625)=1.25$

⬅③ ユーティリティ推定値の範囲から，重要度を計算します.

**［雰囲気］** …… $45.833=\dfrac{\text{［雰囲気］の範囲}}{\text{6つの項目の範囲の合計}}\times 100$

**［サービス］** …… $20.833=\dfrac{\text{［サービス］の範囲}}{\text{6つの項目の範囲の合計}}\times 100$

調査回答者 F1 さんは，**［雰囲気］**と**［サービス］**を重視しています.

⬅④ 調査回答者の評定とコンジョイントモデルによる予測との相関係数です.

この値が **1** に近いほど

“調査回答者の評定がコンジョイントモデルによる予測に一致している”

と考えられます.

⬅⑤ ケンドールの順位相関係数は，ユーティリティ推定値の信頼性を示しています.

この値が **1** に近いことが望まれます.

## 【出力結果の読み取り方・その2】

### 全体の統計量（女性グループと男性グループ）

重要度値

| | |
|---|---|
| 宿泊費 | 14.853 |
| アクセス | 13.957 |
| 雰囲気 | 17.317 |
| サービス | 17.285 |
| 施設 | 17.544 |
| 食事 | 19.044 |

平均化された重要度得点

← ⑥

### 全体の統計量（女性グループ）

重要度値

| | |
|---|---|
| 宿泊費 | 9.205 |
| アクセス | 14.886 |
| 雰囲気 | 23.068 |
| サービス | 13.750 |
| 施設 | 16.705 |
| 食事 | 22.386 |

平均化された重要度得点

← ⑦

### 全体の統計量（男性グループ）

重要度値

| | |
|---|---|
| 宿泊費 | 20.501 |
| アクセス | 13.028 |
| 雰囲気 | 11.565 |
| サービス | 20.821 |
| 施設 | 18.384 |
| 食事 | 15.701 |

平均化された重要度得点

← ⑧

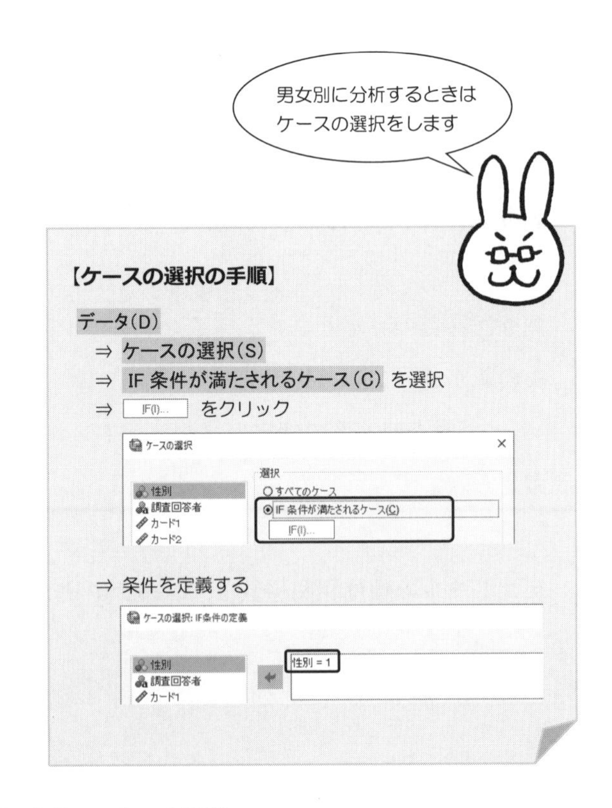

**【出力結果の読み取り方・その2】**

⬅⑥　全体の統計量（女性グループと男性グループの全体）

　女性グループと男性グループの全体の重要度の高い項目は，

　　　　［**食事**］… 19.044，［**施設**］… 17.544

　なので，

全体としては，［**食事**］や［**施設**］を重視していることがわかります．

⬅⑦　全体の統計量（女性グループ）

　女性グループ全体の重要度の高い項目は

　　　　［**雰囲気**］… 23.068，［**食事**］… 22.386

　なので，

女性グループは，［**雰囲気**］と［**食事**］を重視していることがわかります．

⬅⑧　全体の統計量（男性グループ）

　男性グループ全体の重要度の高い項目は

　　　　［**サービス**］… 20.821，［**宿泊費**］… 20.501

　なので，

男性グループは［**サービス**］と［**宿泊費**］を重視していることがわかります．

## 14.3 コンジョイントカードの作り方と保存

手順 1 コンジョイントカードを作成するときは，ファイル(F) のメニューから，新規作成(N) ⇒ シンタックス(S) を選択します．

手順 2 次のようなシンタックスの画面になったら，最初に，変数名 を入力します．

手順 3 次に，直交表を作成するために，コマンド と 変数名，その 水準 を入力します．

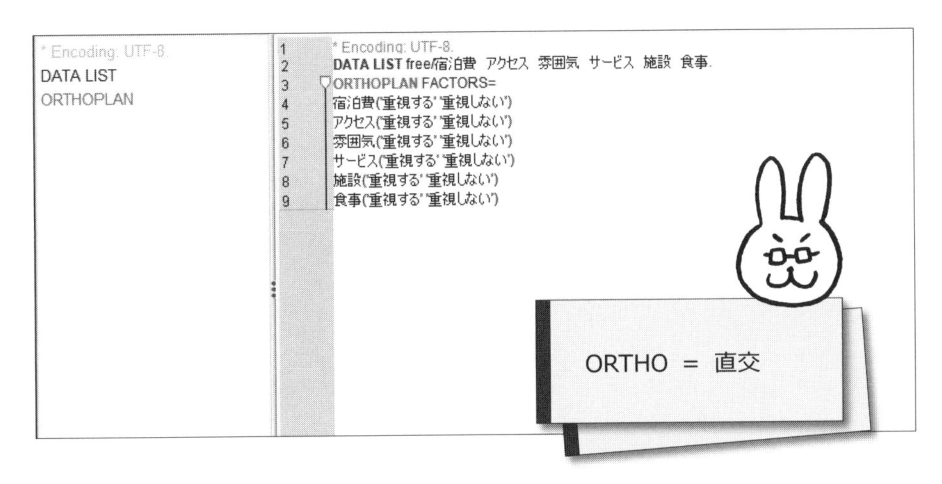

手順 4 ホールドアウトカードの 個数 を入力します.

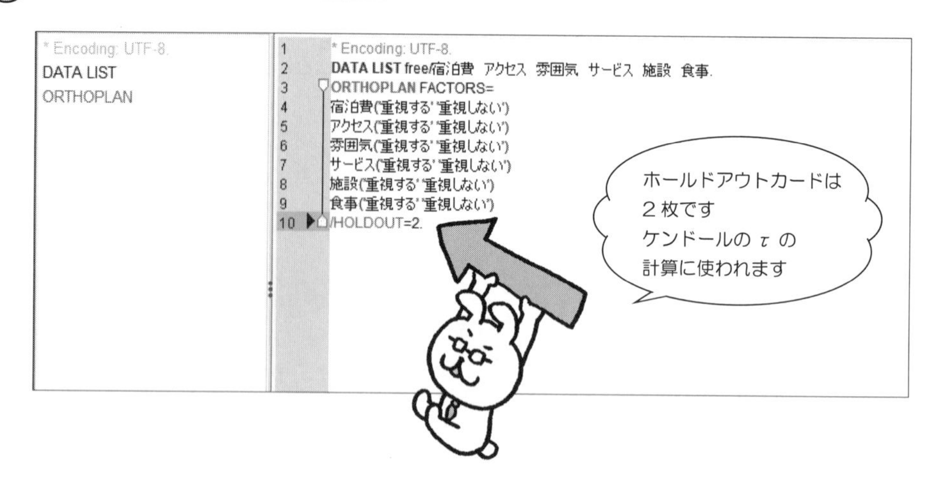


手順 5 次のように, 出力 と 保存 のコマンドを入力して……

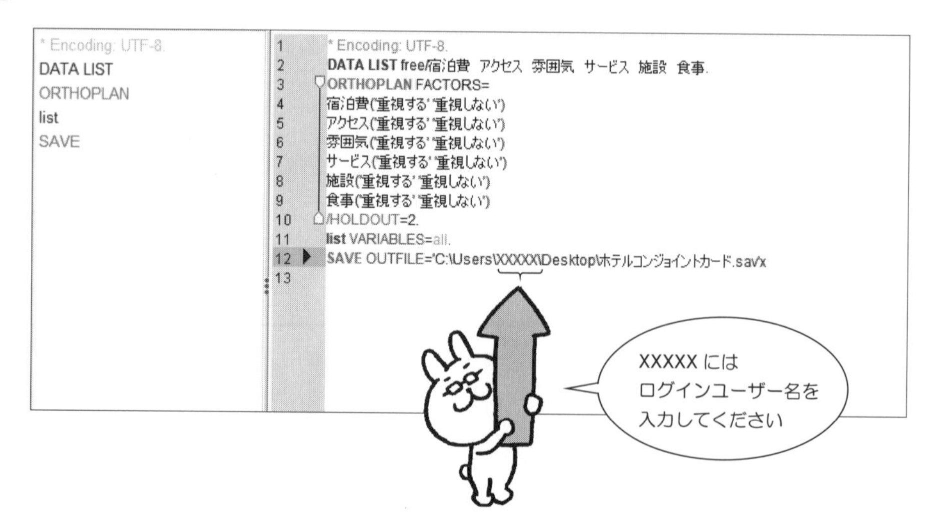

手順 6 最後に,

実行(R) ⇒ すべて(A)

を選択して,このシンタックスを 実行 します.

【SPSS による出力】——コンジョイントカード

## 直交計画

**警告**

計画は 8 個のカードで生成されました。

```
list VARIABLES=all.
```

### ケースのリスト

| 宿泊費 | アクセス | 雰囲気 | サービス | 施設 | 食事 | STATUS_ | CARD_ |
|---|---|---|---|---|---|---|---|
| 1.00 | 2.00 | 2.00 | 2.00 | 2.00 | 1.00 | 0 | 1 |
| 2.00 | 2.00 | 2.00 | 1.00 | 1.00 | 2.00 | 0 | 2 |
| 2.00 | 2.00 | 1.00 | 1.00 | 2.00 | 1.00 | 0 | 3 |
| 1.00 | 1.00 | 1.00 | 1.00 | 1.00 | 1.00 | 0 | 4 |
| 2.00 | 1.00 | 1.00 | 2.00 | 2.00 | 2.00 | 0 | 5 |
| 1.00 | 2.00 | 1.00 | 2.00 | 1.00 | 2.00 | 0 | 6 |
| 1.00 | 1.00 | 2.00 | 1.00 | 2.00 | 2.00 | 0 | 7 |
| 2.00 | 1.00 | 2.00 | 2.00 | 1.00 | 1.00 | 0 | 8 |
| 2.00 | 1.00 | 1.00 | 2.00 | 2.00 | 1.00 | 1 | 9 |
| 1.00 | 1.00 | 2.00 | 1.00 | 1.00 | 1.00 | 1 | 10 |

SPSS のデータファイルには，次のようにコンジョイントカードが作成されます．

| | 宿泊費 | アクセス | 雰囲気 | サービス | 施設 | 食事 | STATUS_ | CARD_ |
|---|---|---|---|---|---|---|---|---|
| 1 | 1.00 | 2.00 | 2.00 | 2.00 | 2.00 | 1.00 | 0 | 1 |
| 2 | 2.00 | 2.00 | 2.00 | 1.00 | 1.00 | 2.00 | 0 | 2 |
| 3 | 2.00 | 2.00 | 1.00 | 1.00 | 2.00 | 1.00 | 0 | 3 |
| 4 | 1.00 | 1.00 | 1.00 | 1.00 | 1.00 | 1.00 | 0 | 4 |
| 5 | 2.00 | 1.00 | 1.00 | 2.00 | 2.00 | 2.00 | 0 | 5 |
| 6 | 1.00 | 2.00 | 1.00 | 2.00 | 1.00 | 2.00 | 0 | 6 |
| 7 | 1.00 | 1.00 | 2.00 | 1.00 | 2.00 | 2.00 | 0 | 7 |
| 8 | 2.00 | 1.00 | 2.00 | 2.00 | 1.00 | 1.00 | 0 | 8 |
| 9 | 2.00 | 1.00 | 1.00 | 2.00 | 2.00 | 1.00 | 1 | 9 |
| 10 | 1.00 | 1.00 | 2.00 | 1.00 | 1.00 | 1.00 | 1 | 10 |
| 11 | | | | | | | | |
| 12 | | | | | | | | |

このとき，値ラベルを表示してみると，次のようになっています．

| | 宿泊費 | アクセス | 雰囲気 | サービス | 施設 | 食事 | STATUS_ | CARD_ |
|---|---|---|---|---|---|---|---|---|
| 1 | 重視する | 重視しない | 重視しない | 重視しない | 重視しない | 重視する | 計画 | 1 |
| 2 | 重視しない | 重視しない | 重視しない | 重視する | 重視する | 重視しない | 計画 | 2 |
| 3 | 重視しない | 重視しない | 重視する | 重視する | 重視しない | 重視する | 計画 | 3 |
| 4 | 重視する | 重視する | 重視する | 重視する | 重視する | 重視する | 計画 | 4 |
| 5 | 重視しない | 重視する | 重視する | 重視しない | 重視しない | 重視しない | 計画 | 5 |
| 6 | 重視する | 重視しない | 重視する | 重視しない | 重視する | 重視しない | 計画 | 6 |
| 7 | 重視する | 重視する | 重視しない | 重視する | 重視しない | 重視しない | 計画 | 7 |
| 8 | 重視しない | 重視する | 重視しない | 重視しない | 重視する | 重視する | 計画 | 8 |
| 9 | 重視しない | 重視する | 重視する | 重視しない | 重視しない | 重視する | ホールドアウト | 9 |
| 10 | 重視する | 重視する | 重視しない | 重視する | 重視する | 重視する | ホールドアウト | 10 |
| 11 | | | | | | | | |
| 12 | | | | | | | | |
| 13 | | | | | | | | |

この出力を見ながら，p.238～239 のような

コンジョイントカードを 10 枚作成します．

# 第15章 選択型コンジョイント分析によるアンケート処理

## 15.1 はじめに

選択型コンジョイント分析をすると，効用関数の係数を使って，

**限界支払意思額**

を計算することができます．

限界支払意思額とは，たとえば

| 自然保護のための調査 | = | 5.07 万円 |
|---|---|---|
| 自然保護のための技術 | = | 1.68 万円 |
| 自然保護のための教育 | = | 4.07 万円 |

のように，アンケート調査のそれぞれの項目について

**この金額までなら，支払う意思がある**

といった意味です．

このアンケート調査では
代替案を利用した
調査票を使います

次のアンケート調査の

［調査］　［研究］　［技術］　［共存］　［教育］　［負担］

の効用関数の係数を，選択型コンジョイント分析で求めてみましょう．

**表 15.1　アンケート調査の項目**

**項目 1　自然保護のための調査を……**　［調査］

1．重視する　　2．少し重視する

3．あまり重視しない　　4．重視しない

**項目 2　自然保護のための研究を……**　［研究］

1．重視する　　2．少し重視する

3．あまり重視しない　　4．重視しない

**項目 3　自然保護のための技術を……**　［技術］

1．重視する　　2．少し重視する

3．あまり重視しない　　4．重視しない

**項目 4　自然保護のための共存を……**　［共存］

1．重視する　　2．少し重視する

3．あまり重視しない　　4．重視しない

**項目 5　自然保護のための教育を……**　［教育］

1．重視する　　2．少し重視する

3．あまり重視しない　　4．重視しない

**項目 6　自然保護のための費用を負担するとしたら，いくら支払いますか？**　［負担］

1．1 万円　　2．5 万円　　3．10 万円

## ■選択型コンジョイント分析のための調査票

選択型コンジョイント分析では，次のような代替案の調査票を用意し，調査対象者に最も良いと思われる代替案を１つだけ選択してもらいます．

### ●調査票を調査対象者１人に１枚渡す場合

● 調査対象者 A さんに，次の１枚を渡します．

この調査票 No.1 に対して
調査対象者 A さんは
**代替案 1**
を選択しました

調査票 No.1

次の４つの代替案の中で，どの代替案を選択しますか？
１つだけ選んでください．

| | 自然保護のための調査 | 自然保護のための研究 | 自然保護のための技術 | 自然保護のための共存 | 自然保護のための教育 | 自然保護のための負担 |
|---|---|---|---|---|---|---|
| 代替案 10 | 少し重視する | あまり重視しない | あまり重視しない | 重視しない | あまり重視しない | 1 万円 |
| 代替案 1 | 重視しない | 重視する | あまり重視しない | 重視しない | 重視しない | 1 万円 |
| 代替案 3 | 重視しない | 重視する | 少し重視する | 少し重視する | あまり重視しない | 10 万円 |
| 代替案 2 | 重視する | 重視しない | 重視しない | 重視しない | 重視しない | 10 万円 |

回答　選択する代替案を１つだけ選び，○で囲ってください．

**代替案 10**　**代替案 1**　**代替案 3**　**代替案 2**

この調査票 No.2 に対して
調査対象者 B さんは
**代替案 14**
を選択しました

この調査票の作り方は
p.276 以降にあります

調査対象者 B さんに，次の 1 枚を渡します．

調査票 No.2

次の 4 つの代替案の中で，どの代替案を選択しますか？
1つだけ選んでください．

| | 自然保護のための調査 | 自然保護のための研究 | 自然保護のための技術 | 自然保護のための共存 | 自然保護のための教育 | 自然保護のための負担 |
|---|---|---|---|---|---|---|
| 代替案 17 | 重視しない | あまり重視しない | 重視しない | 重視しない | 少し重視する | 5 万円 |
| 代替案 16 | あまり重視しない | 重視しない | あまり重視しない | 重視する | 少し重視する | 10 万円 |
| 代替案 3 | 重視しない | 重視する | 少し重視する | 少し重視する | あまり重視しない | 10 万円 |
| 代替案 14 | あまり重視しない | 少し重視する | 重視しない | あまり重視しない | あまり重視しない | 1 万円 |

回答

選択する代替案を 1 つだけ選び，○で囲ってください．

**代替案 17**　　**代替案 16**　　**代替案 3**　　**代替案 14**

## ■選択型コンジョイント分析の流れ

SPSS の選択型コンジョイント分析の手順は，次のようになります．

選択型コンジョイント分析用の調査票を用意する

調査票を調査対象者に配り，その調査票の中から

最も良い代替案を 1 つだけ選択してもらう

一般的には，1 人の調査対象者に数枚の調査票を用意する

Step 3

調査票の回収後，調査対象者に選択してもらった結果を，

SPSS のデータファイルに入力する

Step 4

SPSS の分析メニューから，**生存分析(S)** を選択し，

**Cox 回帰(C)** を選択する

Step 5

**生存変数(I)**，**状態変数(U)** などを設定して，分析を実行 *!!*

## ■ SPSS の出力が出たら……

SPSS の出力が出たら，次の点を確認しましょう !!

**処理したケースの要約** を確認する

Point 2

**方程式中の変数** を見て，効用関数の係数を確認する

Point 3

効用関数の係数を用いて，各項目の限界支払意思額を計算する

Point 4

**方程式中の変数** の B の大小や，**有意確率** の大小の比較をして
項目間の重要度を比べる

最後に，これらの結果をレポートや論文にまとめれば分析が完了します．

**■選択型コンジョイント分析をまとめるときは……**

レポートにまとめてみましょう．まとめ方にはいろいろな表現があります．
たとえば……

…………………………………………………………………………………………
……………………………………….

SPSSの出力を見ると，調査の効用関数の係数は0.381なので，自然保護のための調査に対する限界支払意思額は5.07万円となり，技術の効用関数の係数は0.126なので，自然保護のための技術に対する限界支払意思額は1.68万円となっている．金額は多い順に，調査，研究，教育，共存，技術となっている．

このことから，………………………………………………………………
…………………………………………………………………………………………
……………………………………………………

## ■調査票の結果と SPSS のデータ入力

調査票の結果を SPSS のデータビューに入力します.

選択型コンジョイント分析を使って,

6つの項目の効用関数の係数を求めてみましょう.

【データ入力】

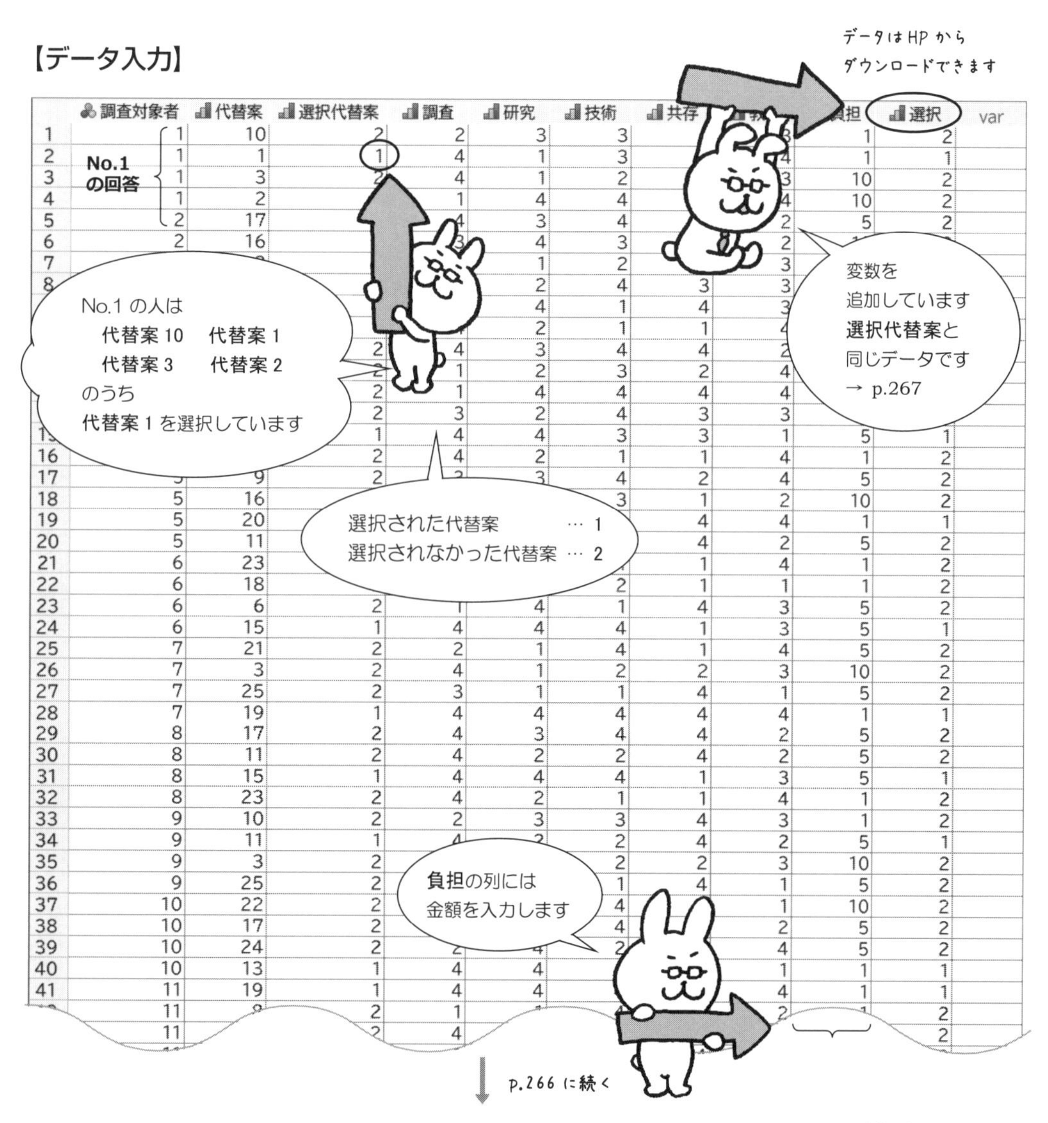


p.266 に続く

【データ入力】（つづき）

| | 調査対象者 | 代替案 | 選択代替案 | 調査 | 研究 | 技術 | 共存 | 教育 | 負担 | 選択 |
|---|---|---|---|---|---|---|---|---|---|---|
| 28 | 7 | 19 | 1 | 4 | 4 | 4 | 4 | 4 | 1 | 1 |
| 29 | 8 | 17 | 2 | 4 | 3 | 4 | 4 | 2 | 5 | 2 |
| 30 | 8 | 11 | 2 | 4 | 2 | [illegible] | [illegible] | 2 | 5 | 2 |
| 31 | 8 | [illegible] | 1 | 4 | [illegible] | [illegible] | [illegible] | [illegible] | [illegible] | 1 |
| [illegible] | 8 | [illegible] | 2 | [illegible] | [illegible] | [illegible] | [illegible] | [illegible] | [illegible] | 2 |
| [illegible] | [illegible] | 9 | [illegible] | [illegible] | 3 | [illegible] | [illegible] | 4 | [illegible] | [illegible] |
| 173 | [illegible] | 23 | [illegible] | 4 | 2 | [illegible] | [illegible] | 4 | [illegible] | [illegible] |
| 174 | 44 | 5 | 2 | 4 | 3 | [illegible] | [illegible] | 4 | [illegible] | 2 |
| 175 | 44 | 12 | 2 | 4 | 4 | [illegible] | [illegible] | 1 | [illegible] | 2 |
| 176 | 44 | 13 | 1 | 4 | 4 | [illegible] | [illegible] | 1 | [illegible] | 1 |
| 177 | 45 | 21 | 2 | 2 | 1 | 4 | 1 | 4 | 5 | 2 |
| 178 | 45 | 25 | 2 | 3 | 1 | 1 | 4 | 1 | 5 | 2 |
| 179 | 45 | 11 | 2 | 4 | 2 | 2 | 4 | 2 | 5 | 2 |
| 180 | 45 | 5 | 1 | 4 | 3 | 1 | 3 | 4 | 10 | 1 |
| 181 | 46 | 1 | 2 | 4 | 1 | 3 | 4 | 4 | 1 | 2 |
| 182 | [illegible] | 21 | 2 | 2 | 1 | 4 | 1 | 4 | 5 | 2 |
| [illegible] | [illegible] | [illegible] | 2 | 1 | 3 | 2 | 1 | 1 | 1 | 2 |
| [illegible] | [illegible] | [illegible] | 1 | 3 | 3 | 4 | 2 | 4 | 5 | 1 |
| [illegible] | [illegible] | [illegible] | 2 | 2 | 4 | 1 | 2 | 2 | 1 | 2 |
| [illegible] | [illegible] | [illegible] | 2 | 3 | 1 | 1 | 4 | 1 | 5 | 2 |
| 187 | [illegible] | [illegible] | 1 | 1 | 4 | 4 | 4 | 4 | 10 | 1 |
| 188 | [illegible] | 7 | 2 | 1 | 2 | 3 | 2 | 4 | 5 | 2 |
| 189 | 48 | 10 | 1 | 2 | 3 | 3 | 4 | 3 | 1 | 1 |
| 190 | 48 | 23 | 2 | 4 | 2 | 1 | 1 | 4 | 1 | 2 |
| 191 | 48 | [illegible] | 2 | 4 | 1 | 3 | 4 | 4 | 1 | 2 |
| 192 | 48 | [illegible] | 2 | 2 | 1 | 4 | 1 | 4 | 5 | 2 |
| 193 | 49 | [illegible] | 1 | 4 | 4 | 4 | 4 | 4 | 1 | 1 |
| 194 | 49 | [illegible] | 2 | 4 | 3 | 4 | 4 | 2 | 5 | 2 |
| 195 | 49 | [illegible] | 2 | 3 | 4 | 3 | 1 | 2 | 10 | 2 |
| 196 | 49 | [illegible] | 2 | 1 | 1 | 4 | 3 | 2 | 1 | 2 |
| 197 | 50 | [illegible] | 2 | 2 | 2 | 4 | 4 | 1 | 10 | 2 |
| 198 | 50 | [illegible] | 1 | 3 | 1 | 1 | 4 | 1 | 5 | 1 |
| 199 | 50 | 21 | 2 | 2 | 1 | 4 | 1 | 4 | 5 | 2 |
| 200 | 50 | 16 | 2 | 3 | 4 | 3 | 1 | 2 | 10 | 2 |
| 201 | | | | | | | | | | |

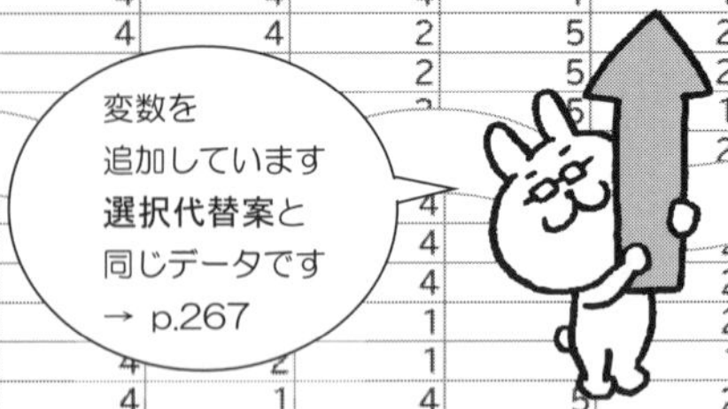

変数を
追加しています
**選択代替案**と
同じデータです
→ p.267

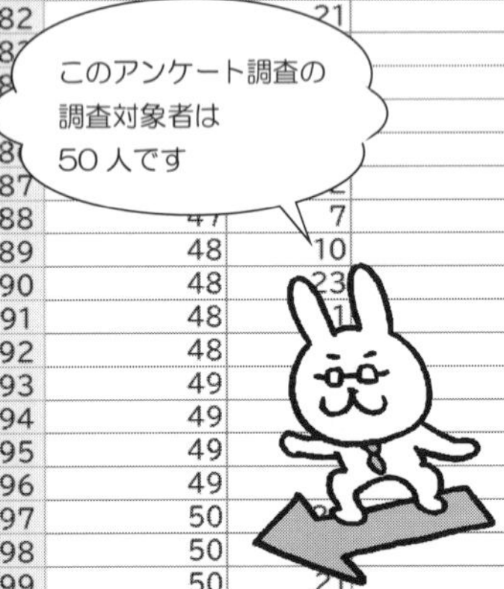

このアンケート調査の
調査対象者は
50 人です

・4つの代替案で
1 枚の調査票を作ります
・調査対象者は 50 人なので
200 ケースになります

## ■選択型コンジョイント分析のデータ入力の注意！

SPSS による選択型コンジョイント分析では，生存変数(I) と 状態変数(U) の2つのワクに，選択代替案 の変数名を使います．

ところが……

同じ変数名は2回使うことができません．

そこで，選択代替案と同じデータを用意し，それに

選択

という新しい変数名を付けておきます．

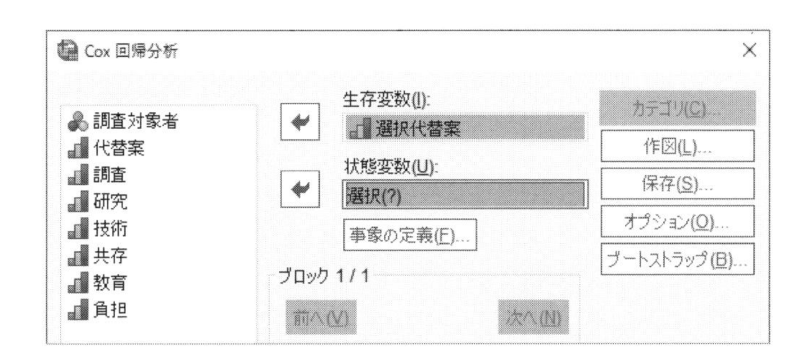

# 15.2 選択型コンジョイント分析の手順

手順 0 新しい変数 選択 を追加して，次のようにデータを入力します．

| | 調査対象者 | 代替案 | 選択代替案 | 調査 | 研究 | 技術 | 共存 | 教育 | 負担 | 選択 | va |
|---|---|---|---|---|---|---|---|---|---|---|---|
| 1 | 1 | 10 | 2 | 2 | 3 | 3 | 4 | 3 | 1 | 2 | |
| 2 | 1 | 1 | 1 | 4 | 1 | 3 | 4 | 4 | 1 | 1 | |
| 3 | 1 | 3 | 2 | 4 | 1 | 2 | [illegible] | [illegible] | 10 | 2 | |
| 4 | 1 | 2 | 2 | 1 | 4 | 4 | [illegible] | [illegible] | 10 | [illegible] | |
| 5 | 2 | 17 | 2 | 4 | 3 | 4 | [illegible] | [illegible] | 5 | [illegible] | |
| 6 | 2 | 16 | 2 | 3 | 4 | 3 | [illegible] | [illegible] | 10 | [illegible] | |
| 7 | 2 | 3 | 2 | 4 | 1 | 2 | [illegible] | [illegible] | 10 | [illegible] | |
| 8 | [illegible] | [illegible] | 1 | 3 | 2 | 4 | [illegible] | [illegible] | 1 | [illegible] | |
| 9 | [illegible] | [illegible] | 2 | 1 | 4 | 1 | [illegible] | [illegible] | 5 | [illegible] | |
| 10 | [illegible] | [illegible] | [illegible] | 4 | 2 | 1 | [illegible] | [illegible] | 1 | 1 | |
| 11 | [illegible] | [illegible] | [illegible] | 4 | 3 | 4 | 4 | 2 | 5 | 2 | |
| 12 | [illegible] | [illegible] | [illegible] | 1 | 2 | 3 | 2 | 4 | 5 | 2 | |
| 13 | [illegible] | [illegible] | [illegible] | 1 | 4 | 4 | 4 | 4 | 10 | 2 | |
| 14 | [illegible] | [illegible] | [illegible] | 3 | 2 | 4 | 3 | 3 | 1 | 2 | |
| 15 | [illegible] | [illegible] | 1 | 4 | 4 | 3 | 3 | 1 | 5 | 1 | |
| 16 | [illegible] | [illegible] | 2 | 4 | 2 | 1 | 1 | 4 | 1 | 2 | |
| 17 | 5 | 9 | 2 | 3 | 3 | 4 | 2 | 4 | 5 | 2 | |
| 18 | 5 | 16 | 2 | 3 | 4 | 3 | 1 | 2 | 10 | 2 | |
| 19 | 5 | 20 | 1 | 3 | 4 | 2 | 4 | 4 | 1 | 1 | |
| 20 | 5 | 11 | 2 | 4 | 2 | 2 | 4 | 2 | 5 | 2 | |
| 21 | 6 | 23 | 2 | 4 | 2 | 1 | 1 | 4 | 1 | 2 | |
| 22 | 6 | 18 | 2 | 1 | 3 | 2 | 1 | 1 | 1 | 2 | |
| [illegible] | 6 | [illegible] | 2 | 1 | [illegible] | 1 | 4 | [illegible] | 5 | 2 | |
| [illegible] | 6 | [illegible] | 1 | 4 | [illegible] | [illegible] | 1 | [illegible] | [illegible] | 1 | |
| 35 | [illegible] | 3 | [illegible] | [illegible] | 1 | [illegible] | [illegible] | 3 | 10 | [illegible] | |
| 36 | 9 | 25 | 2 | 3 | 1 | 1 | 4 | 1 | 5 | 2 | |
| 37 | 10 | 22 | 2 | 2 | 2 | 4 | 4 | 1 | 10 | 2 | |
| 38 | 10 | 17 | 2 | 4 | 3 | 4 | 4 | 2 | 5 | 2 | |
| 39 | 10 | 24 | 2 | 2 | 4 | 2 | 3 | 4 | 5 | 2 | |
| 40 | 10 | 13 | 1 | 4 | 4 | 4 | 2 | 1 | 1 | 1 | |
| 41 | 11 | 19 | 1 | 4 | 4 | 4 | 4 | 4 | 1 | 1 | |
| 42 | 11 | 8 | 2 | 1 | 1 | 4 | 3 | 2 | 1 | 2 | |
| 43 | 11 | 15 | 2 | 4 | 4 | 4 | 1 | 3 | 5 | 2 | |
| 44 | 11 | 2 | 2 | 1 | 4 | 4 | 4 | 4 | 10 | 2 | |
| 45 | 12 | 18 | 2 | 1 | 3 | 2 | 1 | 1 | 1 | 2 | |
| 46 | 12 | 2 | 2 | 1 | 4 | [illegible] | 4 | 4 | 10 | 2 | |
| 47 | 12 | 12 | 1 | 4 | [illegible] | [illegible] | [illegible] | 1 | 5 | 1 | |
| 48 | 12 | 22 | 2 | 2 | [illegible] | [illegible] | [illegible] | 1 | 10 | 2 | |
| 49 | 13 | 8 | 2 | 1 | [illegible] | [illegible] | [illegible] | 2 | 1 | 2 | |
| 50 | 13 | 14 | 1 | 3 | [illegible] | [illegible] | [illegible] | [illegible] | 1 | 1 | |
| 51 | 13 | 16 | 2 | 3 | 4 | [illegible] | 1 | [illegible] | 10 | 2 | |
| 52 | 13 | 7 | 2 | 1 | 2 | 3 | 2 | [illegible] | 5 | 2 | |
| 53 | 14 | 13 | 1 | 4 | 4 | 4 | 2 | [illegible] | 1 | 1 | |
| 54 | 14 | 14 | 2 | 3 | 2 | 4 | 3 | [illegible] | 1 | 2 | |
| 55 | 14 | 19 | 2 | 4 | 4 | 4 | 4 | [illegible] | 1 | 2 | |

概要 データ ビュー 変数 ビュー

選択代替案のところは
選択された代替案 … 1
選択されなかった代替案 … 2
と入力しています

このように
変数を追加します
選択代替案と
同じデータです
→ p.267

負担のところには
金額を入力したかな？

**手順 1** 分析(A) のメニューから 生存分析(S) を選択し，

続いて，サブメニューから Cox 回帰(C) を選択します．

ファイル(F) 編集(E) 表示(V) データ(D) 変換(T) 分析(A) グラフ(G) ユーティリティ(U) 拡張機能(X) ウィンドウ(W) ヘルプ(H)

検索アプリケーション

表示: 10 個 (

分析(A) メニュー:
- 検定力分析(W)
- メタ分析
- 報告書(P)
- 記述統計(E)
- ベイズ統計(Y)
- テーブル(B)
- 平均値と比率の比較
- 一般線型モデル(G)
- 一般化線型モデル(Z)
- 混合モデル(X)
- 相関(C)
- 回帰(R)
- 対数線型(O)
- 分類(F)
- 次元分解(D)
- 尺度(A)
- ノンパラメトリック検定(N)
- 時系列(T)
- 生存分析(S)
  - 生命表(L)...
  - Kaplan-Meier(K)...
  - Cox 回帰(C)...
  - 時間依存の Cox 回帰(O)...
  - Parametric Accelerated Failure Time (AFT) モデル ...
  - パラメトリック共有フレイルティー・モデル ...
- 多重回答(U)
- 欠損値分析(V)...
- 多重代入(I)
- シミュレーション...
- 品質管理(Q)
- 空間および時間モデリング...

| | 調査対象者 | 代替案 | 選択代替 | | | 技術 | 共存 | 教育 | 負担 | 選択 | var |
|---|---|---|---|---|---|---|---|---|---|---|---|
| 1 | 1 | 10 | | | | 3 | 4 | 3 | 1 | 2 | |
| 2 | 1 | 1 | | | | 3 | 4 | 4 | 1 | 1 | |
| 3 | 1 | 3 | | | | 2 | 2 | 3 | 10 | 2 | |
| 4 | 1 | 2 | | | | 4 | 4 | 4 | 10 | 2 | |
| 5 | 2 | 17 | | | | 4 | 4 | 2 | 5 | 2 | |
| 6 | 2 | 16 | | | | 3 | 1 | 2 | 10 | 2 | |
| 7 | 2 | 3 | | | | 2 | 2 | 3 | 10 | 2 | |
| 8 | 2 | 14 | | | | 4 | 3 | 3 | 1 | 1 | |
| 9 | 3 | 6 | | | | 1 | 4 | 3 | 5 | 2 | |
| 10 | 3 | 23 | | | | 1 | 1 | 4 | 1 | 1 | |
| 11 | 3 | 17 | | | | 4 | 4 | 2 | 5 | 2 | |
| 12 | 3 | 7 | | | | 3 | 2 | 4 | 5 | 2 | |
| 13 | 4 | 2 | | | | 4 | 4 | 4 | 10 | 2 | |
| 14 | 4 | 14 | | | | 4 | 3 | 3 | 1 | 2 | |
| 15 | 4 | 12 | | | | 3 | 3 | 1 | 5 | 1 | |
| 16 | 4 | 23 | | | | 1 | 1 | 4 | 1 | 2 | |
| 17 | 5 | 9 | | | | 4 | 2 | 4 | 5 | 2 | |
| 18 | 5 | 16 | | | | | | | | 2 | |
| 19 | 5 | 20 | | | | | | | | 1 | |
| 20 | 5 | 11 | | | | | | | | 2 | |
| 21 | 6 | 23 | | | | | | | | 2 | |
| 22 | 6 | 18 | | | | | | | | 2 | |
| 23 | 6 | 6 | | | | | | | | 2 | |
| 24 | 6 | 15 | | | | | | | | 1 | |
| 25 | 7 | 21 | | | | | | | | 2 | |
| 26 | 7 | 3 | | | | 2 | 2 | 3 | 10 | 2 | |
| 27 | 7 | 25 | 2 | 3 | 1 | 1 | 4 | 1 | 5 | 2 | |
| 28 | 7 | 19 | 1 | 4 | 4 | 4 | 4 | 4 | 1 | 1 | |
| 29 | 8 | 17 | 2 | 4 | 3 | 4 | 4 | 2 | 5 | 2 | |
| 48 | 12 | 22 | 2 | 2 | 2 | 4 | 4 | 1 | 10 | 2 | |
| 49 | 13 | 8 | 2 | 1 | 1 | 4 | 3 | 2 | 1 | 2 | |
| 50 | 13 | 14 | 1 | 3 | 2 | 4 | 3 | 3 | 1 | 1 | |
| 51 | 13 | 16 | 2 | 3 | 4 | 3 | 1 | 2 | 10 | 2 | |
| 52 | 13 | 7 | 2 | 1 | 2 | 3 | 2 | 4 | 5 | 2 | |
| 53 | 14 | 13 | 1 | 4 | 4 | 4 | 2 | 1 | 1 | 1 | |
| 54 | 14 | 14 | 2 | 3 | 2 | 4 | 3 | 3 | 1 | 2 | |
| 55 | 14 | 19 | 2 | 4 | 4 | 4 | 4 | 4 | 1 | 2 | |

概要 データ ビュー 変数 ビュー

**手順 2** Cox 回帰の画面になったら，選択代替案 を 生存変数(I) へ移動.

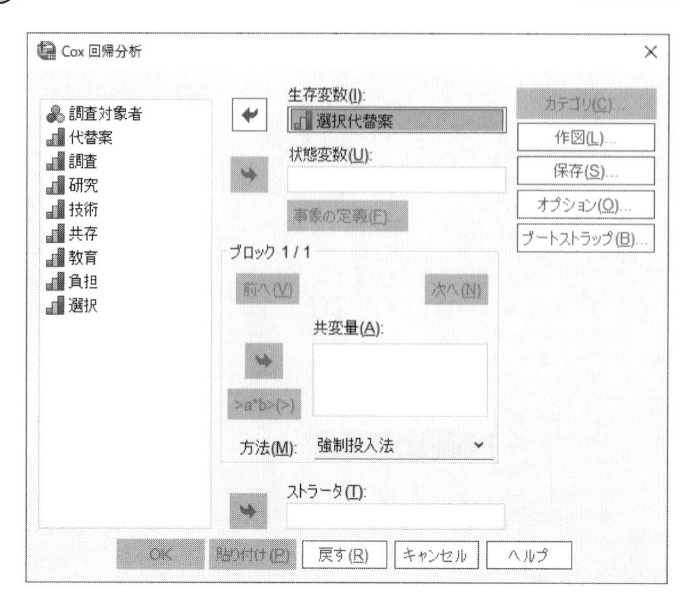


**手順 3** 次に，選択 を 状態変数(U) の中へ移動して……

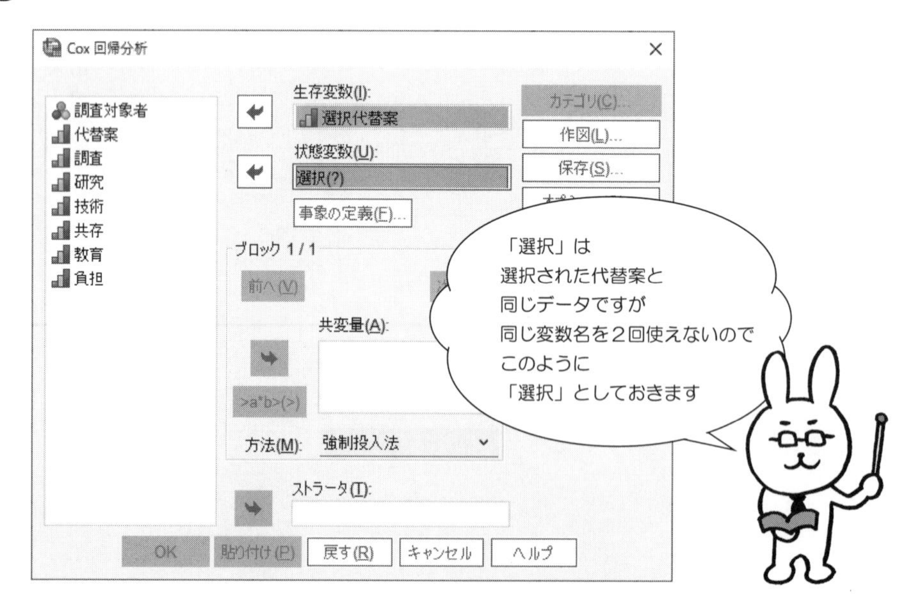

**手順 4** 事象の定義(F) をクリックします.

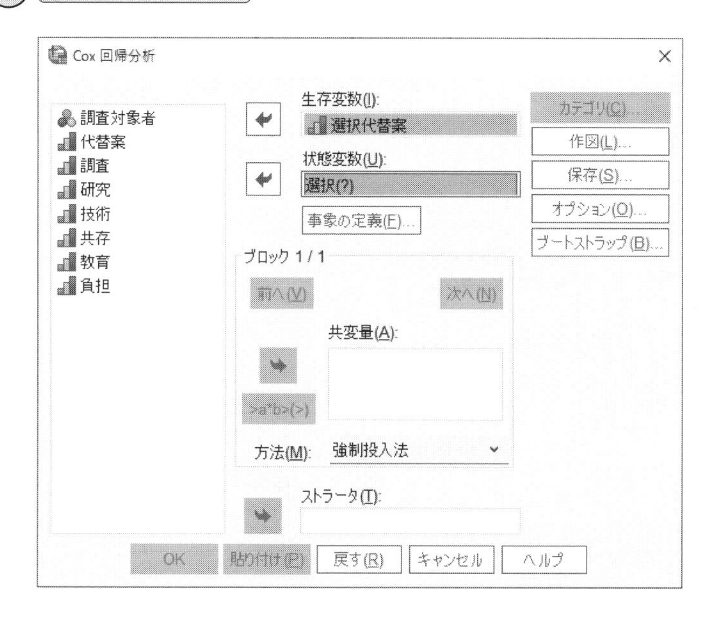

**手順 5** 次の画面になったら, 終結事象の発生を示す値 の 単一値(S) をチェックして, 1 と入力します.

そして, 続行 します.

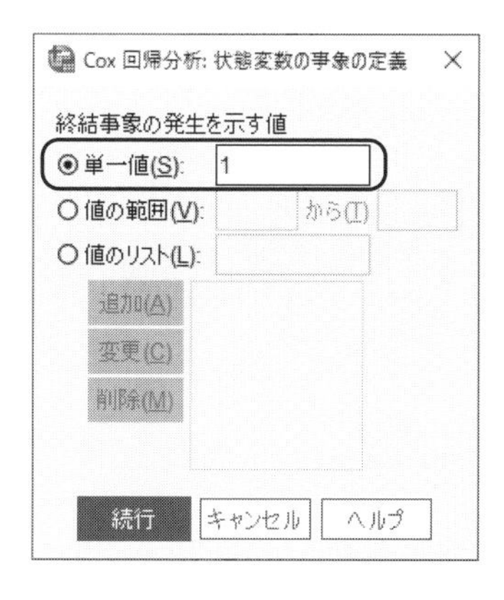

**手順 6** 手順4の画面にもどったら，状態変数(U) の中が次のようになっていることを確認します．

**手順 7** 6つの項目 調査・研究・技術・共存・教育・負担 を 共変量(A) の中へ移動します．

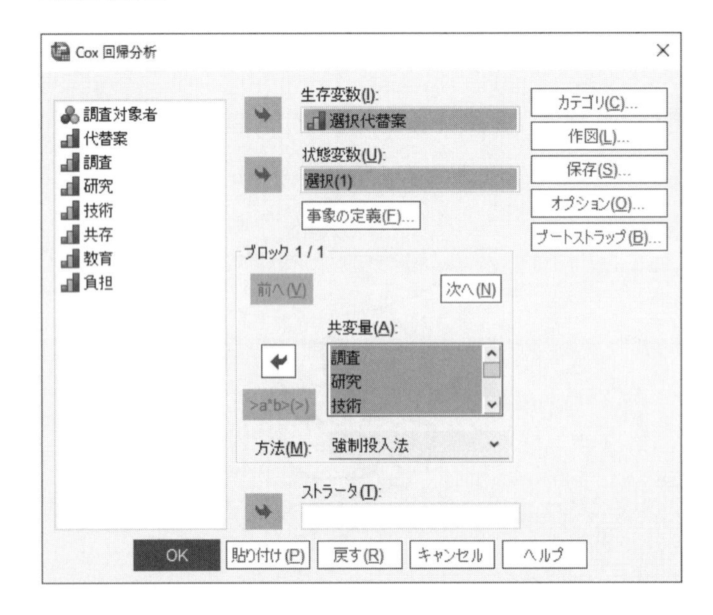

手順 8 調査対象者 を ストラータ(T) の中へ移動し，

最後に， OK ボタンを押します．

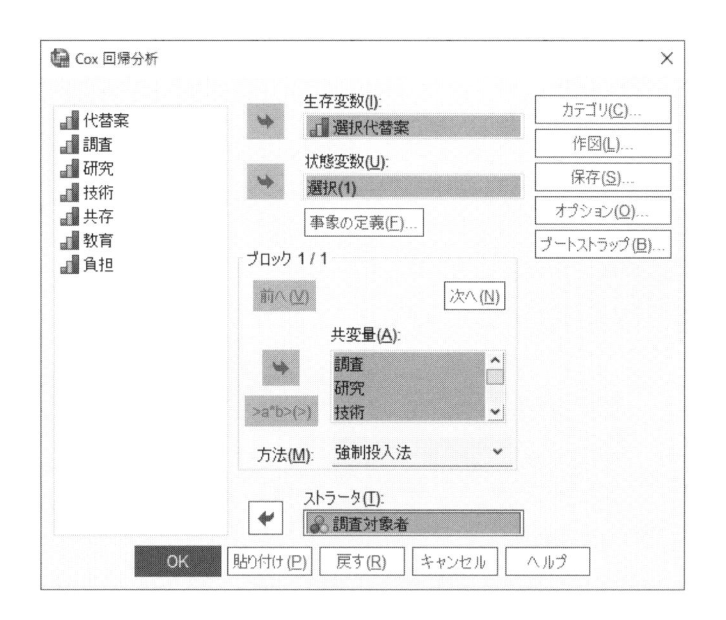

【SPSS による出力】

## Cox 回帰分析

**処理したケースの要約**

| | | 度数 | パーセント | |
|---|---|---|---|---|
| 分析で使用されたケース | イベント[a] | 50 | 25.0% | ← ① |
| | 打ち切られた | 150 | 75.0% | |
| | 合計 | 200 | 100.0% | |
| 除外されたケース | 欠損値のあるケース | 0 | 0.0% | |
| | 負の時間のあるケース | 0 | 0.0% | |
| | ストラータ内で一番早い段階のイベントの前に打ち切られたケース | 0 | 0.0% | |
| | 合計 | 0 | 0.0% | |
| 合計 | | 200 | 100.0% | |

a. 従属変数: 選択代替案

**方程式中の変数**

| | B | 標準誤差 | Wald | 自由度 | 有意確率 | Exp(B) |
|---|---|---|---|---|---|---|
| 調査 | .381 | .164 | 5.375 | 1 | .020 | 1.464 |
| 研究 | .365 | .174 | 4.394 | 1 | .036 | 1.441 |
| 技術 | .126 | .155 | .663 | 1 | .416 | 1.135 |
| 共存 | .192 | .151 | 1.619 | 1 | .203 | 1.212 |
| 教育 | .306 | .155 | 3.902 | 1 | .048 | 1.358 |
| 負担 | -.075 | .055 | 1.841 | 1 | .175 | .928 |
| | ↑ ②③ | | | | ↑ ③ | |

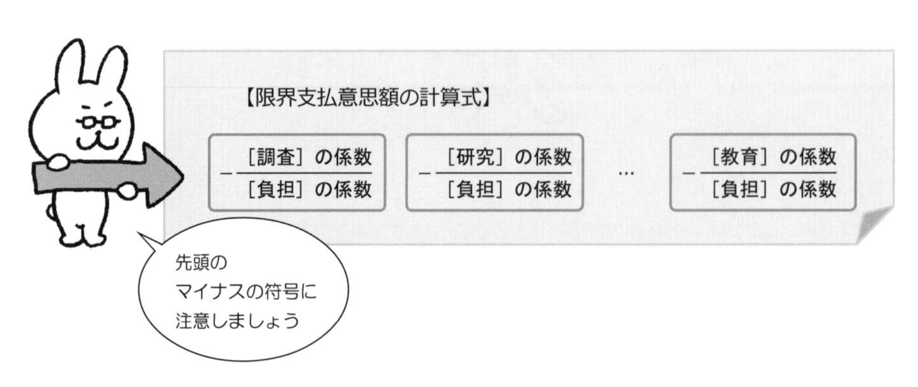

**【出力結果の読み取り方】**

⬅① 4つの代替案の中から1つを選択しているので，合計200のうち

選択された代替案 …………… 50 ⇒ 25%

選択されなかった代替案 …… 150 ⇒ 75%

⬅② 効用関数の係数B

ここが効用関数の係数です.

したがって，限界支払意思額は次のようになります.

- 自然保護のための［**調査**］ $= -\dfrac{0.381}{(-0.075)} = 5.07$

- 自然保護のための［**研究**］ $= -\dfrac{0.365}{(-0.075)} = 4.86$

- 自然保護のための［**技術**］ $= -\dfrac{0.126}{(-0.075)} = 1.68$

- 自然保護のための［**共存**］ $= -\dfrac{0.192}{(-0.075)} = 2.55$

- 自然保護のための［**教育**］ $= -\dfrac{0.306}{(-0.075)} = 4.07$

⬅③ 方程式中の変数のBの大小や，有意確率の大小の比較により各項目間の重要度を比べることができます.

## 15.3 選択型コンジョイント分析の調査票の作り方

選択型コンジョイント分析で用いる調査票の作り方は，次のようになります．

**手順 1** はじめに，項目と水準を設定します．

**項目１　自然保護のための［調査］**

１．重視する　２．少し重視する　３．あまり重視しない　４．重視しない

**項目２　自然保護のための［研究］**

１．重視する　２．少し重視する　３．あまり重視しない　４．重視しない

**項目３　自然保護のための［技術］**

１．重視する　２．少し重視する　３．あまり重視しない　４．重視しない

**項目４　自然保護のための［共存］**

１．重視する　２．少し重視する　３．あまり重視しない　４．重視しない

**項目５　自然保護のための［教育］**

１．重視する　２．少し重視する　３．あまり重視しない　４．重視しない

**項目６　自然保護のための［負担］**

１．１万円　２．５万円　３．10 万円

調査対象者が 50 人の場合
調査対象者１人につき４つの代替案
とすれば
50 枚×４つ＝200 個

代替案はあちら！

**手順 2** この項目と水準をもとに，次のような代替案を作成します．

そして，この代替案を 8 部コピーして，全部で 200 個の代替案を用意します．

**表 15.2　25 種類の代替案**

| | 調査 | 研究 | 技術 | 共存 | 教育 | 負担 |
|---|---|---|---|---|---|---|
| 代替案 1 | 重視しない | 重視する | あまり重視しない | 重視しない | 重視しない | 1 万円 |
| 代替案 2 | 重視する | 重視しない | 重視しない | 重視しない | 重視しない | 10 万円 |
| 代替案 3 | 重視しない | 重視する | 少し重視する | 少し重視する | あまり重視しない | 10 万円 |
| 代替案 4 | 少し重視する | 重視しない | 重視する | 少し重視する | 少し重視する | 1 万円 |
| 代替案 5 | 重視しない | あまり重視しない | 重視する | あまり重視しない | 重視しない | 10 万円 |
| 代替案 6 | 重視する | 重視しない | 重視する | 重視しない | あまり重視しない | 5 万円 |
| 代替案 7 | 重視する | 少し重視する | あまり重視しない | 少し重視する | 重視しない | 5 万円 |
| 代替案 8 | 重視する | 重視する | 重視しない | あまり重視しない | 少し重視する | 1 万円 |
| 代替案 9 | あまり重視しない | あまり重視しない | 重視しない | 少し重視する | 重視しない | 5 万円 |
| 代替案 10 | 少し重視する | あまり重視しない | あまり重視しない | 重視しない | あまり重視しない | 1 万円 |
| 代替案 11 | 重視しない | 少し重視する | 少し重視する | 重視しない | 少し重視する | 5 万円 |
| 代替案 12 | 重視しない | 重視しない | あまり重視しない | あまり重視しない | 重視する | 5 万円 |
| 代替案 13 | 重視しない | 重視しない | 重視しない | 少し重視する | 重視する | 1 万円 |
| 代替案 14 | あまり重視しない | 少し重視する | 重視しない | あまり重視しない | あまり重視しない | 1 万円 |
| 代替案 15 | 重視しない | 重視しない | 重視しない | 重視する | あまり重視しない | 5 万円 |
| 代替案 16 | あまり重視しない | 重視しない | あまり重視しない | 重視する | 少し重視する | 10 万円 |
| 代替案 17 | 重視しない | あまり重視しない | 重視しない | 重視しない | 少し重視する | 5 万円 |
| 代替案 18 | 重視する | あまり重視しない | 少し重視する | 重視する | 重視する | 1 万円 |
| 代替案 19 | 重視しない | 重視しない | 重視しない | 重視しない | 重視しない | 1 万円 |
| 代替案 20 | あまり重視しない | 重視しない | 少し重視する | 重視しない | 重視しない | 1 万円 |
| 代替案 21 | 少し重視する | 重視する | 重視しない | 重視する | 重視しない | 5 万円 |
| 代替案 22 | 少し重視する | 少し重視する | 重視しない | 重視しない | 重視する | 10 万円 |
| 代替案 23 | 重視しない | 少し重視する | 重視する | 重視する | 重視しない | 1 万円 |
| 代替案 24 | 少し重視する | 重視しない | 少し重視する | あまり重視しない | 重視しない | 5 万円 |
| 代替案 25 | あまり重視しない | 重視する | 重視する | 重視しない | 重視する | 5 万円 |

**手順 3** 乱数を利用して，200 個の代替案をランダムに並べ替え，
次のように **4 つの代替案** で **1 枚の調査票** を作成します．

調査票 No.1

| | 調査 | 研究 | 技術 | 共存 | 教育 | 負担 |
|---|---|---|---|---|---|---|
| 代替案10 | 少し重視する | あまり重視しない | あまり重視しない | 重視しない | あまり重視しない | 1 万円 |
| 代替案 1 | 重視しない | 重視する | あまり重視しない | 重視しない | 重視しない | 1 万円 |
| 代替案 3 | 重視しない | 重視する | 少し重視する | 少し重視する | あまり重視しない | 10 万円 |
| 代替案 2 | 重視する | 重視しない | 重視しない | 重視しない | 重視しない | 10 万円 |

調査票 No.2

| | 調査 | 研究 | 技術 | 共存 | 教育 | 負担 |
|---|---|---|---|---|---|---|
| 代替案17 | 重視しない | あまり重視しない | 重視しない | 重視しない | 少し重視する | 5 万円 |
| 代替案16 | あまり重視しない | 重視しない | あまり重視しない | 重視する | 少し重視する | 10 万円 |
| 代替案 3 | 重視しない | 重視する | 少し重視する | 少し重視する | あまり重視しない | 10 万円 |
| 代替案14 | あまり重視しない | 少し重視する | 重視しない | あまり重視しない | あまり重視しない | 1 万円 |

⋮

調査票 No.50

| | 調査 | 研究 | 技術 | 共存 | 教育 | 負担 |
|---|---|---|---|---|---|---|
| 代替案22 | 少し重視する | 少し重視する | 重視しない | 重視しない | 重視する | 10 万円 |
| 代替案25 | あまり重視しない | 重視する | 重視する | 重視しない | 重視する | 5 万円 |
| 代替案21 | 少し重視する | 重視する | 重視しない | 重視する | 重視しない | 5 万円 |
| 代替案16 | あまり重視しない | 重視しない | あまり重視しない | 重視する | 少し重視する | 10 万円 |

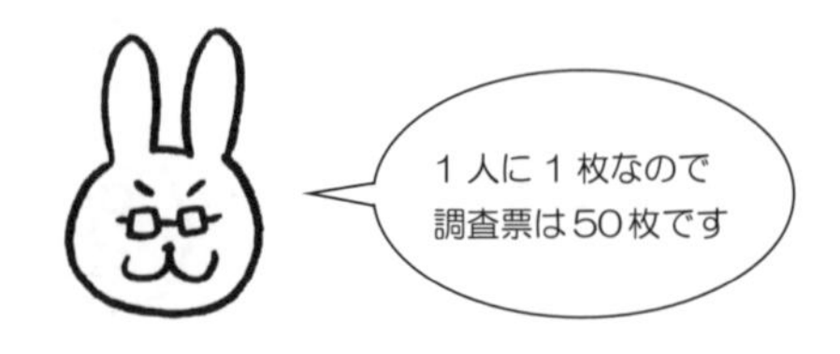

**手順 4** 調査票を，次のように見やすい形に編集して，できあがり．

調査票 No.1

次の 4 つの代替案の中で，どの代替案を選択しますか？
1 つだけ選んでください．

| | 自然保護のための調査 | 自然保護のための研究 | 自然保護のための技術 | 自然保護のための共存 | 自然保護のための教育 | 自然保護のための負担 |
|---|---|---|---|---|---|---|
| 代替案 10 | 少し重視する | あまり重視しない | あまり重視しない | 重視しない | あまり重視しない | 1 万円 |
| 代替案 1 | 重視しない | 重視する | あまり重視しない | 重視しない | 重視しない | 1 万円 |
| 代替案 3 | 重視しない | 重視する | 少し重視する | 少し重視する | あまり重視しない | 10 万円 |
| 代替案 2 | 重視する | 重視しない | 重視しない | 重視しない | 重視しない | 10 万円 |

回答

選択する代替案を 1 つだけ選び，〇で囲ってください．

**代替案 10　　代替案 1　　代替案 3　　代替案 2**

# 第16章 アンケート調査票のための信頼性分析

## 16.1 はじめに

SPSSの信頼性分析を使うと，

“アンケート調査票の 信頼性 がどの程度あるのか”

を調べることができます．

信頼性係数には

1. クロンバックのアルファ信頼性係数
2. ガットマンの折半法信頼性係数

などがあります．

次のアンケート調査票の **信頼性** が，どの程度あるのか探ってみましょう．

**表 16.1　アンケート調査票**

**項目 1　あなたは値段を重要視しますか．** [値段]

1．重要視しない　2．重要視する　3．とても重要視する

**項目 2　あなたは香りを重要視しますか．** [香り]

1．重要視しない　2．重要視する　3．とても重要視する

**項目 3　あなたは量を重要視しますか．** [量]

1．重要視しない　2．重要視する　3．とても重要視する

**項目 4　あなたは味を重要視しますか．** [味]

1．重要視しない　2．重要視する　3．とても重要視する

**項目 5　あなたはオーガニックを重要視しますか．** [オーガニック]

1．重要視しない　2．重要視する　3．とても重要視する

## ■信頼性分析の流れ

SPSS の信頼性分析の手順は，次のようになります．

**Step 1**

調査対象者にアンケート調査票を配布し，
回収後，その回答結果を SPSS データファイルに入力する

**Step 2**

SPSS の分析メニューから **尺度(A)** を選択し，
サブメニューから **信頼性分析(R)** を選択する

**Step 3**

**モデル(M)** を **アルファ** または **折半法** に設定する

**Step 4**

統計量の項目を設定し，分析を実行 !!

■ **SPSS の出力が出たら……**

SPSS の出力が出たら，次の点を確認しましょう !!

**Point 1**

**信頼性統計量** の信頼性係数を確認する

**Point 2**

**Cronbach のアルファ**，または **Guttman の折半法信頼係数** の値が 1 に近ければアンケート調査の信頼性が高いといえる

**Point 3**

**項目合計統計量** が表示されている場合は，**項目が削除された場合の Cronbach のアルファ** の値を見て，各項目の信頼性をチェックする

### ■信頼性分析をまとめるときは……

レポートにまとめてみましょう．まとめ方にはいろいろな表現があります．

たとえば……

……………………………………………………………………………………………………………

…………………………………………………….

SPSSの出力を見ると，クロンバックのアルファ0.768が1に近いので，アンケート調査票の信頼性は高いといえる．

また，ガットマンの折半法による信頼性係数も0.749と1に近いので，アンケート調査票の信頼性は高いといえる．

このことから，…………………………………………………………………………

……………………………………………………………………………………………………………

……………………………………………………………………

## ■アンケート調査の結果と SPSS のデータ入力

アンケート調査の結果を SPSS のデータビューに入力します.

アンケート調査票の信頼性分析をしてみましょう.

### 【データ入力】

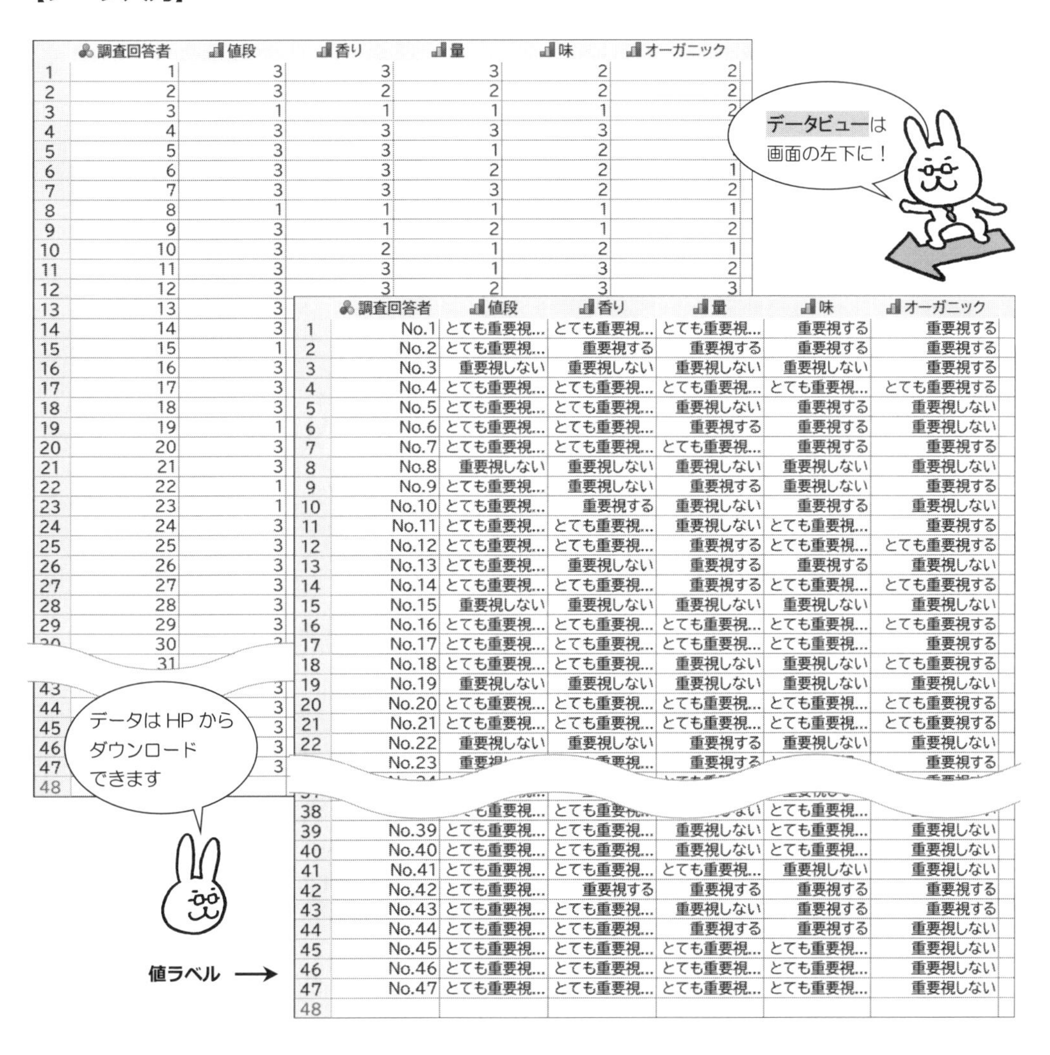

| | 調査回答者 | 値段 | 香り | 量 | 味 | オーガニック |
|---|---|---|---|---|---|---|
| 1 | 1 | 3 | 3 | 3 | 2 | 2 |
| 2 | 2 | 3 | 2 | 2 | 2 | 2 |
| 3 | 3 | 1 | 1 | 1 | 1 | 2 |
| 4 | 4 | 3 | 3 | 3 | 3 | |
| 5 | 5 | 3 | 3 | 1 | 2 | |
| 6 | 6 | 3 | 3 | 2 | 2 | 1 |
| 7 | 7 | 3 | 3 | 3 | 2 | 2 |
| 8 | 8 | 1 | 1 | 1 | 1 | 1 |
| 9 | 9 | 3 | 1 | 2 | 1 | 2 |
| 10 | 10 | 3 | 2 | 1 | 2 | 1 |
| 11 | 11 | 3 | 3 | 1 | 3 | 2 |
| 12 | 12 | 3 | 3 | 2 | 3 | 3 |
| 13 | 13 | 3 | | | | |
| 14 | 14 | 3 | | | | |
| 15 | 15 | 1 | | | | |
| 16 | 16 | 3 | | | | |
| 17 | 17 | 3 | | | | |
| 18 | 18 | 3 | | | | |
| 19 | 19 | 1 | | | | |
| 20 | 20 | 3 | | | | |
| 21 | 21 | 3 | | | | |
| 22 | 22 | 1 | | | | |
| 23 | 23 | 1 | | | | |
| 24 | 24 | 3 | | | | |
| 25 | 25 | 3 | | | | |
| 26 | 26 | 3 | | | | |
| 27 | 27 | 3 | | | | |
| 28 | 28 | 3 | | | | |
| 29 | 29 | 3 | | | | |
| 30 | 30 | | | | | |
| | 31 | | | | | |
| 43 | | 3 | | | | |
| 44 | | 3 | | | | |
| 45 | | 3 | | | | |
| 46 | | 3 | | | | |
| 47 | | 3 | | | | |
| 48 | | | | | | |

| | 調査回答者 | 値段 | 香り | 量 | 味 | オーガニック |
|---|---|---|---|---|---|---|
| 1 | No.1 | とても重要視... | とても重要視... | とても重要視... | 重要視する | 重要視する |
| 2 | No.2 | とても重要視... | 重要視する | 重要視する | 重要視する | 重要視する |
| 3 | No.3 | 重要視しない | 重要視しない | 重要視しない | 重要視しない | 重要視する |
| 4 | No.4 | とても重要視... | とても重要視... | とても重要視... | とても重要視... | とても重要視する |
| 5 | No.5 | とても重要視... | とても重要視... | 重要視しない | 重要視する | 重要視しない |
| 6 | No.6 | とても重要視... | とても重要視... | 重要視する | 重要視する | 重要視しない |
| 7 | No.7 | とても重要視... | とても重要視... | とても重要視... | 重要視する | 重要視する |
| 8 | No.8 | 重要視しない | 重要視しない | 重要視しない | 重要視しない | 重要視しない |
| 9 | No.9 | とても重要視... | 重要視しない | 重要視する | 重要視しない | 重要視する |
| 10 | No.10 | とても重要視... | 重要視する | 重要視しない | 重要視する | 重要視しない |
| 11 | No.11 | とても重要視... | とても重要視... | 重要視しない | とても重要視... | 重要視する |
| 12 | No.12 | とても重要視... | とても重要視... | 重要視する | とても重要視... | とても重要視する |
| 13 | No.13 | とても重要視... | 重要視しない | 重要視する | 重要視する | 重要視しない |
| 14 | No.14 | とても重要視... | とても重要視... | 重要視する | とても重要視... | とても重要視する |
| 15 | No.15 | 重要視しない | 重要視しない | 重要視しない | 重要視しない | 重要視しない |
| 16 | No.16 | とても重要視... | とても重要視... | とても重要視... | とても重要視... | とても重要視する |
| 17 | No.17 | とても重要視... | とても重要視... | とても重要視... | とても重要視... | 重要視する |
| 18 | No.18 | とても重要視... | とても重要視... | 重要視しない | 重要視しない | とても重要視する |
| 19 | No.19 | 重要視しない | 重要視しない | 重要視しない | 重要視しない | 重要視しない |
| 20 | No.20 | とても重要視... | とても重要視... | とても重要視... | とても重要視... | とても重要視する |
| 21 | No.21 | とても重要視... | とても重要視... | とても重要視... | とても重要視... | とても重要視する |
| 22 | No.22 | 重要視しない | 重要視しない | 重要視する | 重要視しない | 重要視しない |
| | No.23 | | | 重要視する | | 重要視する |
| 38 | | | | | とても重要視... | |
| 39 | No.39 | とても重要視... | とても重要視... | 重要視しない | とても重要視... | 重要視しない |
| 40 | No.40 | とても重要視... | とても重要視... | 重要視しない | とても重要視... | 重要視しない |
| 41 | No.41 | とても重要視... | とても重要視... | とても重要視... | 重要視しない | 重要視しない |
| 42 | No.42 | とても重要視... | 重要視する | 重要視する | 重要視する | 重要視する |
| 43 | No.43 | とても重要視... | とても重要視... | 重要視しない | 重要視する | 重要視する |
| 44 | No.44 | とても重要視... | とても重要視... | 重要視する | 重要視する | 重要視しない |
| 45 | No.45 | とても重要視... | とても重要視... | とても重要視... | とても重要視... | 重要視しない |
| 46 | No.46 | とても重要視... | とても重要視... | とても重要視... | とても重要視... | 重要視しない |
| 47 | No.47 | とても重要視... | とても重要視... | とても重要視... | とても重要視... | 重要視しない |
| 48 | | | | | | |

## 16.2 信頼性分析のための手順

手順 ① データを入力したら, 分析(A) ⇒ 尺度(A) ⇒ 信頼性分析(R) を選択.

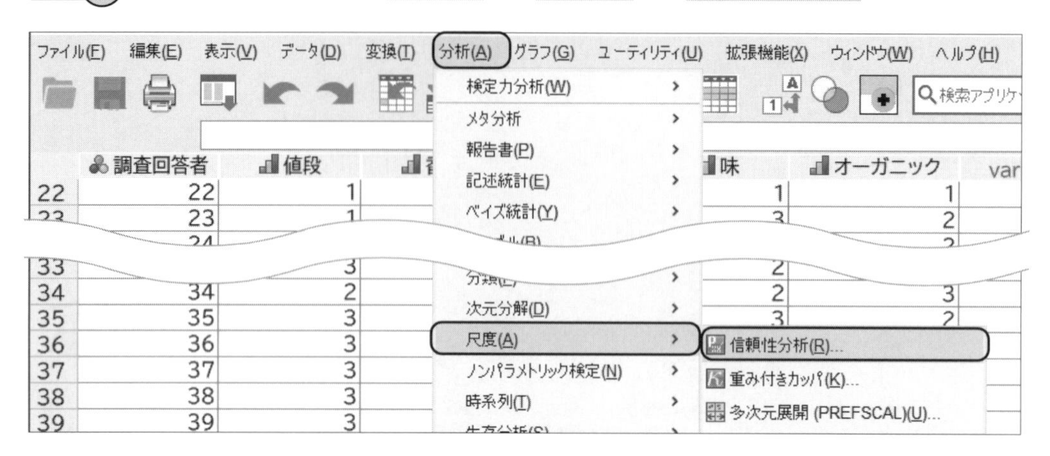


手順 ② 信頼性分析の画面になったら,

値段・香り・量・味・オーガニック を, 項目(I) の中へ.

モデル(M) のところを アルファ にして, 統計量(S) をクリック.

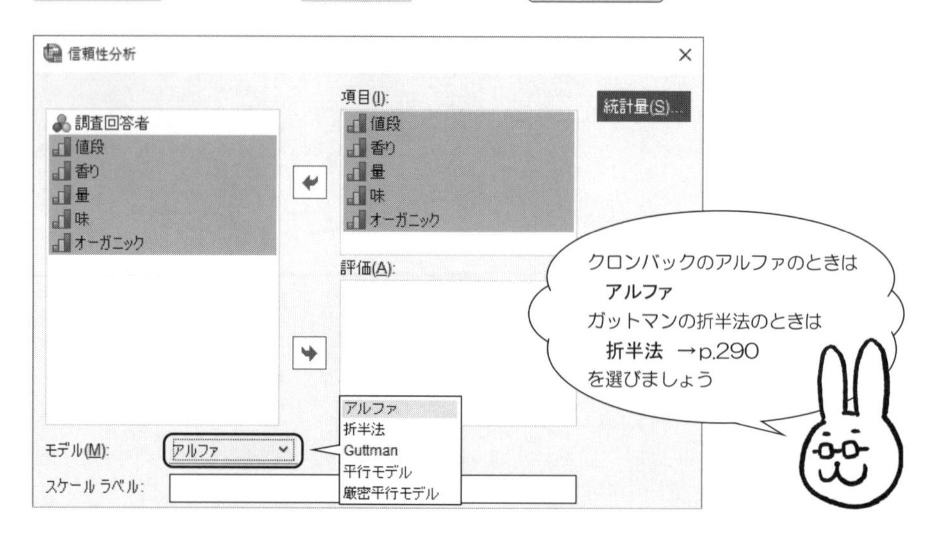

**手順 3** 次の統計量の画面になったら，記述統計 の

☐ 項目(I)

☐ スケール(S)

☐ 項目を削除したときのスケール(A)

をチェックして，続行.

手順 2 の画面に戻ったら，OK を押します.

信頼性分析: 統計量

記述統計
☑ 項目(I)
☑ スケール(S)
☑ 項目を削除したときのスケール(A)

項目間
☐ 相関(L)
☐ 分散共分散行列(E)

要約
☐ 平均(M)
☐ 分散(V)
☐ 分散共分散行列(O)
☐ 相関(R)

分散分析表
◉ なし(N)
○ F 検定(F)
○ Friedman カイ 2 乗(Q)
○ Cochran カイ 2 乗(H)

評価者間一致: Fleiss のカッパ
☐ 個別カテゴリでの一致を表示
☐ 文字列の大/小文字を区別しない
☑ 文字型のカテゴリラベルを大文字で表示する
漸近有意水準 (%): 95

欠損
◉ ユーザー欠損値とシステム欠損値の両方を除外(B)
○ ユーザー欠損値を有効として取り扱う

☐ Hotelling の T2(G)
☐ Tukey の加法性の検定(K)
☐ 級内相関係数(T)

モデル(D): 二元配置混合
種類(P): 一致性
信頼区間(C): 95 %
検定値(U): 0

続行 キャンセル ヘルプ

【SPSS による出力・その1】——クロンバックのアルファ

## 信頼性分析

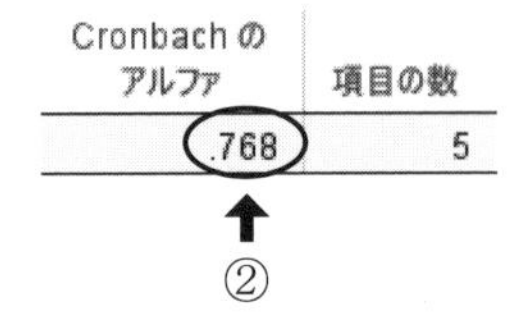

**信頼性統計量**

| Cronbach のアルファ | 項目の数 |
|---|---|
| .768 | 5 |

②

**項目統計量**

| | 平均値 | 標準偏差 | 度数 |
|---|---|---|---|
| 値段 | 2.70 | .689 | 47 |
| 香り | 2.53 | .776 | 47 |
| 量 | 2.02 | .794 | 47 |
| 味 | 2.19 | .825 | 47 |
| オーガニック | 1.91 | .830 | 47 |

← ①

**項目合計統計量**

| | 項目が削除された場合の尺度の平均値 | 項目が削除された場合の尺度の分散 | 修正済み項目合計相関 | 項目が削除された場合の Cronbach のアルファ |
|---|---|---|---|---|
| 値段 | 8.66 | 5.708 | .545 | .726 |
| 香り | 8.83 | 4.970 | .694 | .670 |
| 量 | 9.34 | 5.403 | .526 | .730 |
| 味 | 9.17 | 4.970 | .632 | .691 |
| オーガニック | 9.45 | 5.948 | .331 | .798 |

← ③

**スケールの統計量**

| 平均値 | 分散 | 標準偏差 | 項目の数 |
|---|---|---|---|
| 11.36 | 7.975 | 2.824 | 5 |

7.975 は
全項目の分散です

**【出力結果の読み取り方・その 1】**——クロンバックのアルファ

⬅① 5 つの項目の平均値と標準偏差を求めています.

**表 16.2**

| | 平均値 | 標準偏差 | 分散 |
|---|---|---|---|
| 値段 | 2.70 | 0.689 | $(0.689)^2$ |
| 香り | 2.53 | 0.776 | $(0.776)^2$ |
| 量 | 2.02 | 0.794 | $(0.794)^2$ |
| 味 | 2.19 | 0.825 | $(0.825)^2$ |
| オーガニック | 1.91 | 0.830 | $(0.830)^2$ |

⬅② クロンバックのアルファです.

$$\alpha = \frac{5}{(5-1)}\left\{1 - \frac{(0.687)^2 + (0.776)^2 + (0.794)^2 + (0.825)^2 + (0.830)^2}{7.975}\right\}$$

$$= 0.768$$

この信頼性係数が 1 に近いほど,信頼性が高いと考えられています.

$\alpha = 0.768$ なので,表 16.1 のアンケート調査票の信頼性は高いといえます.

⬅③ それぞれの項目を削除したときのクロンバックのアルファです.

たとえば,[**オーガニック**] を削除すると,[**値段**] [**香り**] [**量**] [**味**] の

クロンバックのアルファは 0.798 になります.

したがって,アンケート調査票の信頼性を高めたいときは

この部分の出力を利用して,各項目の信頼性をチェックしましょう.

【SPSS による出力・その 2】——ガットマンの折半法

## 信頼性分析

**信頼性統計量**

| | | | |
|---|---|---|---|
| Cronbach のアルファ | 部分 1 | 値 | .720 |
| | | 項目の数 | 3[a] |
| | 部分 2 | 値 | .396 |
| | | 項目の数 | 2[b] |
| | 項目の合計数 | | 5 |
| フォーム間の相関 | | | .631 ← ⑤ |
| Spearman-Brown の係数 | 等しい長さ | | .774 ← ⑥ |
| | 等しくない長さ | | .780 ← ⑦ |
| Guttman の折半法信頼係数 | | | .749 ← ④ |

a. 項目: 値段, 香り, 量.

b. 項目: 量, 味, オーガニック.

**スケールの統計量**

| | 平均値 | 分散 | 標準偏差 | 項目の数 |
|---|---|---|---|---|
| 部分 1 | 7.26 | 3.281 | 1.811 | 3[a] |
| 部分 2 | 4.11 | 1.706 | 1.306 | 2[b] |
| 両部分 | 11.36 | 7.975 | 2.824 | 5 |

a. 項目: 値段, 香り, 量.

b. 項目: 味, オーガニック.

● Guttman Split-Half

$$G = \frac{2\left(S_p^2 - S_{p_1}^2 - S_{p_2}^2\right)}{S_p^2}$$

● Correlation Between the Two Parts of the Test

$$R = \frac{\frac{1}{2}\left(S_p^2 - S_{p_1}^2 - S_{p_2}^2\right)}{S_{p_1}^2 S_{p_2}^2}$$

● Unequal Length Spearman-Brown

$$ULY = \frac{-R^2 + \sqrt{R^4 + 4R^2(1-R^2)k_1k_2/k^2}}{2(1-R^2)k_1k_2/k^2}$$

● Equal Length Spearman-Brown Coefficient

$$Y = \frac{2R}{1+R}$$

**【出力結果の読み取り方・その 2】**——ガットマンの折半法

⬅④ ガットマンの折半法信頼性係数です.

$$G = \frac{2 \times (7.975 - 3.281 - 1.706)}{7.975} = 0.749$$

この値が **1** に近いとき，信頼性が高いと考えられています.

$G = 0.749$ なので，アンケート調査票の信頼性は高いといえます.

⬅⑤ 部分 1 と部分 2 の相関係数です.

$$\frac{7.975 - 3.281 - 1.706}{2 \times \sqrt{3.281} \times \sqrt{1.706}} = 0.631$$

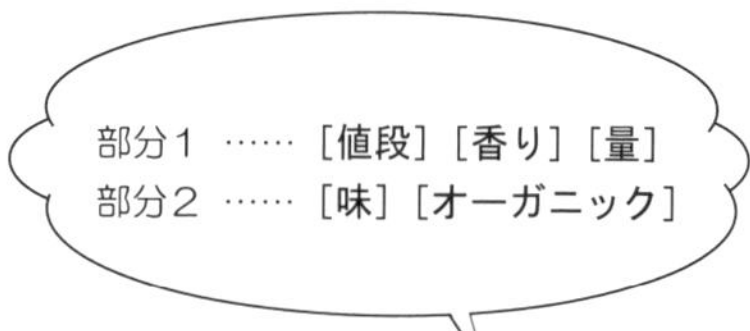

⬅⑥ Equal length Spearman-Brown

$$\frac{2 \times 0.631}{1 + 0.631} = 0.774$$

⬅⑦ Unequal length Spearman-Brown

$$\frac{-0.631^2 + \sqrt{0.631^4 + 4 \times 0.631^2 \times (1 - 0.631^2) \times 3 \times 2/5^2}}{2 \times (1 - 0.631^2) \times 3 \times 2/5^2} = 0.780$$

# 参 考 文 献


［1］『Kendall's Advanced Theory of Statistics: Volume 1: Distribution Theory』Oxford University Press Inc. (2003)

［2］『Kendall's Advanced Theory of Statistics, Volume 2A, Classical Inference and the Linear Model』Oxford University Press Inc. (2002)

［3］『Kendall's advanced theory of statistics. Vol. 2B, Bayesian statistics』Oxford University Press Inc. (1999)

［4］『The Oxford Dictionary of Statistical Terms』edited by Yadolah Dodge, Oxford University Press Inc. (2006)

［5］『入門ベイズ統計』松原望著，東京図書（2008）

［6］『改訂版 すぐわかる多変量解析』石村貞夫著，東京図書（2020）

［7］『改訂版 すぐわかる統計解析』石村貞夫著，東京図書（2019）

［8］『すぐわかる統計処理の選び方』石村貞夫・石村光資郎著，東京図書（2010）

［9］『すぐわかる統計用語の基礎知識』石村貞夫・D.アレン・劉晨著，東京図書（2016）

［10］『入門はじめての統計解析』石村貞夫・石村光資郎著，東京図書（2006）

［11］『入門はじめての多変量解析』石村貞夫・石村光資郎著，東京図書（2007）

［12］『入門はじめての分散分析と多重比較』石村貞夫・石村光資郎著，東京図書（2008）

［13］『入門はじめての統計的推定と最尤法』石村貞夫・石村光資郎他著，東京図書（2010）

［14］『改訂版 入門はじめての時系列分析』石村貞夫・石村友二郎著，東京図書（2023）

［15］『Excel でやさしく学ぶ統計解析 2019』石村貞夫・石村友二郎他著，東京図書（2019）

［16］『卒論・修論のためのアンケート調査と統計処理』石村光資郎・石村友二郎著，石村貞夫監修，東京図書（2014）

［17］『SPSS でやさしく学ぶ多変量解析（第 6 版）』石村友二郎著・石村貞夫監修，東京図書（2022）

[18]『SPSSによる心理分析のための統計処理（第7版）』石村友二郎著・石村貞夫監修，東京図書（2021）

[19]『SPSSによる統計処理の手順（第10版）』石村光資郎著・石村貞夫監修，東京図書（2023）

[20]『SPSSによる分散分析・混合モデル・多重比較の手順』石村光資郎著・石村貞夫監修，東京図書（2021）

[21]『SPSSによる多変量データ解析の手順（第6版）』石村光資郎著・石村貞夫監修，東京図書（2021）

# 索　引

## 数字・英字

2つの母平均の差の検定　192
3-D 棒(3)　13
5段階評価　244
biplot　31
bootstrap　82
CATREG　80, 124
CHAID　26
chi-square test　9
Cohen の一致係数　226
Cohen の重み付きカッパ　225, 227
Conjoint analysis　234
CONJOINT plan　245
covariate　139
Cox-Snell R2 乗　144
Cox 回帰(C)　269
Cox 回帰分析　274
cross tabulation table　2
data　245
dicision tree　18
DISCRETE　246
effect size　11
EST　107
estimator　106
exact test　5
factors　246
F 値　83, 126
HOLDOUT　254
Hosmer と Lemeshow の検定　144
inertia　46
Kruskal-Wallis Test　202
Kruskal-Wallis(k サンプル)(W)　209
Mann-Whitney U　198
Mann-Whitney の U(2 サンプル)(H)　197
mass　44
multiple correspondence analysis　52
Nagalkerke R2 乗　144
nominal regression analysis　70
ordinal regression analysis　91
ORTHOPLAN　253
PLUM　100
print all　247
R2 乗　81, 125
SAVE OUTFILE　254
score　246
SPSS Exact Tests　14
stereogram　13

subject 246
VARIABLES 254
Wald 105, 230
Wilcoxon W 198

## ア 行

値ラベル 7
当てはまりの良さ 101
アルファ 286
アンケート 3
アンケート調査票 3
アンケート調査票の信頼性 280
閾値 102
一元配置の分散分析 204
一致係数 225
イナーシャ 46
因子 90
因子(F) 97
ウィルコクスンの順位和検定 188
ウィルコクスンの順位和検定の流れ 190
内側ノット(I) 116
応答度数 152
応答度数変数(S) 158
オブジェクトスコア 184
オブジェクトスコア(O) 56
オブジェクトスコアオプション 56, 176
オブジェクトスコアのラベル(B) 56, 176
オブジェクトのラベル付け 57
オブジェクポイント 64, 184
オブジェクポイント(O) 57
重み付け 7
重み付きカッパ(K) 226
親ノード(P) 26

## カ 行

カイ2乗(H) 9
カイ2乗検定 9
カイ2乗分布 15, 101
回帰(R) 72, 96, 114, 138, 158
回帰式 127
回帰式の当てはまり 81
回帰分析 79
階層クラスタ(H) 228
階層クラスター分析 212, 228
確率(P) 142
仮説の検定 81
ガットマンの折半法信頼性係数 280
カテゴリ 3, 31, 48
カテゴリカル回帰分析 108
カテゴリカル回帰分析の流れ 110
カテゴリカル主成分分析 164
カテゴリカル主成分分析の流れ 166
カテゴリカルデータ 109
カテゴリ共変量(T) 139
カテゴリ数量化 45, 63
カテゴリ数量化(T) 77, 120, 176

カテゴリ数量化と寄与率(T) 56
カテゴリポイント 60
関係 30, 48, 66, 90, 133, 153
観測度数 164
関連性 2
関連の強さの順位 16
擬似 R2 乗 100
記述統計 287
記述統計(E) 8
基準(T) 26
期待(E) 10
期待度数 10
期待度数の計算 12
行(O) 8
行(W) 36
共変量 90, 132, 152
共変量(A) 272
共変量(C) 97, 139, 159
行ポイント 44
行ポイントの概要(R) 39
許容度 84, 126
寄与率 47
組合せ 211
クラスカル・ウォリスの検定 200
クラスカル・ウォリスの検定の流れ 202
クラスタ 212
クラスター分析 212
——の流れ 214
クラスタ凝集経過工程 229, 231
クラスタの個数(U) 219
グループ間の差 82, 188, 200
クロス集計表 2, 225
クロス集計表(C) 8
クロンバックのアルファ信頼性係数 280
係数 66, 90, 108
ケースの重み付け(W) 7
ケースの選択(S) 250
ケースの並べ替え 224
結合カテゴリプロット(J) 58, 178
結合プロット 60
決定木 16
決定木を使った分析の流れ 18
決定係数 81, 145
限界効果 132, 152
限界効果の求め方（ダミー変数） 149, 163
限界効果の求め方（連続変数） 148, 162
限界支払意思額 258
検証(L) 25
検定のカスタマイズ(C) 197, 209
検定フィールド(T) 196, 208
効果サイズ 11
項目 3
項目の選択肢 3
項目を削除したときのスケール(A) 287
効用関数 258
効用関数の係数 275
子ノード(H) 26
固有値 186

コレスポンデンス テーブル 46
コレスポンデンス テーブル(C) 39
コレスポンデンス分析 30
コレスポンデンス分析(C) 36
コレスポンデンス分析の流れ 32
コンジョイントカード 238
コンジョイント分析 234, 236
コンジョイント分析の流れ 240

## サ 行

最初(F) 140
最小値(M) 37
最大値(A) 37
最適尺度水準 171
最適尺度法(CATREG)(O) 72, 114
最適尺度法(O) 54, 170
作図(T) 40
参照カテゴリ(R) 140
しきい値 102
次元の得点 43
次元分解(D) 36, 54, 170
市場調査 234
事象の定義(F) 271
実際のカテゴリ確率(A) 98
質問項目 2
尺度(A) 286
尺度と重み付けの定義(D) 171
尺度の定義(E) 72, 115
重回帰分析 237
終結事象の発生を示す値 271
重心座標 61, 182
重相関係数 81, 125
従属変数 66, 90, 108, 132
従属変数(D) 24, 72, 97, 115, 138
重要度 85, 126
樹形図（デンドログラム） 213, 215, 230, 232
主成分 164
主成分得点 185
主成分分析 168
順位和検定 199
順序 24, 90
順序(D) 96
順序回帰分析 90
順序回帰分析の流れ 92
順序データ 90
状態変数(U) 267
消費者の選好を分析 234
初期布置 76
所属クラスタ 220
シンタックス(S) 244
信頼性分析 280
信頼性分析(R) 286
信頼性分析の流れ 282
推定応答確率(E) 98
推定値 89, 106, 131
推定値をアクティブなデータセットに保存(P) 78
数値データ 90

数量化　85, 131, 181, 183
数量化された変数(T)　56
スケール　23
スケール(S)　287
ステレオグラム　13
ストラータ(T)　273
スプライン順序(S)　115
すべてのペア　209
正確確率検定　5
正確有意確率　199
生存分析(S)　269
生存変数(I)　267
成分負荷　176, 180
セル(E)　10
ゼロ次　126
漸近有意確率　199, 211
潜在度数　164
選択型コンジョイント分析　258
選択型コンジョイント分析の流れ　262
相関　84, 126
総観測度数　152
総観測度数変数(T)　159
総合化　165

## タ行

第1主成分　181
第2主成分　181
対応分析　36
代替案　258
大規模ファイルのクラスター分析　212
――の手順　218
多重R　81, 125
多重応答分析　48
多重応答分析の流れ　50
多重比較　211
単一値(S)　271
調査票　260
調整済みR2乗　125
調整済み有意確率　211
直交計画　256
ツリー　23
ツリー(R)　23
データ間の類似度　220
データ入力　7
データの種類　24
適合度　101
適合度検定　145
適合度統計量(F)　98
デンドログラム　215
特異値　47
独立サンプル(I)　194, 206
独立性の検定　2
独立性の検定の流れ　4
独立変数　66, 108
独立変数(I)　73, 116
度数　159

## ナ 行

二項ロジスティック(G) 138
ノード 26
ノンパラメトリック検定 188, 200
ノンパラメトリック検定(N) 194, 206

## ハ 行

バイプロット 30
バイプロット(B) 40
パス図 66, 90, 108, 132, 152, 164
パラメータ係数 101
パラメータ推定値 102
パラメータ推定値(P) 98
パラメトリック検定 192, 204
範囲 37
範囲の定義(D) 36
反復と分類(T) 219
判別測定 61
標準化 129, 186
標準化係数 83, 127
ブーストラップ 82
プロビット(P) 158
プロビット分析 152
プロビット分析の流れ 154
プロビットモデルの式 161
分散分析 125
分散分析表 81
分析のカスタマイズ(C) 195, 207
分析変数(A) 55, 171
分布の位置 211
分類(F) 23
分類ツリー 28
ペアごとの比較 210
ペアごとの評価者(W) 226
ベクトル座標 181, 183
ベータ 83, 126
変換プロット(T) 122
変数の重みの定義(D) 55
変数プロット 58
ホールドアウトカード 254
保存変数 98

## マ 行

マーケティング・リサーチ 234
マージナル効果 146
マス 44
無作為(D) 76, 119
名義(N) 73
名義回帰分析 66
名義回帰分析の流れ 68
名義データ 66, 90

## ヤ 行

有意確率 83

尤度比検定 101
要約統計量(S) 98
予測確率 107, 132, 151, 152
予測カテゴリ 107
予測カテゴリ(D) 98
予測カテゴリ確率(B) 98
予測したいケース 20
予測値 142
予測値(P) 27

## ラ 行

ラベル付け 64
ラベル付け変数(L) 55, 175
離散化 59
離散化(C) 59, 74, 117
リンク 99
リンク(K) 99
リンク関数 103
類似度 220
レガシーダイアログ(L) 13
列(C) 9, 38
列ポイント 44
列ポイントの概要(L) 39
ロジスティック回帰式 147
ロジット 103
ロジット分析 132
ロジット分析の流れ 134
ロジットモデル式 99
ロジットモデルの適合度検定 144

**著者**　石村（いしむら）　光資郎（こうしろう）

2002 年　慶応義塾大学理工学部数理科卒業
2008 年　慶応義塾大学大学院理工学研究科基礎理工学専攻修了
現　在　東洋大学総合情報学部 准教授　博士（理学）
統計アナリスト

著　書　『入門はじめての多変量解析』共著
『統計学の基礎のキ〜分散と相関係数編』共著
『卒論・修論のためのアンケート調査と統計処理』共著　　他多数

**監修**　石村（いしむら）　貞夫（さだお）

石村統計コンサルタント代表
理学博士・統計アナリスト

著　書　『入門はじめての統計解析』
『入門はじめての多変量解析』共著
『入門はじめての分散分析と多重比較』共著
『入門はじめての統計的推定と最尤法』共著
『改訂版 入門はじめての時系列分析』共著
『すぐわかる統計用語の基礎知識』
『すぐわかる医療統計の選び方』
『SPSS による統計処理の手順』
『SPSS による多変量データ解析の手順』
『SPSS による分散分析・混合モデル・多重比較の手順』
『SPSS による医学・歯学・薬学のための統計解析』
『SPSS による心理分析のための統計処理の手順』
『SPSS によるベイズ統計の手順』
『SPSS でやさしく学ぶ統計解析』
『SPSS でやさしく学ぶ多変量解析』
『SPSS でやさしく学ぶアンケート処理』
『Excel でやさしく学ぶ統計解析』　　他多数

SPSSによるアンケート調査のための統計処理 [第2版]


2018年 1 月 25 日　第 1 版第 1 刷発行
2025年 2 月 25 日　第 2 版第 1 刷発行

Printed in Japan

著　者　石村光資郎
監　修　石　村　貞　夫
発行所　東京図書株式会社

〒102-0072 東京都千代田区飯田橋 3-11-19
振替 00140-4-13803　電話 03(3288)9461
http://www.tokyo-tosho.co.jp/

ISBN 978-4-489-02438-2